普通高等教育“十三五”规划教材·园林与风景园林系列

风景园林计算机辅助设计

王先杰　孙余丹　主编

化学工业出版社

·北京·

《风景园林计算机辅助设计》一书由平面绘图篇（AutoCAD 2012）、三维绘图篇（上）（3DS Max 2012）、三维绘图篇（下）（SketchUp）、后期处理篇（Photoshop CS5）4大部分共25章组成，详细阐述了风景园林专业计算机辅助设计中常用的四大软件的基本设置、基本操作、创建和编辑图形的使用命令、快捷键、设计步骤，并配有相应的命令截图、设计效果图。图文并茂、言简意赅。

本书可作为高等院校园林、风景园林、环境艺术设计、建筑设计、城市规划设计等专业领域师生的教材，也可作为相关行业的设计、工程、科研、管理等工作人员参考用书。

图书在版编目（CIP）数据

风景园林计算机辅助设计/王先杰，孙余丹主编.
北京：化学工业出版社，2016.8
普通高等教育“十三五”规划教材·园林与风景园林系列
ISBN 978-7-122-26494-7

Ⅰ.①风… Ⅱ.①王… ②孙… Ⅲ.①园林设计-计算机辅助设计-应用软件-高等学校-教材 Ⅳ.①TU986.2-39

中国版本图书馆CIP数据核字（2016）第046926号

责任编辑：尤彩霞
责任校对：王　静　　　　装帧设计：关　飞

出版发行：化学工业出版社（北京市东城区青年湖南街13号　邮政编码100011）
印　　刷：北京永鑫印刷有限责任公司
装　　订：三河市宇新装订厂
787mm×1092mm　1/16　印张14¾　字数386千字　2016年6月北京第1版第1次印刷

购书咨询：010-64518888（传真：010-64519686）　售后服务：010-64518899
网　　址：http://www.cip.com.cn
凡购买本书，如有缺损质量问题，本社销售中心负责调换。

定　　价：36.00元

普通高等教育“十三五”规划教材·园林与风景园林系列

《风景园林计算机辅助设计》
编 写 人 员

主　　编　王先杰　孙余丹

副 主 编　刘　爽　肖　冰　梁　红　范业展

（按姓氏笔画排序）

编写人员　王先杰　北京农学院

王　凯　青岛农业大学

刘　爽　岭南师范学院

李菲菲　北京农学院

孙余丹　岭南师范学院

肖　冰　仲恺农业工程学院

梁　红　青岛农业大学

范业展　沈阳大学

张　祎　北京林业大学

潘关淳淳　北京农学院

前　言

改革开放以来，随着中国经济的迅速发展，社会对技能型人才特别是对高科技人才的需求不断增加，与此同时也对高技能型人才提出了更加具体的要求，尤其是以核心职业技能培养为中心要求。

风景园林专业本身是以实践应用和理论研究为基础目标的专业，特别是近年来被教育部确定为与建筑学、城市规划并列的一级学科，更明确了风景园林是以艺术的手段来处理人和建筑、环境之间的学科，以保护和营造高品质的空间景观环境为基本任务。因此它的发展前景不可限量。

风景园林学科需要融合理、工、农、文、管理学等不同门类的知识，交替运用逻辑思维和形象思维，综合应用各种科学和艺术手段。因此，也具有典型的交叉学科的特征。

计算机技术以其高超的科技手段和便捷的设计艺术手法被各行各业广泛应用，尤其是在设计行业更是必不可少。风景园林计算机辅助设计正是在这一学科基础之上而开设的一门专业必修课程，旨在引导、协助风景园林专业学生在设计、图像处理等方面打好专业技术基础。通过本门课程的学习，学生可以在未来的设计工作中熟练运用计算机技术，以提高工作、学习、科研效率。

《风景园林计算机辅助设计》教材的编写将现今使用广泛的四种软件都进行了详尽的介绍和分析，本教材在园林的各种常见图纸设计中加入了笔者多年工作经验的积累材料，在细节的处理上更加合理和详实，对每个软件的介绍均配有相应的命令截图和设计效果图，图文并茂，言简意赅。

本书共分为 4 个部分，具体编写分工如下。

第Ⅰ部分平面绘图篇（AutoCAD 2012）由梁红、王凯、孙余丹、张祎编写；第Ⅱ部分三维绘图篇（上）（3DS Max 2012）由王先杰、潘关淳淳、肖冰、范业展编写；第Ⅲ部分三维绘图篇（下）（Sketch Up）由刘爽、孙余丹编写；第Ⅳ部分后期处理篇（Photoshop CS5）由王先杰、李菲菲、潘关淳淳、肖冰、范业展编写。全书由北京农学院园林学院王先杰教授统稿。青岛农业大学研究生姜晓蕾、郑涛、萨娜等参与了绘图、图片整理等大量工作。在此一并感谢！

由于编写时间仓促，加之编写水平有限，书中难免会有不当之处，恳请园林界的同仁们批评指正，以便我们后期重印时修订更正。

编者

2016 年 4 月

目　录

第Ⅰ部分　平面绘图篇（AutoCAD 2012）

第Ⅱ部分　三维绘图篇（上）(3DS Max 2012)

第Ⅲ部分　三维绘图篇（下）(SketchUp)

第Ⅳ部分 后期处理篇（Photoshop CS5）

第Ⅰ部分　平面绘图篇
（AutoCAD 2012）

Auto CAD是由美国Autodesk公司开发的通用计算机辅助设计软件，使用它可以绘制二维图形和三维图形、标注尺寸、渲染图形以及打印输出图纸等，具有易掌握、使用方便、体系结构开放等优点，广泛应用于园林设计、建筑、规划、机械、航空等领域。

第1章　AutoCAD 2012基本设置

1.1　AutoCAD 2012工作界面

启动AutoCAD 2012后，有四种工作空间界面，分别是"草图与注释""三维基础""三维建模"和"AutoCAD经典"，本节主要介绍"AutoCAD经典"工作界面的一些操作。

Auto CAD2012的经典工作界面主要由标题栏、菜单栏、工具栏、绘图区、文本窗口与命令行、状态栏等部分组成，如图1-1所示。

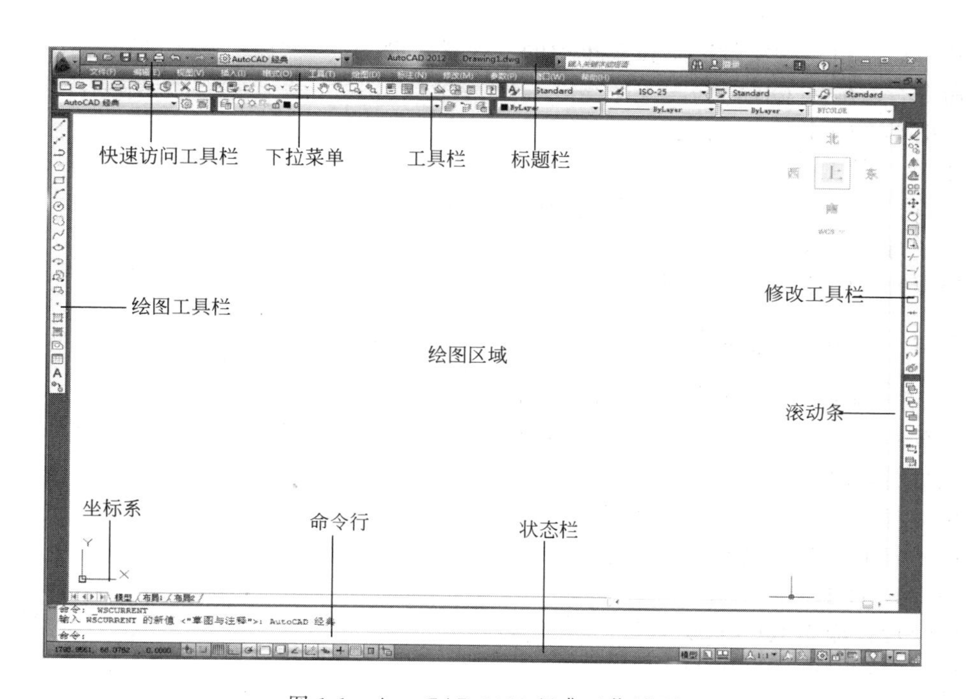

图1-1　AutoCAD 2012经典工作界面

1.2 图形文件管理

1.2.1 建立新的图形文件

启动 AutoCAD 后，可以通过如下几种方式创建一个新的 Auto CAD 图形文件。

↘工具栏：单击□按钮。
↘菜单栏：执行“文件”下拉菜单中的“新建”命令。
↘命令行：输入 NEW。
↘快捷键：Ctrl＋N 组合键。

1.2.2 打开已有图形

启动 AutoCAD 后，可以通过如下几种方式打开一个已经存在的 AutoCAD 图形文件。

↘工具栏：单击按钮。
↘菜单栏：执行“文件”下拉菜单中的“打开”命令。
↘命令行：输入 OPEN。
↘快捷键：Ctrl＋O 组合键。

1.2.3 保存图形文件

保持文件是将新绘制或编辑过的文件保存在电脑中，以便再次使用，或在绘图过程中随时对图形进行保存，避免出现意外情况致使文件丢失。

① 保存文件
↘工具栏：单击按钮。
↘菜单栏：执行“文件”下拉菜单中的“保存”命令。
↘命令行：输入 QSAVE。
↘快捷键：Ctrl＋S 组合键。
② 另存文件
↘菜单栏：执行“文件”下拉菜单中的“关闭”命令。
↘命令行：输入 CLOSE。
↘快捷键：Ctrl＋F4 组合键。

1.2.4 关闭图形文件

① 关闭当前打开的文件而不退出 AutoCAD 系统
↘菜单栏：执行“文件”下拉菜单中的“另存为”命令。
↘命令行：输入 SAVEAS。
↘快捷键：Ctrl＋Shift＋S 组合键。
↘按钮：下拉菜单最右侧的“×”。
② 关闭文件退出 AutoCAD 系统
↘命令行：输入 QUIT 或 EXIT。
↘快捷键：Ctrl＋Q 组合键。
↘按钮：屏幕最右上角的“×”。

1.3 设置绘图环境

1.3.1 设置绘图单位和精度

在 AutoCAD 中，用户可以使用各种标准单位进行绘图，对于中国用户来讲，常用的有毫米、厘米、米等单位，其中“毫米”是最常使用的。设置绘图单位和精度的步骤如下。

① 执行“格式”下拉菜单中的“单位”命令，弹出一个“图形单位”对话框，如图1-2示。

② 在“长度”区内选择单位类型和精度，一般使用“小数”和精度“0.00”。

③ 在“角度”区内选择角度类型和精度，一般使用“十进制小数”和精度“0”。

④ 在“插入时的缩放单位”中一般选择为“毫米”。

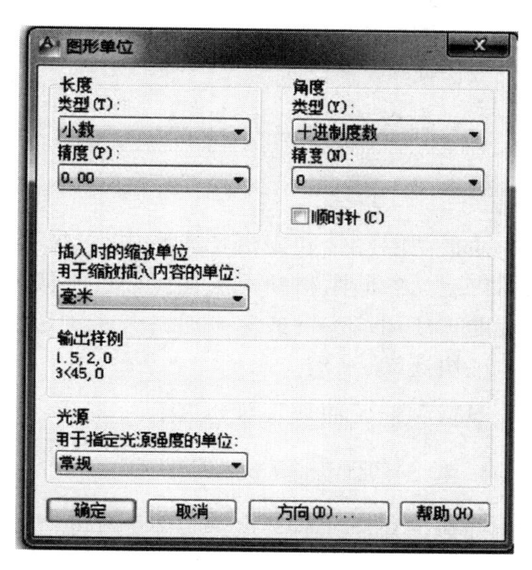

图 1-2 “图形单位”对话框

1.3.2 设置绘图界限

图形界限就是 AutoCAD 绘图区域，也称为图限。对于初学者而言，在绘制图形时“出界”的现象时有发生，为了避免绘制的图形超出用户工作区域或图纸的边界，需要使用绘图界限来标明边界。通常在执行图形界限操作之前，需要启用状态栏中的“栅格”功能，只有启用该功能才能查看图限的设置效果。设置绘图界限的步骤如下。

↘命令行：输入 LIMITS。

↘菜单栏：执行“格式”下拉菜单中的“图形界限”命令，如果默认命令行提示，则栅格所示区域为 A3 绘图界限，效果如图 1-3 所示。

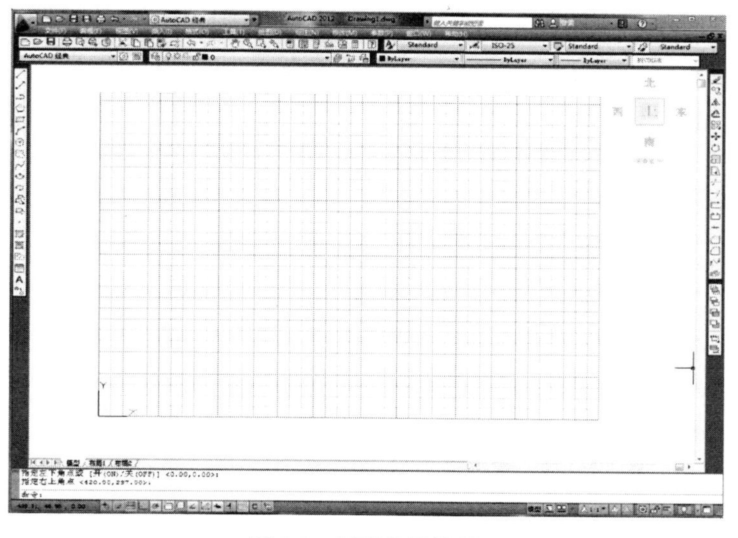

图 1-3 图形界限效果

1.4 常用制图辅助工具

1.4.1 栅格

栅格的作用如同传统纸面制图中使用的坐标纸，它按照相等的间距在屏幕上设置了栅格点，使用者可以通过栅格点数目来确定距离，从而达到精确绘图的目的。栅格不是图形的一部分，打印时不会被输出。打开/关闭栅格显示的常用方法有以下两种。

↘快捷键：F7。

↘状态栏“栅格”按钮▦。

1.4.2 捕捉

捕捉功能经常和栅格功能联用。当捕捉功能打开时，光标只能停留在栅格点上，使其按照用户定义的间距移动。当捕捉模式打开时，光标似乎附着或捕捉到不可见的栅格。捕捉模式有助于使用箭头键或定点设备来精确地定位点。打开/关闭捕捉功能的常用方法如下。

↘快捷键：F9。

↘状态栏“捕捉”按钮。

1.4.3 正交模式

打开正交模式后，系统提供了类似丁字尺的绘图辅助工具“正交”，它是快速绘制水平线和铅垂线的最好工具。打开/关闭正交开关的方法有下面几种。

↘快捷键：F8。

↘状态栏“正交”按钮。

↘在绘图过程中可以按住“Shift”临时启用或关闭正交模式。

1.4.4 对象捕捉

在绘图的过程中，经常要指定一些点，而这些点是已有对象上的点，例如端点、圆心、

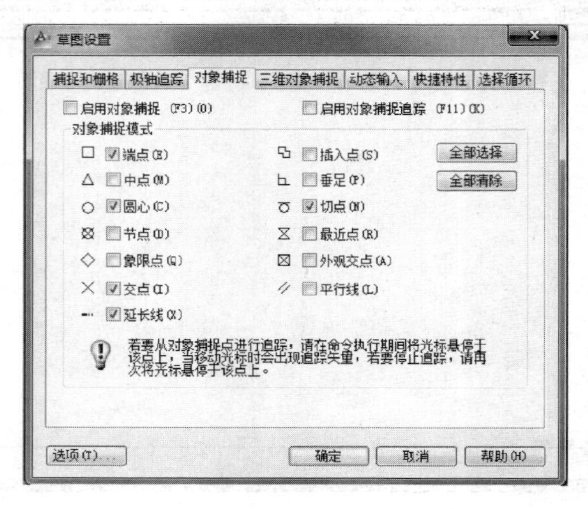

图 1-4 “对象捕捉”选项卡

交点等，如果只凭用户的观察来拾取它们，则不可能非常准确地找到这些点。AutoCAD提供了对象捕捉，可以帮助用户快递、准确地捕捉到某些特殊点，从而能够精确快速地绘制图形。打开/关闭对象捕捉的常用方法如下。

↘快捷键：F3。

↘状态栏“对象捕捉”按钮□。

AutoCAD提供了两种对象捕捉模式，分别是“自动捕捉”和“临时捕捉”。

↘自动捕捉：要求使用者先在如图1-4所示对话框中设置好需要的对象捕捉点，当光标移动到这些对象捕捉点附近时，系统就会自动捕捉到这些点。

↘临时捕捉：是一种一次性的捕捉模式，这种捕捉模式不是自动的。当用户需要临时捕捉某个特殊点时，需要在捕捉之前手工设置需要捕捉的特殊点，然后进行对象捕捉。这种捕捉设置是一次性的，不能反复使用，在下一次遇到相同的对象捕捉点时，需要再次设置。

第2章　创建二维图形对象

2.1　创建点

点一般作为辅助参考点。点对象有单点、多点、定数等分和定距等分4种，根据需要可以绘制各种类型的点。

2.1.1　设定点的样式和大小

设置点的样式和大小的方法如下。

↘命令行：DDPTYPE。

↘菜单栏：执行“格式”下拉菜单中的“点样式”命令。

执行命令后屏幕会弹出图2-1所示的对话框，可以在其中更改点的显示样式和大小。

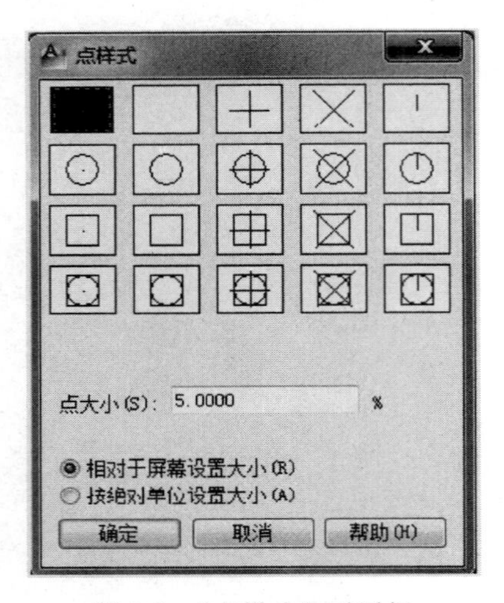

图2-1　“点样式”对话框

2.1.2　创建点

（1）执行途径

↘命令行：POINT/PO（单点）。

↘菜单栏：执行“绘图”下拉菜单中的“点”命令。

↘工具栏：单击“绘图”工具栏“点”按钮（多点）。

（2）操作说明

执行“绘图”→“点”后，显示出下级子菜单，用户可根据需要，选择点的类型。

↘选择“单点”命令，可以在绘图窗口中一次绘制一个点。

↘选择“多点”命令，可以在绘图窗口中一次绘制多个点，最后可按“Esc”键结束。

↘选择“定数等分”命令，可以在指定对象上绘制等分点或者在等分点处插入块。如图2-2所示，将200的直线五等分。

图2-2　定数等分

↘选择“定距等分”命令，可以在指定的对象上按指定的长度绘制点或者插入块。如图2-3所示，将200的直线间距为50分割。

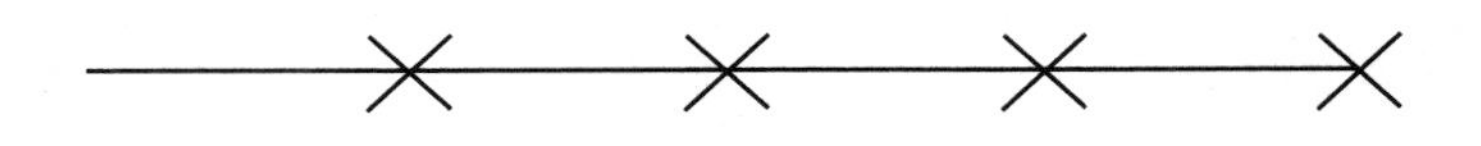

图2-3　定距等分

2.2 创建直线

直线是各种绘图中最常用、最简单的一类图形对象，在几何学中，两点决定一条直线。直线直线命令，用户只需给定起点和终点，即可画出一条线段。一条线段即是一个图元。在 AutoCAD 中，图元是最小的图形元素，它不能再被分解，一个图形是由若干个图元组成的。

2.2.1 执行途径

↘命令行：LINE/L。

↘菜单栏：执行“绘图”下拉菜单中的“直线”命令。

↘工具栏：单击“绘图”工具栏“直线”按钮。

2.2.2 操作说明

① 执行“直线”命令后，命令行显示：指定第一点：单击鼠标或从键盘输入起点的坐标。

② 命令行显示：指定下一点或［放弃（U)］：移动鼠标并单击，或坐标输入，即可指定第二点，同时画出了一条线段。

③ 指定下一点，即可连续画直线。

④ 回车结束操作。

2.3 创建射线

射线为一端固定，另一端无限延伸的直线。在 Auto CAD 中，射线主要用于绘制辅助线。

2.3.1 执行途径

↘命令行：RAY。

↘菜单栏：执行“绘图”下拉菜单中的“射线”命令。

2.3.2 操作说明

① 直线“射线”命令。

② 单击鼠标或从键盘输入起点的坐标，以指定起点。

③ 移动鼠标并单击，或输入点的坐标，即可指定通过点，同时画出了一条射线。

④ 连续移动鼠标并单击，即可画出多条射线。

⑤ 回车结束画射线的操作。

2.4 创建构造线

构造线是指在两个方向上无限延长的直线，主要用作绘图时的辅助线。当绘制多视图时，为了保持投影联系，可先画出若干条构造线，再以构造线为基准画图。

2.4.1 执行途径

↘命令行：XLINE/XL。

↘菜单栏：执行“绘图”下拉菜单中的“构造线”命令。

↘工具栏：单击“绘图”工具栏“构造线”按钮 。

2.4.2 操作说明

单击“构造线”按钮 ，命令行显示：指定点活 [水平（H）/垂直（V）/角度（A）/二等分（B）/偏移（O）]。

缺省选项是“指定点”。若执行括号内的选项，需输入选项后括号内的字符。每个选项的含义如下。

水平（H）：绘制通过指定点的水平构造线。

垂直（V）：绘制通过指定点的垂直构造线。

角度（A）：绘制与 X 轴正方向成指定角度的构造线。

二等分（B）：绘制角的平分线。执行该选项后，用户输入角的顶点、角的起点和终点后，即可画出角平分线。

偏移（O）：绘制与指定直线平行的构造线。该选项的功能与“修改”菜单中的“偏移”功能相同。执行该选项后，给出偏移距离或指定通过点，即可画出与指定直线相平行的构造线。

2.5 创建多段线

多段线是作为单个对象创建的相互连接的序列线段，可以创建直线段、弧线段或两者的组合线段。多段线中的线条可以设置成不同的线宽以及不同的线型，具有很强的实用性。

2.5.1 执行途径

↘命令行：PLINE/PL。

↘菜单栏：执行“绘图”下拉菜单中的“多段线”命令。

↘工具栏：单击“绘图”工具栏“多段线”按钮 。

2.5.2 操作说明

执行多段线命令，系统显示如下提示。

指定起点：输入或单击起点。

指定下一点或 [圆弧（A）/闭合（C）/半宽（H）/长度（L）/放弃（U）/宽度（W）]：

圆弧（A）：该选项使 PLINE 命令由绘制直线方式变为绘制圆弧方式，并给出圆弧的提示。

闭合（C）：执行该选项，系统从当前点到多段线的起点以当前宽度画一条直线，构成封闭的多段线，并结束 PLINE 命令的执行。

半宽（H）：该选项用来确定多段线的半宽度。

长度（L）：用于确定多段线的长度。

放弃（U）：可以删除多段线中刚画出的直线段（或弧线段）。

宽度（W）：该选项用于确定多段线的宽度，操作方法与半宽度选项类似。

2.6 创建多线

多线是一种由多条平行线组成的组合图形对象。它可以由1～16条平行直线组成，每一条直线都称为多线的一个元素。

2.6.1 设置多线样式

① 执行途径

↘命令行：MLSTYLE。

↘菜单栏：执行“格式”下拉菜单中的“多线样式”命令。

② 操作说明

↘执行“多线样式”命令，弹出一个“多线样式”对话框，如图2-4(a) 所示。

↘单击“新建”按钮，弹出“创建新的多线样式”对话框。在新样式名称栏内输入名称，如图2-4(b) 所示。

图2-4（a）“多线样式”对话框

图2-4（b）“创建新的多线样式”对话框

↘单击“继续”按钮，弹出“新建多线样式”对话框，如图2-4(c) 所示。

↘在“封口”选项区域，确定多线的封口形式、填充和显示连接，一般选直线封口。如图2-4(d) 所示为几种封口样式。

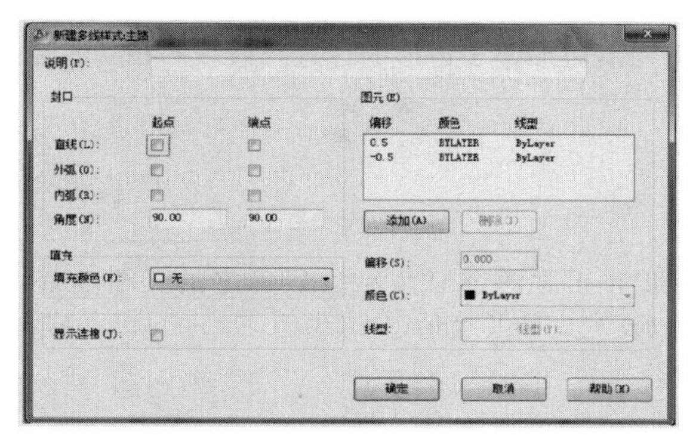

图2-4（c）“新建多线样式”对话框

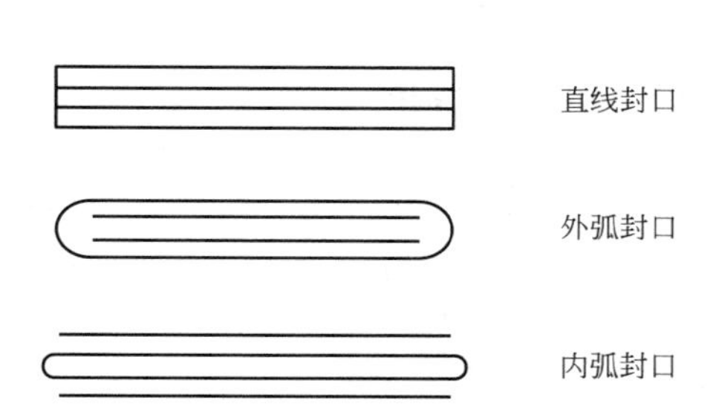

图2-4（d） 封口样式

↘在“图元”选项区域，单击“添加”按钮，可在元素栏内增加元素。

↘在“偏移”栏内可以设置新增图元的偏移量。一般最外两直线图元间距离为 1。

2.6.2 绘制多线

多线设置完成后，就可以进行多线的绘制。多线的绘制方法与直线的绘制方法相似，不同的是多线由两条平行线组成，绘制的每一条多线都是一个完整的整体，不能对其进行偏移、倒角、延伸和剪切等编辑操作，只能使用分解命令将其分解成多条直线后再编辑。

执行途径如下。

↘命令行：MLINE/ML。

↘菜单栏：执行“绘图”下拉菜单中的“多线”命令。

2.7 创建正多边形

正多边形是由三条或三条以上长度相等的线段首尾相接形成的闭合图形，其边数范围在 3～1024 之间。

2.7.1 执行途径

↘命令行：POLYGON/POL。

↘菜单栏：执行“绘图”下拉菜单中的“多边形”命令。

↘工具栏：单击“绘图”工具栏“多边形”按钮⬠。

2.7.2 操作说明

执行绘制正多边形命令后，系统会有如下提示。

① 输入侧面数：即输入正多边形的边数。

② 指定正多边形的中心点或［边（E)］。

各选项含义如下：

↘边（E)：执行该选项后，输入边的第一个端点和第二个端点，即可由边数和一条边确定正多边形。

↘正多边形的中心点：执行该选项，系统提示：输入选项［内接于圆（I)/外切于圆（C)］。

选择“内接于圆”是根据多边形的外接圆确定多边形，多边形的顶点均位于假设圆的弧上，需要指定边数和假设圆的半径。

选择“外切于圆”是根据多边形的内切圆确定多边形，多边形的各边与假设圆相切，需要指定边数和假设圆的半径。

2.8 创建矩形

矩形是通常所说的长方形，是通过输入矩形的任意两个对角点位置确定的。在 AutoCAD 中绘制矩形可以同时为其设置倒角、圆角以及宽度和厚度值。

2.8.1 执行途径

↘命令行：RECTANG/REC。

↘菜单栏：执行“绘图”下拉菜单中的“矩形”命令。

↘工具栏：单击“绘图”工具栏“矩形”按钮。

2.8.2 操作说明

执行矩形命令后，系统提示：

① 指定第一个角点或［倒角（C）/标高（E）/圆角（F）/厚度（T）/宽度（W）］：确定矩形的第一个角点。

② 指定另一个角点或［面积（A）/尺寸（D）/旋转（R）］：确定矩形的另一个角点。

两个对角点就确定一个矩形，指定的两个角点就是矩形的两个对角点。各选项含义如下。

↘倒角（C）选项：选择该选项，可绘制一个带倒角的矩形，此时可指定矩形的倒角距离。

↘标高（E）选项：选择该选项，可指定矩形所在的平面高度。该选项一般用于在三维绘图时设置矩形的基面位置。

↘圆角（F）选项：选择该选项，可绘制一个带圆角的矩形，此时需要指定矩形的圆角半径。

↘厚度（T）选项：选择该选项，可以设定厚度绘制矩形，该选项一般用于三维绘图时设置矩形的高度。

↘宽度（W）选项：选择该选项，可以设定线宽绘制矩形，此时需要指定矩形的线宽。

↘面积（A）选项：通过指定矩形的面积和一个边长来绘制矩形。

↘尺寸（D）选项：分别输入矩形的长、宽来画矩形。

↘旋转（R）选项：可绘制一个指定旋转角度的矩形。

2.9 创建圆和圆弧

2.9.1 创建圆

① 执行途径

↘命令行：CIRCLE/C。

↘菜单栏：执行“绘图”下拉菜单中的“圆”命令。

↘工具栏：单击“绘图”工具栏“圆”按钮。

② 操作说明

菜单栏中执行“绘图”下拉菜单中的“圆”命令中提供了6种绘制圆的子命令，各子命令的含义如下。

↘圆心、半径：用圆心和半径方式绘制圆。

↘圆心、直径：用圆心和直径方式绘制圆。

↘三点：通过3点绘制圆，系统会提示指定第一点、第二点和第三点。

↘两点：通过两个点绘制圆，系统会提示指定圆直径的第一端点和第二端点。

↘相切、相切、半径：通过两个其他对象的切点和输入半径值来绘制圆。系统会提示指定圆的第一切线和第二切线上的点及圆的半径。

↘相切、相切、相切：通过3条切线绘制圆。

2.9.2 创建圆弧

① 执行途径

↘命令行：ARC/A。

↘菜单栏：执行“绘图”下拉菜单中的“圆弧”命令。

↘工具栏：单击“绘图”工具栏“圆弧”按钮。

② 操作说明

菜单栏中执行“绘图”下拉菜单中的“圆弧”命令中提供了11种绘制圆弧的子命令，各子命令的含义如下。

↘三点：通过指定圆弧上的三点绘制圆弧，需要指定圆弧的起点、通过的第二个点和端点。

↘起点、圆心、端点：通过指定圆弧的起点、圆心、端点绘制圆弧。

↘起点、圆心、角度：通过指定圆弧的起点、圆心、包含角绘制圆弧。执行此命令时会出现“指定包含角”的提示，在输入角度时，如果当前环境设置逆时针方向为角度正方向，且输入正的角度值，则绘制的圆弧是从起点绕圆心沿逆时针方向绘制，反之则沿顺时针方向绘制。

↘起点、圆心、长度：通过指定圆弧的起点、圆心、弦长绘制圆弧。另外，在命令行提示的“指定弦长”提示信息下，如果所输入的值为负，则该值的绝对值将作为对应整圆的空缺部分圆弧的弦长。

↘起点、端点、角度：通过指定圆弧的起点、端点、包含角绘制圆弧。

↘起点、端点、方向：通过定圆弧的起点、端点和圆弧的起点切向绘制圆弧。命令执行过程中会出现“指定圆弧的起点切向”提示信息，此时拖动鼠标动态地确定圆弧在起始点处的切线方向与水平方向的夹角。拖动鼠标时AutoCAD会在当前光标与圆弧起始点之间形成一条线，即为圆弧在起始点处的切线。确定切线方向后，单击拾取键即可得到相应的圆弧。

↘起点、端点、半径：通过指定圆弧的起点、端点和圆弧半径绘制圆弧。

↘圆心、起点、端点：以圆弧的圆心、起点、端点方式绘制圆弧。

↘圆心、起点、角度：以圆弧的圆心、起点、圆心角方式绘制圆弧。

↘圆心、起点、长度：以圆弧的圆心、起点、弦长方式绘制圆弧。

↘继续：绘制其他直线或非封闭曲线后选择“绘图”→“圆弧”→“继续”命令，系统将自动以刚才绘制的对象的终点作为即将绘制的圆弧的起点。

2.10 创建椭圆、椭圆弧

2.10.1 创建椭圆

椭圆是平面上到定点距离与到指定直线间距离之比为常数的所有点的集合。

① 执行途径

↘命令行：ELLIPSE/EL。

↘菜单栏：执行“绘图”下拉菜单中的“椭圆”命令。

↘工具栏：单击“绘图”工具栏“椭圆”按钮。

② 操作说明

执行画椭圆命令时，系统提示如下：

指定椭圆的轴端点或［圆弧（A）/中心点（C）］。

↘圆弧（A）：执行该选项绘制椭圆弧。

↘中心点（C）：执行该选项，根据系统提示，先确定椭圆中心、轴的端点，再输入另一半轴长度绘制椭圆弧。

2.10.2　创建椭圆弧

椭圆弧是椭圆的一部分，和椭圆不同的是，它的起点和终点没有闭合。

创建椭圆弧的步骤如下。

↘命令行：ELLIPSE/EL。

↘菜单栏：执行“绘图”下拉菜单中的“椭圆”→“圆弧”命令。

↘工具栏：单击“绘图”工具栏“椭圆弧”按钮。

2.11　创建样条曲线

样条曲线是经过或接近一系列给定点的平滑曲线，它能够自由编辑，可以控制曲线与点的拟合程度，在园林设计中，常用此命令来绘制水体、等高线、模纹等。

执行途径

↘命令行：SPLINE/SPL。

↘菜单栏：执行“绘图”下拉菜单中的“样条曲线”命令。

↘工具栏：单击“绘图”工具栏“样条曲线”按钮。

2.12　绘制修订云线

修订云线是一类特殊的线条，它的形状类似于云朵，主要用于突出显示图纸中已修改的部分，在园林绘图中常用于绘制灌木。

执行途径

↘命令行：REVCLOUD。

↘菜单栏：执行“绘图”下拉菜单中的“修订云线”命令。

↘工具栏：单击“绘图”工具栏“修订云线”按钮。

2.13　图案填充

图案填充是通过指定的线条、颜色一级比例来填充指定区域的一种操作方式。在园林设计中，“图案填充”命令主要应用于铺装材料的区分和表现。

执行途径

↘命令行：HATCH/H。

↘菜单栏：执行“绘图”下拉菜单中的“图案填充”命令。

↘工具栏：单击“绘图”工具栏“图案填充”按钮。

第3章 编辑二维图形对象

Auto CAD提供了丰富的图形编辑命令，如复制、移动、旋转、镜像、阵列、修剪等，使用这些命令，能够方便地改变图形的大小、位置、方向、数量及形状，从而绘制出更为复制的图形。

3.1 删除对象

对于不需要的图形在选中后可以删除，这是一个最常用的操作。

3.1.1 执行途径

↘命令行：ERASE/E。

↘菜单栏：执行“修改”下拉菜单中的“删除”命令。

↘工具栏：单击“修改”工具栏“删除”按钮。

3.1.2 操作说明

通常选择“删除”命令后，屏幕上的十字光标将变为一个拾取框，要求用户选择要删除的对象，然后按回车键或空格键结束。按照先选择实体，再调用删除命令的顺序也可将对象删除。另外，先选择对象，然后按“Del”键删除也是较快捷的方法。

3.2 复制对象

复制命令是指在不改变图形大小、方向的前提下，重新生成一个或多个与源对象一模一样的图形。

3.2.1 执行途径

↘命令行：COPY/CO。

↘菜单栏：执行“修改”下拉菜单中的“复制”命令。

↘工具栏：单击“修改”工具栏“复制”按钮。

3.2.2 操作说明

命令行常用选项介绍如下。

↘位移[D]：使用坐标指定相对距离和方向。指定的两点定义一个矢量，指示复制对象的放置离原位置有多远以及哪个方向放置。

↘模式[O]：控制命令是否自动重复。

3.3 镜像

当绘制的图形对象相对于某一对称轴对称时，可将绘制的图形对象按给定的对称线作反向复制，即镜像。镜像操作适用于对称图形，是较常用的编辑方法。

3.3.1 执行途径

↘命令行：MIRROR/MI。

↘菜单栏：执行“修改”下拉菜单中的“镜像”命令。

↘工具栏：单击“修改”工具栏“镜像”按钮。

3.3.2 操作说明

执行上述命令后，命令行提示如下。

↘选择对象：选择要镜像的对象。

↘选择对象：继续选择对象或结束对象选择。

↘指定镜像线的第一点：指定镜像线的第二点：指定镜像对称线的两点，即指定镜像线。

↘是否删除源对象？[是（Y)/否（N)]＜N＞：选择是否删除源对象，如果否，直接按回车键。

3.4 偏移对象

偏移命令可以根据指定距离或通过点，创建一个与原有图形对象平行或具有同心结构的形体。可以偏移的对象包括直线、矩形、正多边形、圆弧、圆、椭圆、椭圆弧等。

3.4.1 执行途径

↘命令行：OFFSET/O。

↘菜单栏：执行“修改”下拉菜单中的“偏移”命令。

↘工具栏：单击“修改”工具栏“偏移”按钮。

3.4.2 操作说明

执行上述命令后，命令行提示如下。

↘指定偏移距离或[通过（T)/删除（E)/图层（L)]＜通过＞：输入偏移的距离。

↘选择要偏移的对象，或[退出（E)/放弃（U)＜退出＞：选择要偏移的对象]。

↘指定要偏移的那一侧上的点，或[退出（E)/多个（M)/放弃（U)]＜退出＞：鼠标移至偏移一侧任意位置单击，即向那一侧偏移。

↘可以连续偏移或回车结束命令。

3.5 阵列命令

阵列命令时一个功能强大的多重复制命令，它可以一次将选择的对象复制多个并按一定规律进行排列。根据阵列方式不同，可以分为矩形阵列、路径阵列和环形阵列。

3.5.1 执行途径

↘命令行：ARRAY/AR。

↘菜单栏：执行“修改”下拉菜单中的“阵列”命令。

↘工具栏：单击“修改”工具栏“偏移”按钮（长按会出现）。

3.5.2 矩形阵列

矩形阵列是指将选中的对象进行多重复制后沿 X 轴和 Y 轴或 Z 轴方向排列的阵列方式，创建的对象将按用户定义的行数和列数排列。

操作说明如下。

执行上述命令后，命令行提示如下。

↘选择对象：选择要阵列的对象。

↘类型＝矩形　关联＝是。关联指阵列项目包含在一个整体阵列对象中，编辑阵列对象的特性，例如改变间距或项目数，阵列项目相应改变。非关联则阵列中的项目将创建为独立的对象，更改一个项目不影响其他项目。

↘为项目数指定对角点或［基点（B）/角度（A）/计数（C）］＜计数＞：为项目数指定角点指移动鼠标指定栅格的对角点以设置行数和列数。在定义阵列时会显示预览栅格，如图3-1所示。基点（B）指阵列和阵列项目的基准点，如图3-2指定A点为基点，则A点为阵列对象的基点。角度（A）指阵列项目以基点为圆心平移转动指定的角度，图3-3所示为45°角度。最常用的是计数（C），输入C回车或在"为项目数指定对角点或［基点（B）/角度（A）/计数（C）］＜计数＞"提示下直接回车，命令行提示输入行数和列数。

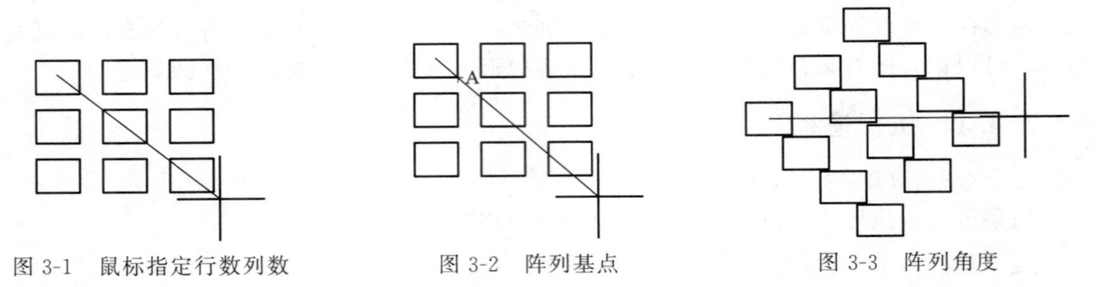

图3-1　鼠标指定行数列数　　图3-2　阵列基点　　图3-3　阵列角度

↘指定对角点以间隔项目或［间距（S）］＜间距＞：移动鼠标可以确定行间距、列间距。最常用的还是输入S回车或在"指定对角点以间隔项目或［间距（S）］＜间距＞"下直接回车，命令行提示输入行间距和列间距。

↘按回车键接受或［关联（AS）/基点（B）/行（R）/列（C）/层（L）/退出（X）］＜退出＞：关联（AS）确定阵列项目是否关联；基点（B）确定基点位置；行（R）列（C）层（L）分别确定行数、列数和层数及行间距、列间距和层高。

3.5.3 路径阵列

路径阵列时项目均匀地沿路径或部分路径分布。

命令行主要选项含义如下。

↘路径曲线：图形对象进行阵列排列的基线。

↘指定沿路径的项目之间的距离：阵列对象之间的距离。

↘定数等分（D）：将图形对象在路径曲线上按项目数等分。

↘总距离（T）：设定图形对象进行阵列的总距离。

3.5.4 环形阵列

环形阵列命令可将图形以某一点为中心点进行环形复制，阵列结果是是使阵列对象沿中心点的四周均匀排列成环形。

执行上述命令后，命令行提示如下。

↘选择对象：选择阵列源对象。

↘指定阵列的中心点：可以在屏幕上直接指定阵列的中心点，也可输入中心点坐标。

↘输入项目数或［项目间角度（A)/表达式（E)]＜4＞：

↘指定填充角度（＋＝逆时针、－＝顺时针）或［表达式（EX)]＜360＞：指定阵列角度。

3.6 移动对象

移动命令是将图形从一个位置平移到另一个位置，移动过程中图形的大小、形状和倾斜角度均不改变。

3.6.1 执行途径

↘命令行：MOVE/M。

↘菜单栏：执行“修改”下拉菜单中的“移动”命令。

↘工具栏：单击“修改”工具栏“移动”按钮。

3.6.2 操作说明

执行上述命令后，命令行提示如下。

↘选择对象：选择需要移动的对象。

↘选择对象：继续选择对象，如不再选择，按回车键结束对象选择。

↘指定基点或位移：指定移动的基准点。

↘指定位移的第二点：指定新的位置点。

3.7 旋转对象

旋转命令是将图形对象围绕一个固定的基点旋转一定的角度。逆时针旋转的角度为正值，顺时针旋转的角度为负值。

3.7.1 执行途径

↘命令行：ROTATE/RO。

↘菜单栏：执行“修改”下拉菜单中的“旋转”命令。

↘工具栏：单击“修改”工具栏“旋转”按钮。

3.7.2 操作说明

执行命令后，依据命令行提示选取对象，结束对象选择后命令行提示如下。

↘指定基点：指定旋转中心。

↘指定旋转角度或［复制（C)/参照（R)]：输入旋转角度，复制为旋转后保留原对象。

3.8 缩放对象

缩放命令时将已有图形对象以基点为参照，进行等比例缩放。比例因子是缩小或放大的比例值，比例因子大于1时，对象放大，介于0～1之间的比例因子使对象缩小。

3.8.1 执行途径

↘命令行：SCALE/SC。
↘菜单栏：执行“修改”下拉菜单中的“缩放”命令。
↘工具栏：单击“修改”工具栏“缩放”按钮。

3.8.2 操作说明

执行缩放命令，命令行提示以下。
↘选择要缩放的对象。
↘指定基点：以基点为中心缩放。
↘输入比例因子：即可将对象按比例放大或缩小。

3.9 拉伸

拉伸命令可以拉伸对象中选定的部分，没有选定的部分保持不变。所以拉伸对象选定方法只能用“窗交”法，即自右向左拉窗口选定的方法，只将对象一部分框在“窗交”框中才能拉伸，否则就是移动。

3.9.1 执行途径

↘命令行：STRETCH/S。
↘菜单栏：执行“修改”下拉菜单中的“拉伸”命令。
↘工具栏：单击“修改”工具栏“拉伸”按钮。

3.9.2 操作说明

对于图形只有一部分在选择窗口内的对象，遵循以下拉伸规则。
↘直线：位于窗口外的端点不动，位于窗口内的端点移动。
↘圆弧：与直线类似，但在圆弧改变的过程中，圆弧的弦高保持不变，同时由此来调整圆心的位置和圆弧起始角、终止角的值。
↘区域填充：位于窗口外的端点不动，位于窗口以内的端点移动。
↘多段线：与直线或圆弧相似，但多段线两端的宽度、切线方向以及曲线拟合信息均不改变。

3.10 修剪

修剪命令是将超出边界的多余部分删除掉，可以修改直线、圆、弧、多段线、样条曲线和射线等。

3.10.1 执行途径

↘命令行：TRIM/TR。
↘菜单栏：执行“修改”下拉菜单中的“修剪”命令。
↘工具栏：单击“修改”工具栏“修剪”按钮。

3.10.2 操作示例

以图 3-4(a) 为原图说明修剪过程。

↘单击“修改”工具栏“修剪”按钮，系统提示为选择对象：选择剪切边界限。选择两条线作为剪切边，如图 3-4(b) 所示。

↘回车后结束剪切边的选择。

↘选择要修剪的对象：选择要修剪的部位，如图 3-4(c) 所示。

↘回车完成修剪，结果如图 3-4(d) 所示。

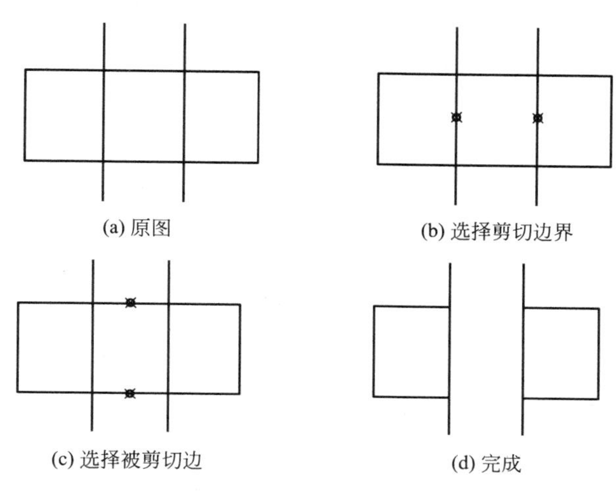

(a) 原图　(b) 选择剪切边界

(c) 选择被剪切边　(d) 完成

图 3-4　剪切

3.11 延伸

延伸命令是将没有和边界相交的部分延伸补齐，它和修剪命令是一组相对的命令。

3.11.1 执行途径

↘命令行：EXTEND/EX。

↘菜单栏：执行“修改”下拉菜单中的“延伸”命令。

↘工具栏：单击“修改”工具栏“延伸”按钮。

3.11.2 操作说明

↘执行延伸命令，第一次提示选择对象，此时选择的应该是延伸到的边界。回车后提示选择要延伸的对象，此时选择的是要延伸的对象。

↘使用延伸命令时，如果按下“Shift”键同时选择对象，则执行“修剪”命令。使用修剪命令时，如果按下“Shift”键同时选择对象，则执行“延伸”命令。

3.12 打断对象

打断命令用于打断所选的对象，即将所选的对象分成两部分，或删除对象上的某一部分。该命令用于直线、射线、弧线、构造线等，但不能打断组合形体，如图块等。

3.12.1 执行途径

↘命令行：BREAK/BR。
↘菜单栏：执行“修改”下拉菜单中的“打断”命令。
↘工具栏：单击“修改”工具栏“打断”按钮或“打断于点”按钮。

3.12.2 操作说明

↘打断：即在线条上创建两个打断点，从而将线条断开。在命令执行过程中，需要输入的参数有打断对象、打断第一点和第二点。第一点和第二点之间的图形将被删除。

↘打断于点：指通过指定一个打断点，将对象断开。在执行命令过程中，需要输入的参数有打断对象和第一个打断点。打断对象间没有间隙。

3.13 合并

合并命令可以将某一图形上的两个部分进行连接，或某段圆弧闭合成为整圆。

执行途径

↘命令行：JOIN/J。
↘菜单栏：执行“修改”下拉菜单中的“合并”命令。
↘工具栏：单击“修改”工具栏“合并”按钮。

3.14 分解

分解命令主要用于将一个对象分解为多个单一多线。主要应用于对整体图形、图块、文字、尺寸标注等对象的分解。

3.14.1 执行途径

↘命令行：EXPLODE/X。
↘菜单栏：执行“修改”下拉菜单中的“分解”命令。
↘工具栏：单击“修改”工具栏“分解”按钮。

3.14.2 操作说明

执行命令后，系统要求选择要分解的对象，选中对象后回车即可完成操作。如用矩形命令绘制的矩形，是一个整体对象，分解后就变成了 4 条直线，4 个对象。

3.15 倒角

倒角是使两个非平行的直线类对象相交或利用斜线连接。可以对由直线、多段线、参照线和射线等构成的图形对象进行倒角。

3.15.1 执行途径

↘命令行：CHAMFER/CHA。

↘菜单栏：执行“修改”下拉菜单中的“倒角”命令。

↘工具栏：单击“修改”工具栏“倒角”按钮。

3.15.2 操作说明

执行倒角命令，此时系统提示为：

选择第一条直线或［放弃（U）/多段线（P）/距离（D）/角度（A）/修剪（T）/方式（E）/多个（M）］。

各选项的解释如下。

↘放弃：放弃倒角操作。

↘多段线：该选项可以对整个多段线全部执行“倒角”命令。除了选择多段线命令绘制的图形对象外，还可以选择矩形命令、多边形命令绘制的图形对象，可以一次性将所有的倒角完成。

↘距离：可以改变或指定倒角的两个距离，这是最常用的方法。

↘角度：通过输入第一个倒角长度和倒角的角度来确定倒角的大小。

↘修剪：该选项用来设置执行倒角命令时是否使用修剪模式，默认是修剪。

↘方式：修剪的方式是按距离还是角度修剪。

↘多个：可以连续进行多次倒角处理。

3.16 倒圆角

圆角是通过一个指定半径的圆弧光滑连接两个对象。

3.16.1 执行途径

↘命令行：FILLET/F。

↘菜单栏：执行“修改”下拉菜单中的“圆角”命令。

↘工具栏：单击“修改”工具栏“圆角”按钮。

3.16.2 操作说明

执行圆角命令，系统提示如下。

↘选择第一个对象或［放弃（U）/多段线（P）/半径（R）/修剪（T）/多个（M）］：输入 *R*（半径），按回车键，输入圆角半径。其他的和倒角命令类似。

↘选择第一个对象。

↘选择第二个对象。

3.17 使用夹点编辑对象

在空命令下，单击选中某图形对象，被选中的对象就会以虚线显示，而且被选中图形的特征点（如端点、圆心、象限点等）将显示为蓝色的小方框，小方框被称为夹点。

夹点有两种状态：未激活状态和被激活状态。选择某图形对象后出现的蓝色小方框，就是未激活状态的夹点，称为冷夹点。将鼠标放在冷夹点上，该夹点变绿，称为温夹点。如果单击温夹点，该夹点变红，处于被激活状态，称为热夹点，以热夹点为基点，可以对图形对象执行拉伸、平移、复制、缩放和镜像等基本修改操作。

操作说明

使用夹点编辑功能，可以对图形对象进行各种不同类型的修改操作。其基本的操作步骤是“先选择，后操作”。空命令下，单击选择对象，使其出现冷夹点；单击某个冷夹点，使其被激活，成为热夹点。命令行根据回车次数显示不同如下提示。

① 拉伸。指定拉伸点或［基点（B）/复制（C）/放弃（U）/退出（X）］：单击夹点成为热夹点后按回车键。

② 移动。指定移动点或［基点（B）/复制（C）/放弃（U）/退出（X）］：单击夹点成为热夹点后按回车键。

③ 旋转。指定旋转角度或［基点（B）/复制（C）/放弃（U）/参照（R）/退出（X）］：单击夹点成为热夹点后按两次回车键。

④ 比例缩放。指定比例因子或［基点（B）/复制（C）/放弃（U）/参照（R）/退出（X）］：单击夹点成为热夹点后按三次回车键。

⑤ 镜像。指定第二点或［基点（B）/复制（C）/放弃（U）/退出（X）］：单击夹点成为热夹点后按四次回车键。

3.18 编辑多线

使用多线命令绘制的图线，必须使用编辑多线命令编辑修改。

3.18.1 执行途径

↘命令行：MLEDIT。
↘菜单栏：执行“修改”下拉菜单中的“对象”→“多线”命令。

3.18.2 操作说明

执行命令后，弹出一个“多线编辑工具”对话框，如图 3-5 所示，编辑多线主要通过该框进行。对话框中的各个图标形象地反映了 MLEDIT 命令的功能。

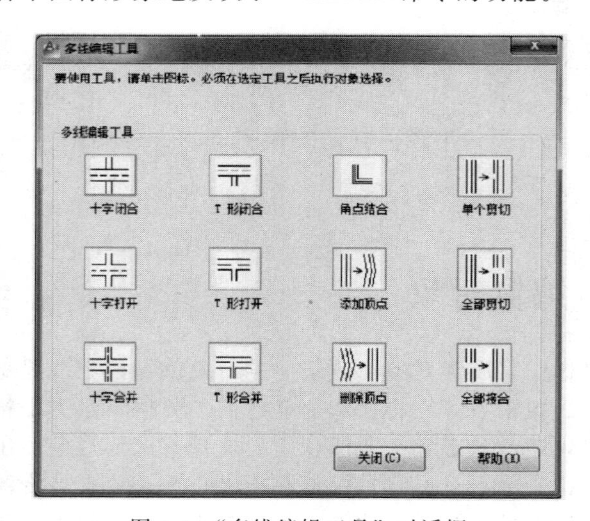

图 3-5 “多线编辑工具”对话框

第 4 章　创建和管理图层

图层是 AutoCAD 提供给用户的组织图形的有力工具。AutoCAD 的图形对象必须绘制在某个图层上，它可能是默认的图层，也可以是用户自己创建的图层。利用图层的特性，如颜色、线宽、线型等，可以非常方便地区分不同的对象。

4.1　创建图层

4.1.1　执行途径

↘命令行：LAYER/LA。

↘菜单栏：执行“格式”下拉菜单中的“图层”命令。

↘工具栏：单击“图层”工具栏中的“图层特性管理器”按钮。

4.1.2　操作说明

执行上述命令，会弹出“图形特性管理器”对话框，如图 4-1 所示。用户可以在此对话框中进行图层的创建、基本操作和管理。

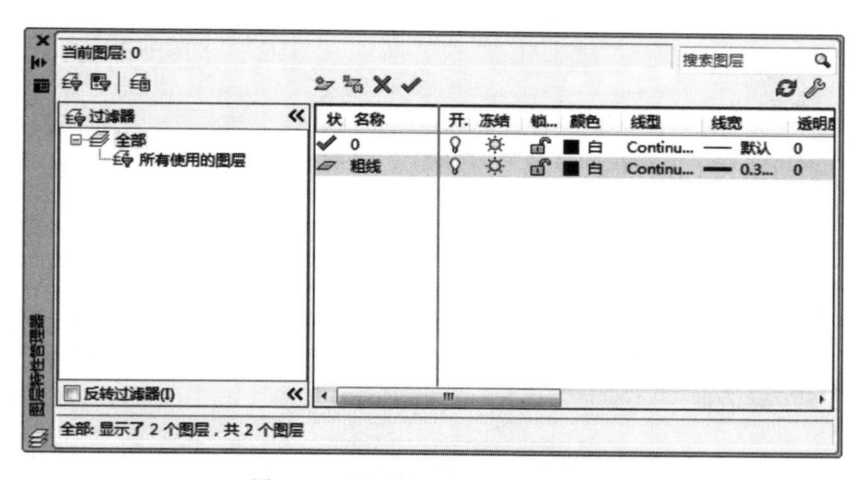

图 4-1　“图形特性管理器”对话框

在“图形特性管理器”对话框中，用户可以通过对话框上的一系列按钮对图层进行基本操作。

↘新建图层。单击按钮，列表中显示新创建的图层。第一次新建，列表中将显示名为“图层 1”的图层，随层名称依次为“图层 2”“图层 3”等。该名称处于选中状态，用户可以直接输入一个新图层名。对于已经创建的图层，如果需要修改图层的名称，可以单击右键选重命名或直接按“F2”键重命名。

↘删除图层。单击按钮，可以删除用户选定的图层，但 0 图层不能删除。

↘置为当前。单击按钮，将选定图层设置为当前图层。

4.2 管理图层

4.2.1 颜色设置

图层的颜色实际上就是图层中图形对象的颜色，每个图层都可以设置颜色，不同图层可以设置相同的颜色，也可以设置不同的颜色，使用颜色可以非常方便地区分各图层上的对象。

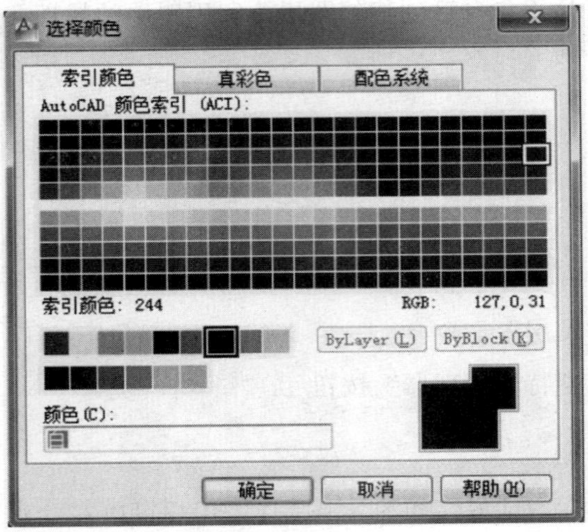

图 4-2 “选择颜色”对话框

① 在建立图层的时候，图层的颜色承接上一个图层的颜色，对于图层 0 系统默认的是 7 号颜色，该颜色相对于黑色背景显示白色，相对于白色背景显示黑色。

② 在绘图过程中，需要对各个层的对象进行区分，改变该层的颜色，默认状态下该层的所有对象的颜色将随之改变。单击图 4-1 对话框中“颜色”列表下的颜色特性图标，弹出如图 4-2 所示的“选择颜色”对话框，用户可以对图层颜色进行设置。在“颜色”输入窗中可以直接输入索引颜色值：1 为红，2 为黄，3 为绿，4 为青，5 为蓝，6 为洋红，7 为黑/白。

4.2.2 线型设置

图层线型表示图层中图形线条的特性，不同的线型标示不同的含义。

(1) 加载线型

AutoCAD 提供了标准的线型库，该库文件为 ACADISO · LIN，可以从中选择线型，也可以定义自己专用的线型。

在 AutoCAD 中，系统默认的线型是 Continuous，线宽默认值是 0 单位，该线型是连续的。在绘图过程中，如果用户希望绘制点画线、虚线等其他种类的线，就需要设置图层的线型和线宽。

↘单击图 4-1 对话框中“线型”列表下的线型特性图标 Continuous，弹出如图 4-3 所示

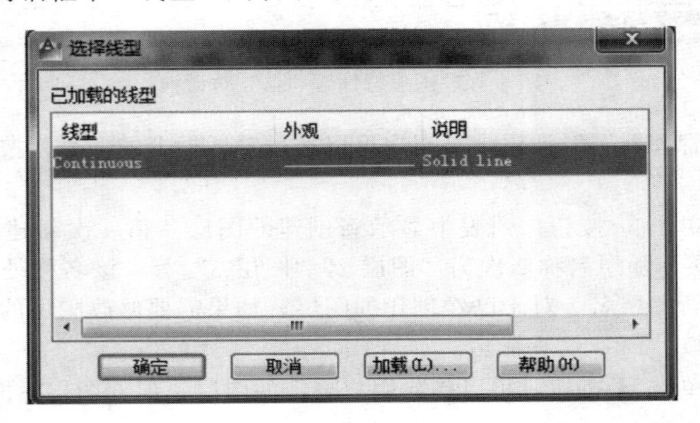

图 4-3 “选择线型”对话框

的“选择线型”对话框。默认状态下，“选择线型”对话框中只有Continuous一种线型。

↘单击“加载”按钮，弹出如图4-4所示的“加载或重载线型”对话框，用户可以在“可用线型”列表框中选择所需要的线型。

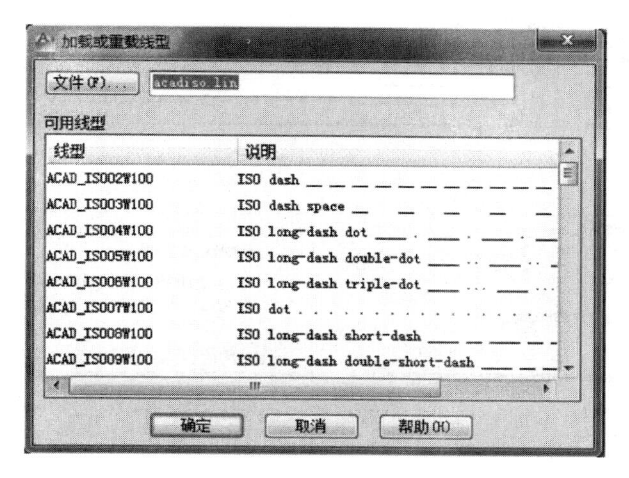

图4-4 “加载或重载线型”对话框

↘选择线型单击“确定”按钮返回“选择线型”对话框，刚加载选定的线型出现在窗口中，选定后单击“确定”，图层线型设置完成。

(2) 调整线型比例

在AutoCAD定义的各种线型中，除了Continuous线型外，每种线型都是由线段、空格、点或文本所构成的序列。用户设置的绘图界限与默认的绘图界限差别较大时，在屏幕上显示或绘图仪输出的线型会不符合工程制图的要求（如虚线或点画线显示为实线），此时需要调整线型比例。

调整线型比例的命令是LTSCALE，或如图4-5所示单击“特性”工具栏线型窗口最下方的“其他...”，出现图4-6“线型管理器”对话框。单击对话框中“显示细节”，则在对话框下方出现详细信息。

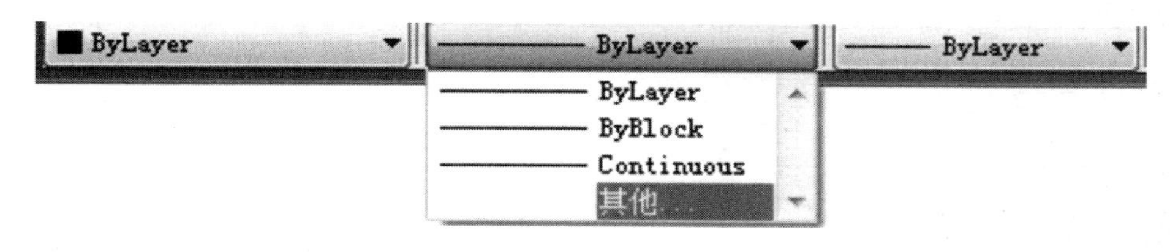

图4-5 “特性”工具栏

在图4-6所示线型管理器的“详细信息”栏内有两个调整线型比例的编辑框：“全局比例因子”和“当前对象缩放比例”。

↘“全局比例因子”将调整已有对象和将要绘制对象的线型比例。

↘“当前对象缩放比例”调整将要绘制对象的线型比例。线型比例值越大，线型中的要素也越大。

↘“详细信息”栏内有一个“ISO笔宽”列表框，它只对ISO线型有效。

↘“详细信息”栏内的“缩放时使用图纸空间单位”复选框，用于调整不同图纸空间视图中线型的缩放比例。

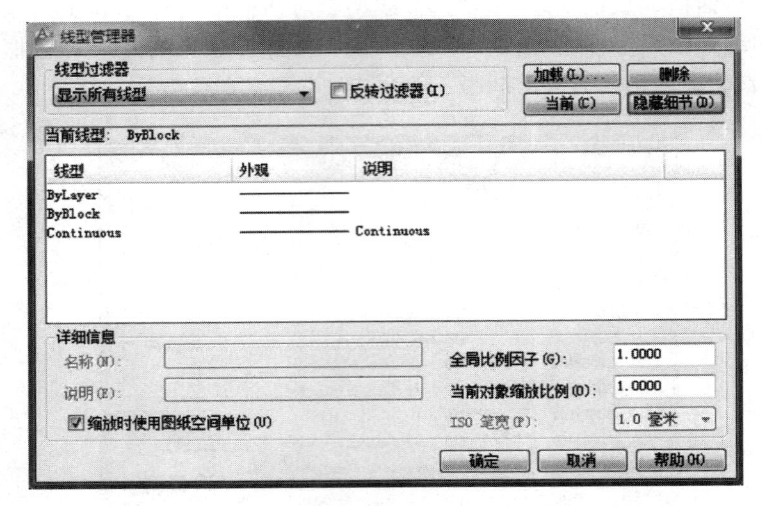

图 4-6 “线型管理器”对话框

4.2.3 设置线宽

线宽设置是改变图层线条的宽度。单击“图形特性管理器”对话框中“线宽”列表下的线宽特性图标，弹出如图 4-7 所示的“线宽”对话框，在线宽列表框中选择需要的线宽，单击确定按钮完成设置线宽操作。

4.2.4 透明度设置

AutoCAD2012 新增了透明度。单击透明度列表下透明度值显示图 4-8“透明度”对话框。透明度可以设置 0～90，0 表示不透明，90 则为完全透明。如果该图层透明度设为 90，在该图层上绘制的图形都完全透明不可见。

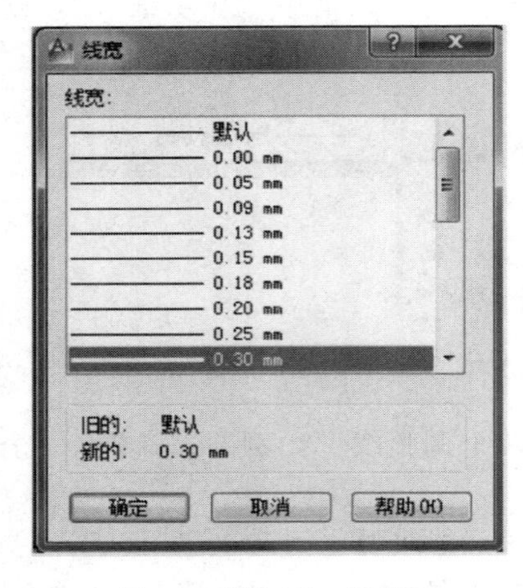

图 4-7 “线宽”对话框

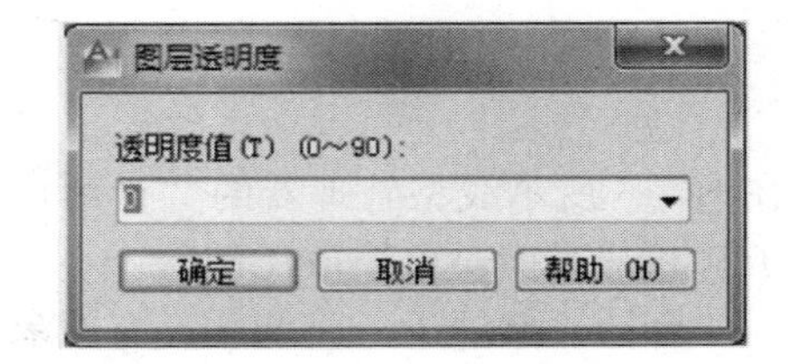

图 4-8 “透明度”对话框

4.2.5 控制图层状态

控制图层报考控制图层开关、图层冻结和图层锁定等。

① 在“开关”列表下，图标表示图层处于打开状态，图标表示图层处于关闭状态。关闭图层可以加快ZOOM、PAN和其他一些操作的运行速度，增强对象选择的性能并减少复杂图形的重生成时间。当图层被关闭后，该图层上的图形将不能显示在屏幕上，不能被编辑，不能被打印输出。

② 在“冻结”列表下，图标表示图层处于解冻状态，图标表示图层处于冻结状态。冻结图层，该图层不能置为当前层，图层上的对象将不显示，不能被修改或打印。

③ 在“锁定”列表下，图标表示图层处于解锁状态，图标表示图层处于锁定状态。锁定图层，图层可见，但图层上的对象不能被编辑和修改。

第5章　图块

绘图时经常需要在同一幅图中多次放置同一个对象。如园林植物配置中，相同的植物需要多次的放置。图块也就应运而生，使用图块可以将问题简化。

5.1　创建图块（内部块）

内部图块是存储在图形文件内部的块，只能在存储文件中使用，而不能在其他图形文件中使用。在创建图块之前，先绘制图形，然后将绘制的图形对象定义成图块。

5.1.1　执行途径

↘命令行：BLOCK/B。

↘菜单栏：执行“绘图”下拉菜单中的“块”→“创建”命令。

↘工具栏：单击“绘图”工具栏“创建块”按钮。

5.1.2　操作说明

执行创建块命令，弹出一个“块定义”对话框，如图5-1所示。

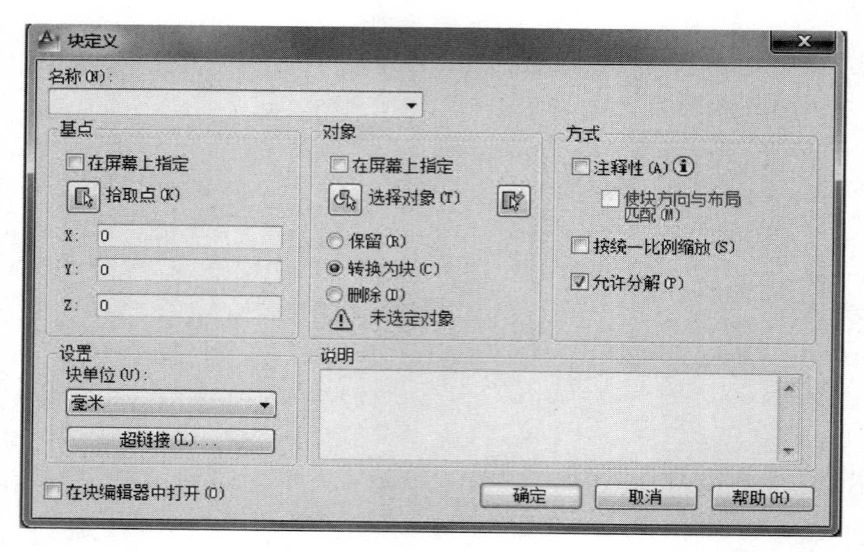

图5-1　“块定义”对话框

（1）“块定义”对话框简介

在“块定义”对话框中，用户需要设置“名称”下拉列表框、“基点”选项组、“对象”选项组，其他选项采用默认设置即可。

↘“名称”下拉列表框用于输入当前要创建的图块名称。

↘“基点”选项组用于确定插入点的位置。此处定义的插入点是该块将来插入的基准点，也是块在插入过程中旋转或缩放飞基点。用户可以通过在“X、Y、Z”文本框中直接输入坐标值，最常用的是单击“拾取点”按钮，切换到绘图区在图形中用对象捕捉直接指定。

↘“对象”选项组用于指定定义成块的对象。选中“保留”单选按钮，创建块以后，所选对象依然保留在图形中，不转换为块。选中“转换为块”单选按钮，创建块以后，所选对象转换成图块格式，同时保留在图形中。选中“删除”单选按钮，标示创建块以后，所选对象从图形中删除。用户可以通过单击“选择对象”按钮，切换到绘图区选择要创建为块的图形实体。

↘“设置”选项组包括“块单位”。“块单位”下拉列表框用于指定从 AutoCAD 设计中心拖动块时，用以缩放块的单位。

(2) 创建图块步骤

↘在“名称”对话框中输入块名。

↘在“基点”选项组中单击“拾取点”按钮。选择插入基点。

↘在“选择”选项组中单击“选择对象”按钮，利用框选选择要定义成块的对象。

↘单击“确定“按钮，即可将所选对象定义成块。

5.2 创建并保存图块（外部块）

5.2.1 执行途径

↘命令行：WBLOCK/W。

5.2.2 操作说明

执行外部块命令，弹出一个“写块”对话框，如图 5-2 所示。该对话框的写块选项功能如下。

①“源”选项组。该选项组用于指定存储块的对象及块的基点。

↘选择“块”单选框，用户可以通过此下拉框选择一个块名将块进行保存。保存块的基点不变。

↘选择“整个图形”单选框，可以将整个图形作为块进行存储。

↘选择“对象”单选框，可以将用户选择的对象作为块进行存储。

其他选项和“块定义”相同。

②“目标”选项组。该选项组用于设置保存块的名称、路径以及插入的单位。

↘“文件名和路径”用于指定保存块的文件名和保存路径。

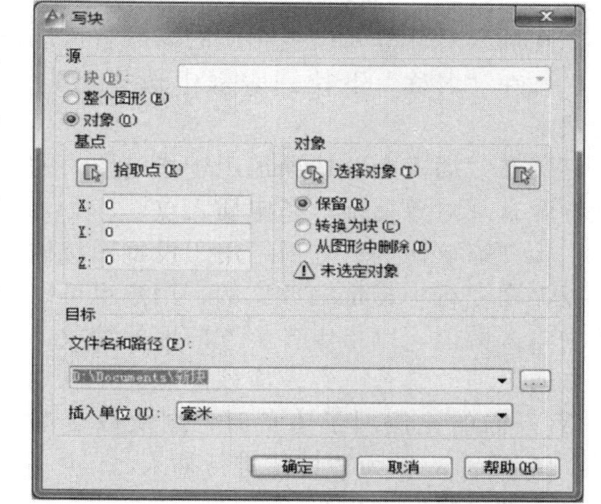

图 5-2 “写块”对话框

↘“插入单位”用户可以通过下拉列表选择从 Auto CAD 设计中心拖动块时的缩放，单击“确定”按钮，完成图块的保存。插入单位一般是“毫米”。

5.3 插入图块

被创建成功的图块，可以在实际绘图时根据需要插入到图形中使用。

5.3.1 执行途径

↘命令行：INSERT/I。

↘工具栏：单击“绘图”工具栏“插入块”按钮。

5.3.2 操作说明

单击“插入块”按钮，弹出如图 5-3 所示“插入”对话框。

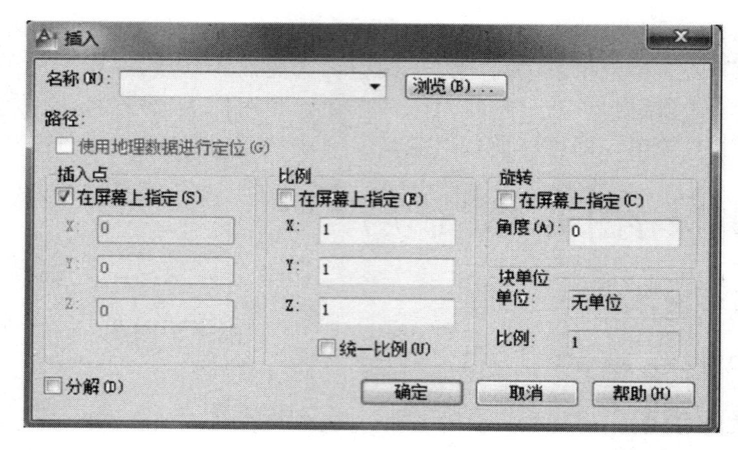

图 5-3 “插入”对话框

(1)“插入”对话框简介

在插入对话框，设置相应的参数就可以插入图块。

↘在“名称”下拉列表框中选择已定义的图块，或者单击“浏览”按钮，选择保存的块。

↘在“插入点”选项组用于指定图块的插入位置，通常选中“在屏幕上指定”复选框，鼠标配合“对象捕捉”指定插入点。

↘“缩放比例”选项组用于设置图块插入后的比例。选中“在屏幕上指定”复选框，则可以在命令行中指定缩放比例，用户也可以直接在“X”文本框、“Y”文本框、“Z”文本框中输入数值，以指定各个方向上的缩放比例。“统一比例”复选框用于设定图块在 X、Y、Z 方向上缩放是否一致。应该注意的是 X、Y 方向比例因子的正负将影响图块插入的效果。当 X 方向的比例因子为负时，图块以 Y 轴为镜像线进行插入；当 Y 方向的比例因子为负时，图块以 X 轴为镜像线进行插入。

↘“旋转”选项组用于设定图块插入后的角度。选中“在屏幕上指定”复选框，则可以在命令行中指定旋转角度，用户也可以直接在“角度”文本框中输入数值，以指定旋转角度。

(2)“插入”图块的步骤

↘单击“插入块”按钮。

↘从该对话框中点浏览选择要插入的块文件。

↘调整“比例”和“旋转”，单击确定。

↘在屏幕上单击需要插入块的点，块插入，操作完成。

第6章　创建与编辑文字

6.1　创建文字样式

文字样式是对同一类文字的格式设置的集合，包括字体、字高、显示效果等。在标注文字前，应首先定义文字样式，以指定字体、高度等参数，然后用定义好的文字样式进行标注。

6.1.1　执行途径

↘命令行：STYLE/ST。

↘菜单栏：执行“格式”下拉菜单中的“文字样式”命令。

↘工具栏：单击“样式”工具栏“文字样式”按钮。

6.1.2　操作说明

点击按钮，创建新文字样式，出现图6-1所示“文字样式”对话框。

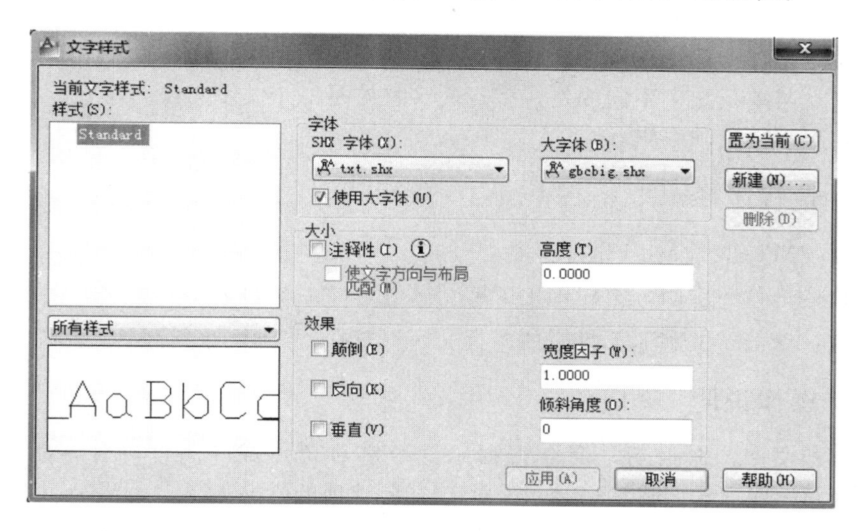

图6-1　“文字样式”对话框

“文字样式”对话框中常用选项的含义如下所示。

↘“样式”列表：列出了当前可以使用的文字样式，默认文字样式为Standard。

↘“字体名”下拉列表：在该下拉列表中可以选择不同的字体。

↘“高度”文本框：该参数控制文字高度，也就是控制文字的大小。

↘“颠倒”复选框：勾选该复选框后，文字方向将反转。

↘“反向”复选框：勾选该复选框，文字的阅读顺序将与开始输入的文字顺序相反。

↘“宽度因子”文本框：该参数用于控制文字的宽度。

↘“倾斜角度”文本框：控制文字的倾斜角度，只能输入−85°～85°的角度值，超过这个区间的角度值将无效。

6.2 创建单行文字

当注写较少的文字时可使用单行文字命令进行文字输入。

6.2.1 执行途径

↘命令行：DTEXT/TEXT/DT。
↘菜单栏：执行“绘图”下拉菜单中的“文字”→“单行文字”命令。
↘工具栏：单击“文字”工具栏“单行文字”按钮AI。

6.2.2 操作说明

输入命令后，命令行提示如下。
↘指定文字的起点：默认情况下，所指定的起点位置即是文字行基线的起点位置。
↘对正：可以设置文字的对正方式，如对齐、布满、左上、中上等。
↘样式：可以设置当前使用的文字样式。

6.3 创建多行文字

对于字数较多，字体变化较为复杂，甚至字号不一的文字，通常使用“多行文字”命令进行文字输入。与单行文字不同的是，多行文字整体是一个文字对象，每一单行不再是单独的文字对象，也不能单独编辑。

6.3.1 执行途径

↘命令行：MTEXT/MT/T。
↘菜单栏：执行“绘图”下拉菜单中的“文字”→“多行文字”命令。
↘工具栏：单击“文字”工具栏“多行文字”按钮A。

6.3.2 操作说明

执行“多行文字”命令后，命令行提示：指定对角点或[高度（H）/对正（J）/行距（L）/旋转（R）/样式（S）/宽度（W）/栏（C）]：各选项的含义如下。

↘高度（H）：用于确定文字框的高度，用户可以在屏幕上拾取一点，该点与第一角点的距离即为文字的高度，或者在命令行中输入高度值。

↘对正（J）：用来确定文字的排列方式。
↘行距（L）：为多行文字对象行与行之间的间距。
↘旋转（R）：用来确定文字倾斜角度。
↘样式（S）：用来确定文字字体样式。
↘宽度（W）：用来确定文字框的宽度。
↘栏（C）：用来分动态静态或不分栏设定。

设置好以上选项后，系统要提示“指定对角点”，此选项用来确定标准文字框的对角点，即拉一个矩形框，然后弹出如图 6-2 所示的多行文字编辑器。布局和功能与办公软件 Mi-

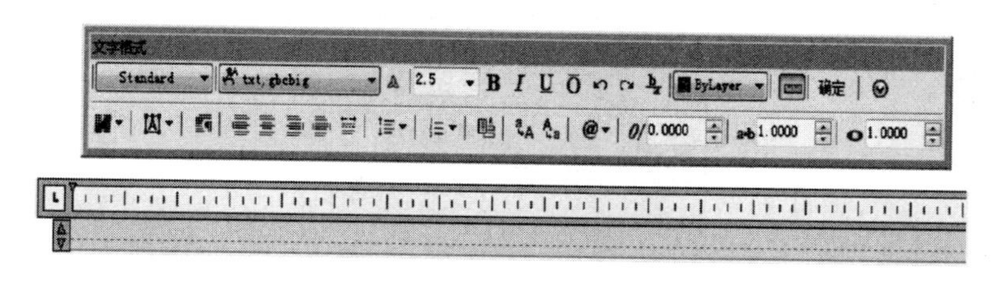

图 6-2　多行文字编辑器

crosoft Word 非常类似。

6.4　添加特殊符号

在实际绘图时，会根据需要绘制一些特殊字符，这些特殊字符不能从键盘上直接输入，因此 Auto CAD 提供了相应的控制码，如表 6-1 所示。

表 6-1　特殊符号的控制码

控制码	含　　义
%%C	ϕ 直径符号
%%P	±正负公差符号
%%D	°度
%%O	打开或关闭上划线
%%U	打开或关闭下划线
%%%	%百分号

6.5　编辑文字

一般来说，文字编辑涉及两个方面，即修改文字内容和文字特性。

6.5.1　执行途径

↘命令行：PROPERTIES。

↘菜单栏：执行“修改”下拉菜单中的“特性”命令。

↘工具栏：单击“文字”工具栏“特性”按钮。

6.5.2　操作说明

执行对象特性命令，弹出如图 6-3 所示特性管理器对话框。

↘在该对话框，选择要修改的文字。若选择一个实体，对话框中将列出该实体的详细特性以供修改；若选择多个实体，对话框中将列出这些实体的共有特性以供修改。修改的具体方法是：选定文字，在对话框中找到对应的字高、旋转角、宽度因子、倾斜角、样式、对齐等特性，单击即可修改。

↘修改完一处后，应按一次“ESC”键退出对该实体的选定，再选择另一实体进行修改。

↘要修改文字内容，需要在文字上双击，进入文字编辑对话框，在此修改文字内容。

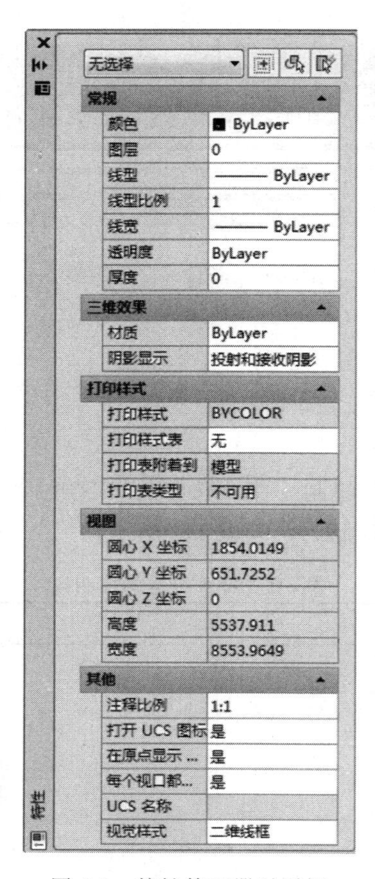

图 6-3　特性管理器对话框

第 7 章　尺寸标注

7.1　创建标注样式

7.1.1　执行途径

↘命令行：DIMSTYLE/D。

↘菜单栏：执行“格式”下拉菜单中的“标注样式”命令。

↘工具栏：单击“标注”工具栏“标注样式”按钮。

7.1.2　“标注样式管理器”对话框

“标注样式管理器”对话框简介，如图 7-1 所示。

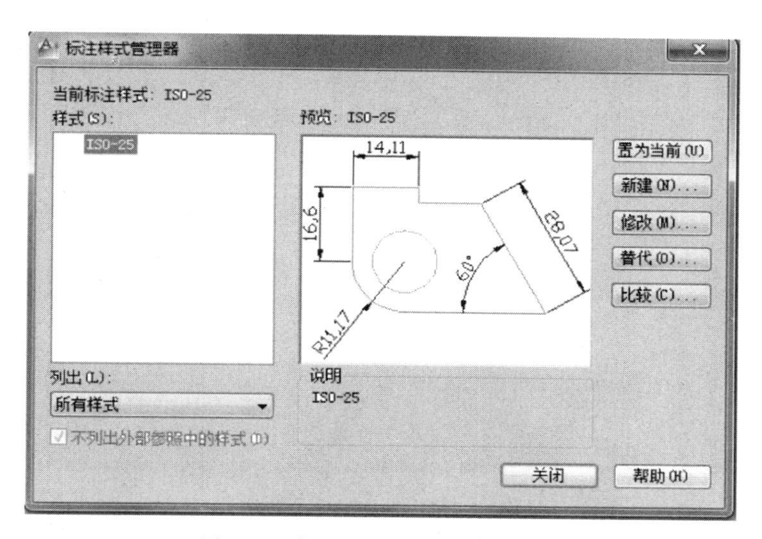

图 7-1　“标注样式管理器”对话框

↘“标注样式管理器”对话框的主要功能包括：预览尺寸标注样式、创建新的尺寸标注样式、修改已有的尺寸标注样式、设置一个尺寸标注样式的替代、设置当前的尺寸标注样式、比较尺寸标注样式、重命名尺寸标注样式和删除尺寸标注样式等。

↘在“标注样式管理器”对话框中，“当前标注样式”区域用于显示当前的尺寸标注样式。“样式”列表框中显示了文件中所有的尺寸标注样式。用户在“样式”列表框中选择了合适的标注样式后，单击“置为当前”按钮，则可将选择的样式置为当前。

↘单击“新建”按钮，弹出“创建新建标注样式”对话框：单击“修改”按钮，弹出“修改标注样式”对话框，此对话框用于修改过去和以后尺寸标注样式的设置；单击“替代”按钮，屏幕弹出“替代当前样式”对话框，在该对话框中，用户可以设置以后的尺寸标注样式。

7.1.3　“创建新标注样式”对话框

“创建新标注样式”对话框简介，如图 7-2 所示。

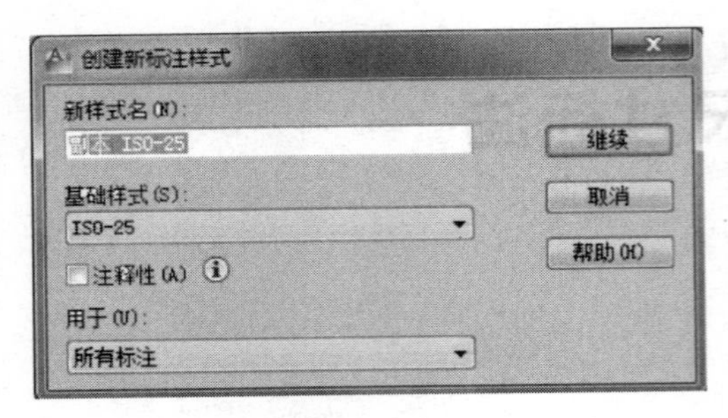

图 7-2 “创建新标注样式”对话框

↘在“新样式名”文本框中可以设置新创建的尺寸标注样式的名称；在“基础样式”下拉列表框中可以选择新创建的尺寸标注样式将以哪个已有的样式为模板；在“用于”下拉列表框中可以指定新创建的尺寸标注样式将用于哪些类型的尺寸标注。

↘单击“继续”按钮将关闭“创建新标注样式”对话框，并弹出如图 7-3 所示的“新建标注样式”对话框，用户可以在该对话框的选项卡中设置相应的参数，设置完成后单击确定按钮，返回“标注样式管理器”对话框，在“样式”列表中可以看到新建的标注样式。

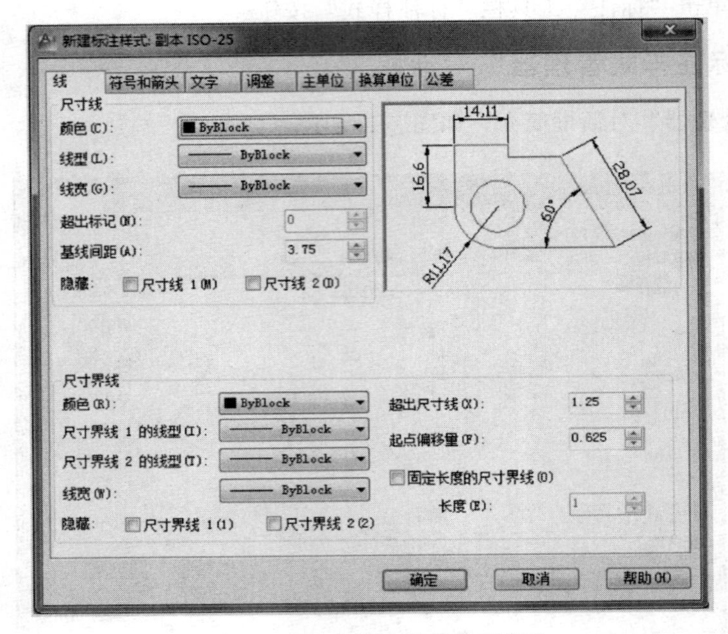

图 7-3 “新建标注样式”对话框

7.2 直线型尺寸标注

直线型尺寸是工程制图中最常见的尺寸，包括水平尺寸、垂直尺寸、对齐尺寸、基线标注和连续标注等。

7.2.1 线性标注

(1) 执行途径

↘命令行：DIMLINEAR/DLI。

↘菜单栏：执行“标注”下拉菜单中的“线性标注”命令。

↘工具栏：单击“标注”工具栏“线性标注”按钮 。

(2) 操作说明

输入命令后，命令行提示如下。

↘指定第一个延伸线原点或<选择对象>：选取一点作为第一条尺寸界限的起点。

↘指定第二个延伸线原点：选取一点作为第二条尺寸界限的起点。

↘指定尺寸线位置或［多行文字（M）/文字（T）/角度（A）/水平（H）/垂直（V）/旋转（R）］：移动光标指定尺寸线位置，也可以设置其他选项。

7.2.2 对齐标注

对齐尺寸标注可以标注某一条倾斜线段的实际长度。

（1）执行途径

↘命令行：DIMALLGNEAD/DAL。

↘菜单栏：执行“标注”下拉菜单中的“对齐”命令。

↘工具栏：单击“标注”工具栏“对齐标注”按钮。

（2）操作说明

执行命令后，命令行提示与操作和线性标注相似。

7.2.3 基线标注

工程制图中，常常以某一线作为基准，其他尺寸都以该基准进行定位或画线，这就是基线标注。基线标注需要以事先完成的一个线性标注为基础。

（1）执行途径

↘命令行：DIMBASELINE。

↘菜单栏：执行“标注”下拉菜单中的“基线标注”命令。

↘工具栏：单击“标注”工具栏“基线”按钮。

（2）操作说明

输入命令后，命令行提示如下。

↘指定第二条延伸线原点：选取第二条尺寸界限起点。

↘指定第二条延伸线原点：指定第三条尺寸界限的起点可以继续指定，直到结束。

7.2.4 连续标注

连续标注是首位相连的多个标注，前一尺寸的第二尺寸界限就是后一尺寸的第一尺寸界限。

（1）执行途径

↘命令行：DIMCONTINUE/DCO。

↘菜单栏：执行“标注”下拉菜单中的“连续标注”命令。

↘工具栏：单击“标注”工具栏“连续标注”按钮。

（2）操作说明

输入命令后，命令行提示与“基线标注”相似。

7.2.5 快速标注

快速标注可以用连续标注的形式将同向尺寸快速标出。

（1）执行途径

↘命令行：QDIM。

↘菜单栏：执行“标注”下拉菜单中的“快速标注”命令。

↘工具栏：单击“标注”工具栏“快速标注”按钮。

(2) 操作说明

如图 7-4 所示，执行快速标注命令，提示选择要标注的几何图形；选择线 AB、CD、EF，按回车键后确定尺寸线位置。

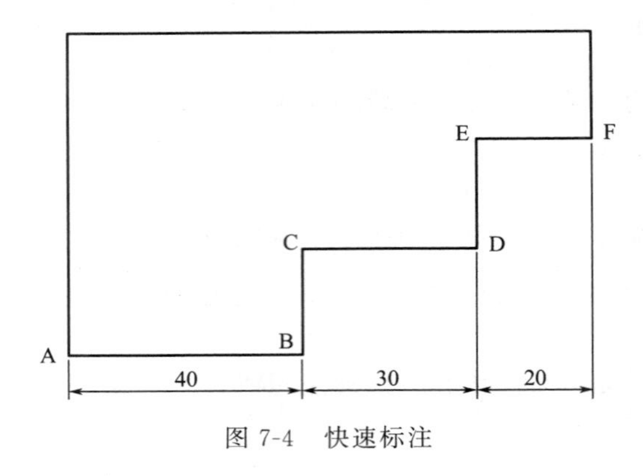

图 7-4 快速标注

7.3 径向尺寸标注

径向尺寸是工程制图中另一种比较常见的尺寸，常用语回转类型体尺寸的标注，包括半径和直径。

7.3.1 半径标注

(1) 执行途径

↘命令行：DIMRADIUS/DRA。

↘菜单栏：执行“标注”下拉菜单中的“半径标注”命令。

↘工具栏：单击“标注”工具栏“半径”按钮。

(2) 操作说明

输入命令后，命令行提示如下。

↘选择圆弧或圆：选择要标注半径的圆或圆弧对象。

↘指定尺寸线位置或［多行文字（M）/文字（T）/角度（A）］：移动光标至合适位置并单击。

7.3.2 直径标注

(1) 执行途径

↘命令行：DIMDIAMETER/DDI。

↘菜单栏：执行“标注”下拉菜单中的“直径标注”命令。

↘工具栏：单击“标注”工具栏“直径”按钮。

(2) 操作说明

输入命令后，命令行提示与半径标注类似。

7.4 角度标注

角度尺寸标注用于标注两条直线或 3 个点之间的角度。

7.4.1 执行途径

↘命令行：DIMANGULAR。

↘菜单栏：执行“标注”下拉菜单中的“角度”命令。

↘工具栏：单击“标注”工具栏“角度标注”按钮。

7.4.2 操作说明

输入命令后，命令行提示如下。

↘选择圆弧、圆、直线或＜指定顶点＞：选择标注角度尺寸对象，圆弧或直线或回车后选择点。

↘指定标注弧线位置或［多行文字（M）/文字（T）/角度（A）］：移动光标至合适位置单击。

7.5 编辑尺寸标注

创建尺寸标注后，如未能达到预期效果，还可以对尺寸标注进行编辑，如修改标注文字位置、内容等。

7.5.1 编辑标注

该命令用来进行修改已有的尺寸标注的文本内容和文本放置方向。

（1）执行途径

↘命令行：DIMEDIT/DED。

↘工具栏：单击“标注”工具栏“编辑标注”按钮。

（2）操作说明

输入命令后，命令行提示如下。

输入标注类型［默认（H）/新建（N）/旋转（R）/倾斜（O）］

各选项含义如下：

↘默认（H）：此选项用于将尺寸文本按默认位置方向重新放置。

↘新建（N）：此选项用于更新所选择的尺寸标注的尺寸文本。

↘旋转（R）：此选项用于旋转所选择的尺寸文本。

↘倾斜（O）：此选项用于倾斜标注，即编辑线性尺寸标注，使其尺寸界线倾斜一个角度，不再与尺寸线相垂直，常用于标注锥形图形。

7.5.2 编辑标注文字

该命令用来进行修改已有尺寸标注的放置位置。

（1）执行途径

↘命令行：DIMTEDIT。

↘工具栏：单击“标注”工具栏“编辑标注文字”按钮。

（2）操作说明

输入命令后，命令行提示如下。

选择标注：选定要修改位置的尺寸。

指定标注文字的新位置或［左（L）/右（R）/中心（C）/默认（H）/角度（A）］：
↘左（L）：此选项用于将尺寸文本按尺寸线左端置放。
↘右（R）：此选项用于将尺寸文本按尺寸线右端置放。
↘中心（C）：此选项用于将尺寸文本按尺寸线中心置放。
↘默认（H）：此选项用于将尺寸文本按默认位置置放。
↘角度（A）：此选项用于将尺寸文本按按一定角度置放。

7.5.3 尺寸标注更新

该命令用来进行替换所选择的尺寸标注样式。

（1）执行途径
↘命令行：DIMSTYLE。
↘菜单栏：执行“标注”下拉菜单中的“标注更新”命令。
↘工具栏：单击“标注”工具栏“标注更新”按钮。

（2）操作说明

直线该命令前，先将需要的尺寸样式设为当前的样式。输入命令后，命令行提示如下。

选择对象：选择要修改样式的尺寸标注。按回车键后命令结束，所选择的尺寸样式变为当前的样式。

第 8 章　图形的打印输出

8.1　模型空间与图纸空间

模型空间主要用于建模，前面章节讲述的绘图、修改、标注等操作都是在模型空间完成的。模型空间是一个没有界限的三维空间，用户在这个空间中以任意尺寸绘制图形，通常按照 1∶1 的比例，以实际尺寸绘制实体。

图纸空间是为了打印出图而设置的。一般在模型空间绘制完图形后，需要输出到图纸上。为了让用户方便地为一种图纸输出方式设置打印设备、纸张、比例、图纸视图布置等，AutoCAD 提供了一个用于进行图纸设置的图纸空间。利用图纸空间还可以预览到真实的图纸输出效果。由于图纸空间是纸张的模拟，所以是二维的。同时图纸空间由于受选择幅面的限制，所以是有界限的。在图纸空间还可以设置比例，实现图形从模型空间到图纸空间的转化。用户用于绘图的空间一般都是模型空间，在默认情况下 AutoCAD 显示的窗口是模型窗口，在绘图窗口的左下角显示“模型”和“布局”窗口的选项卡按钮 模型 / 布局1 / 布局2 ，单击“布局 1”和“布局 2”可进入图纸空间。

8.2　模型空间打印

如果整张图形使用同一个比例，即但比例布图，则可以直接在模型空间出图打印。

执行 AutoCAD 的“文件”→“打印”命令或单击标注工具栏打印按钮，显示如图 8-1 所示的“打印-模型”对话框。

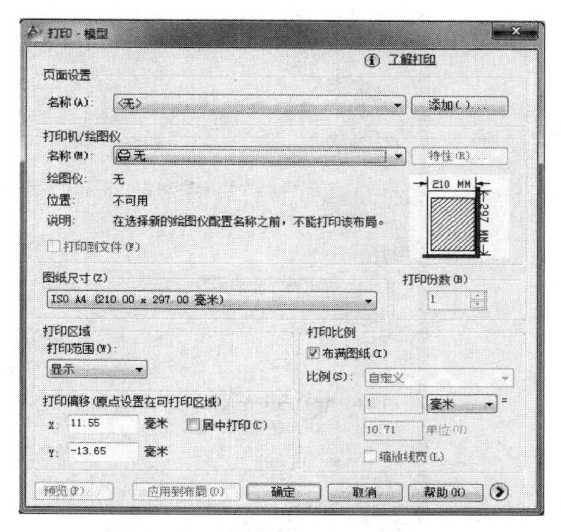

图 8-1　“打印-模型”对话框

“打印-模型”对话框简介如下。

8.2.1　“页面设置”选项组

在“页面设置”选项组中的“名称”下拉列表框中可以选择所要应用的页面设置名称，也可以单击“添加”按钮添加其他的页面设置，如果没有进行页面设置，可以选择“无”选项。

8.2.2　“打印机绘图仪”选项组

在“打印机绘图仪”选项组中的“名称”下拉列表框中可以选择要使用的绘图仪。选择“打印到文件”复选框，则图形输出到文件后再打印，而不是直接从绘图仪或者打印机打印。

8.2.3　“图纸尺寸”选项组

在“图纸尺寸”选项组的下拉列表框中可以选择合适的图纸幅面，视窗可以预览图纸幅面的大小。

8.2.4 “打印区域”选项组

在“打印区域”选项组中，用户可以通过4种方法来确定打印范围。

↘“图形界限”选项表示将打印指定图纸尺寸的页边距内的所有内容，其原点从布局中的（0,0）点计算得出。从“模型”空间打印时，将打印图形界限定义的整个图形区域。

↘“显示”选项表示打印选定的是“模型”空间当前视口中的视图或布局中的当前图纸空间视图。

↘“窗口”选项表示打印指定的图形的任何部分，这是直接在模型空间打印图形时最常用的方法。选择“窗口”选项后，命令行会提示用户在绘图区指定打印区域。

↘“范围”选项用于打印图形的当前空间部分，当前空间内的所有几何图形都将被打印。

8.2.5 “打印比例”选项组

在“打印比例”选项组中，当选中“布满图纸”复选框后，其他选项显示为灰色，不能更改。取消“布满图纸”复选框，用户可以对比例进行设置。

8.2.6 展开更多选项

单击，展开更多选项，其中“图形方向”选区的横向纵向选择最常用。图8-2为展开更多选项。

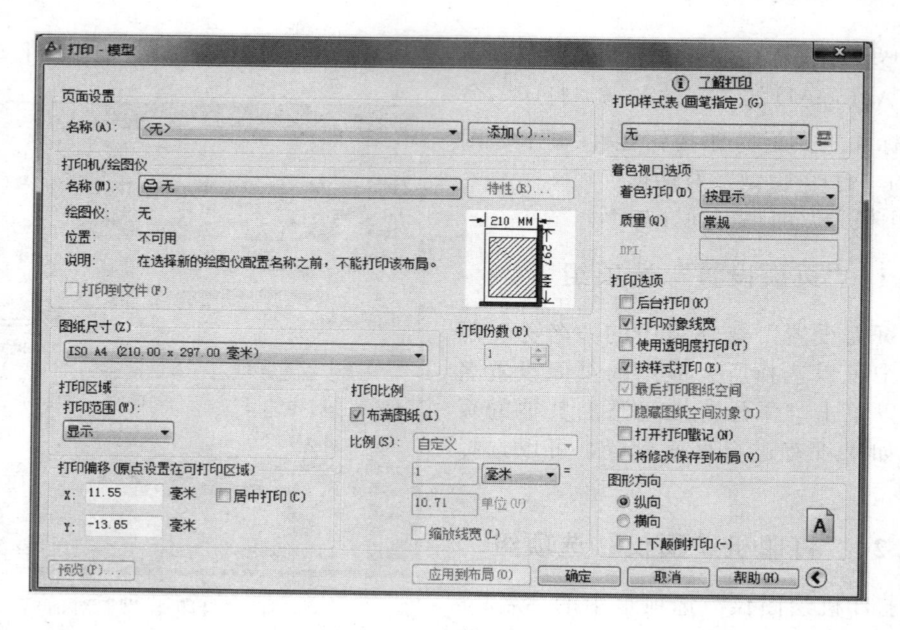

图8-2 展开更多选项

8.3 布局空间打印

在绘图窗口的底部是一个模型选项按钮和两个布局选项按钮：布局1和布局2。单击任一布局选项按钮，AutoCAD 自动进入图纸空间环境，在布局窗口中有 3 个矩形框，最外面的矩形框代表是在页面设置中指定的图纸尺寸，虚线矩形框代表的是图纸的可打印区域，最里面的矩形框是一个浮动视口，如图 8-3 所示。

图 8-3　布局窗口

8.3.1　创建布局

当默认状态下的两个布局不能满足需要时，可创建新的布局。创建新布局常用的方法是：在下拉菜单中单击“插入”/“布局”/“新建布局”。

8.3.2　管理布局

在“布局”按钮上单击鼠标右键，此时弹出快捷菜单，可以新建布局、删除布局等，选择“页面设置管理器”，弹出如图 8-4 所示对话框。选中“布局”后单击“修改”，随即弹出如图 8-5 所示对话框，在对话框中可以进行修改设置。

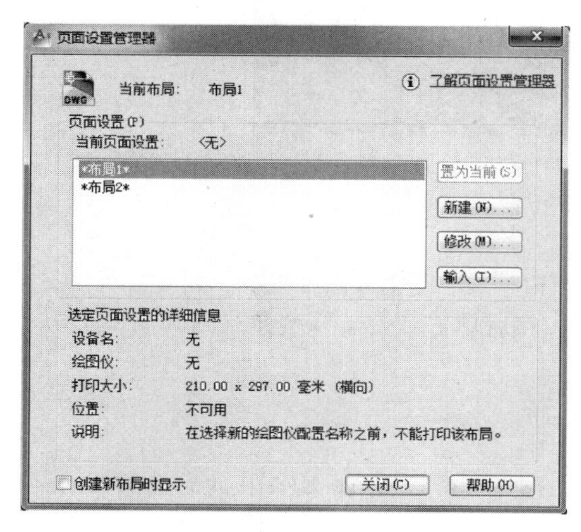

图 8-4　“页面设置管理器”对话框

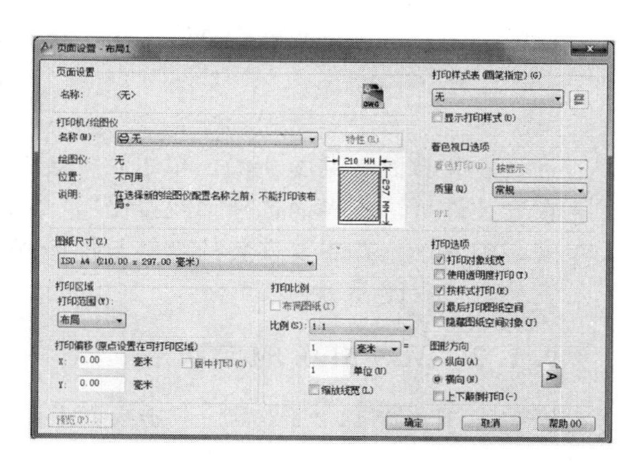

图 8-5　“页面设置-布局”对话框

第Ⅱ部分　三维绘图篇（上）
（3DS Max 2012）

第 9 章　基础知识

9.1　3DS Max 安装与启动

9.1.1　3DS Max 的安装

单击 Setup.exe 文件进行 3ds Max2012 安装。出现如图 9-1 所示的安装界面。

图 9-1

进入安装界面（见图 9-2），单击“安装”。

在安装许可协议界面选择“我接受”，单击“下一步”按钮（图 9-3）。

安装配置，选择想要安装的组件与扩展程序，然后单击“安装”按钮（图 9-4）。

安装完成（图 9-5）。

9.1.2　3DS Max 的启动

安装好 3DS Max 2012 后，双击桌面上图标。图 9-6 是 3DS Max 2012 的启动画面。

3DS Max 2012 软件的操作界面是四视图显示界面，可以同时观察模型的顶面、左面、前面和透视面（图 9-7）。

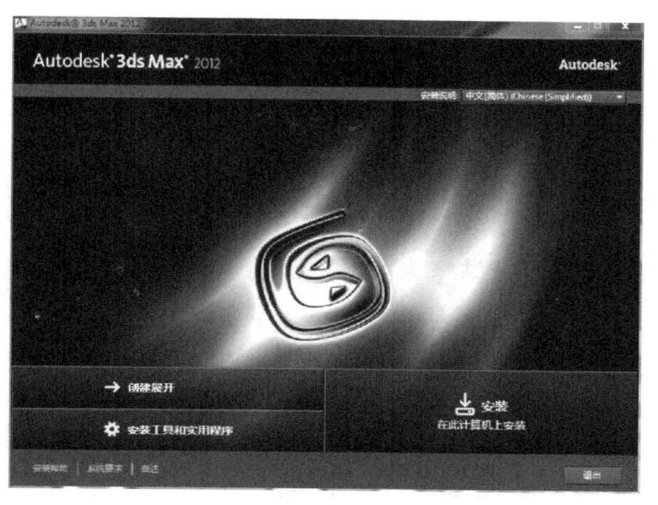
Autodesk 3ds Max 2012
Autodesk
创建展开
安装工具和实用程序
安装
在此计算机上安装
退出

图 9-2

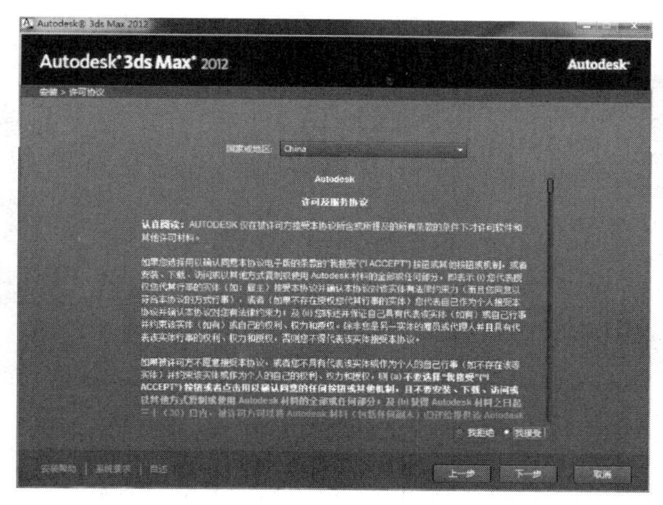
Autodesk 3ds Max 2012
Autodesk
China
Autodesk

图 9-3

Autodesk 3ds Max 2012
Autodesk
Autodesk® 3ds Max 2012
C:\Program Files\Autodesk\

图 9-4

图 9-5

图 9-6

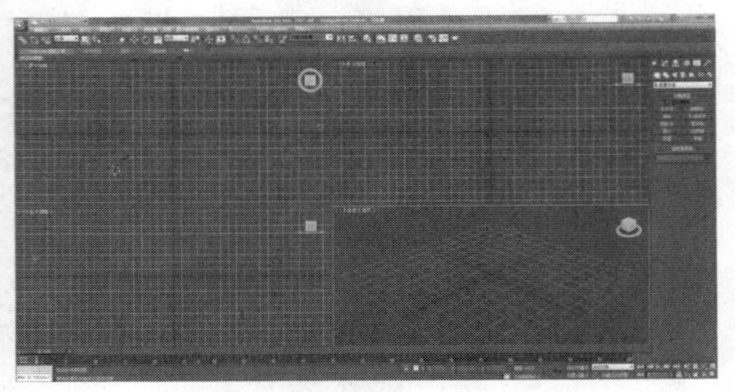

图 9-7

3DS Max 2012 软件可以与 Auto CAD，SketchUp 等软件良好兼容，可快速导入和导出 DWG、SKP 等格式文件。3DS Max 2012 软件在塑造模型、渲染场景、动画和特效等方面能制作出高品质的对象。因此，它主要用于展示设计师方案成果。

9.2 3DS Max 工作界面

3DS Max 2012 的工作界面分为 8 大部分，分别是“标题栏”“菜单栏”“主工具栏”“视口区域”“命令”面板、“时间尺”、时间控制按钮和视图导航控制按钮（图 9-8）。

9.2.1 标题栏

3DS Max 2012 标题栏位于界面的最顶端（图 9-9），最左边是 3DS Max 2012 的图标，往右依次是快速访问工具栏、软件版本、文件名称和信息中心。

9.2.2 菜单栏

菜单栏位于标题栏的下方，包含“编辑”“工具”“组”“视图”“创建”“修改器”“动画”“图形编辑器”“渲染”“自定义”MAXScript 和“帮助”12 个主菜单（图 9-10）。

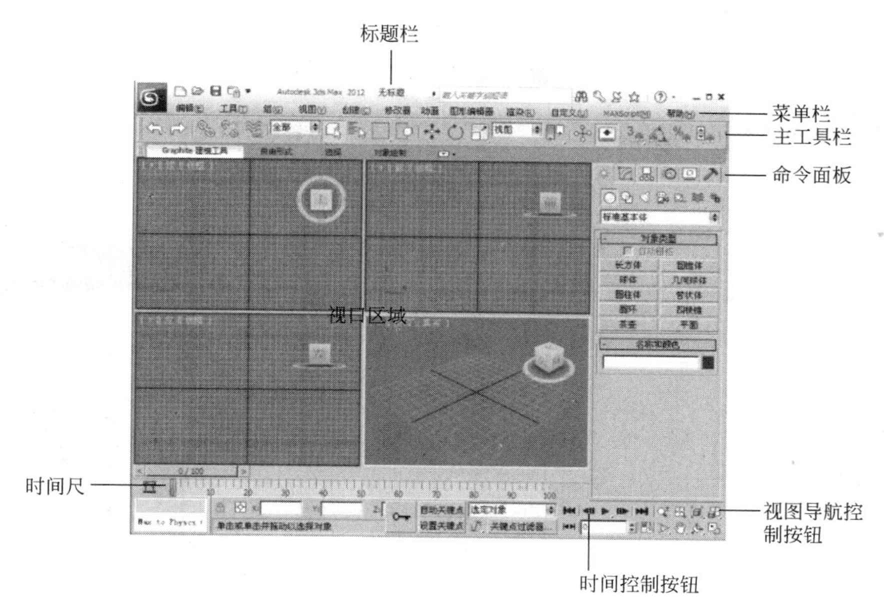

图 9-8

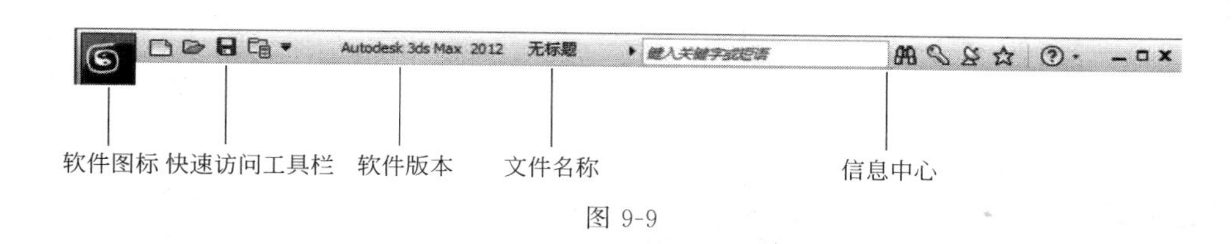

图 9-9

编辑(E) 工具(T) 组(G) 视图(V) 创建(C) 修改器 动画
图形编辑器 渲染(R) 自定义(U) MAXScript(M) 帮助(H)

图 9-10

（1）编辑

“编辑”菜单是用于编辑对象的常用命令，包括“撤销”“重做”“暂存”“取回”“删除”“克隆”“移动”“旋转”“缩放”等常用命令（图 9-11）。

（2）工具

“工具”菜单是用于对物体进行基本操作（图 9-12）。

（3）组

“组”菜单的命令可将场景中任意两个及以上的物体编成一组，或将成组物体拆分成单个物体（图 9-13）。

（4）视图

“视图”菜单中的命令用于调节视图的显示方式及相关参数（图 9-14）。

（5）创建

“创建”菜单主要用于创建二维图形、几何体、灯光和粒子等（图 9-15）。

（6）修改器

“修改器”菜单包含所有修改器（图 9-16）。

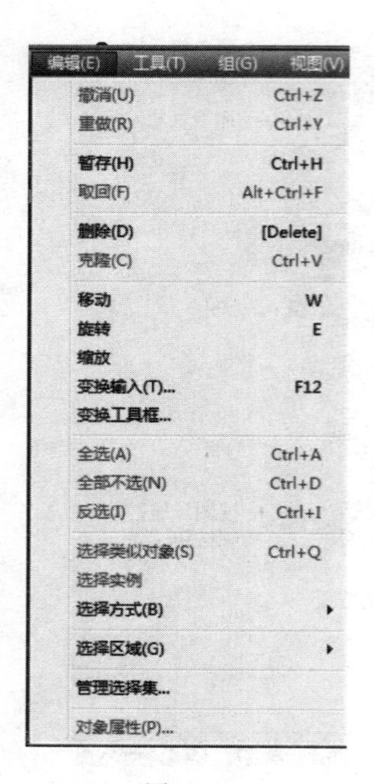

图 9-11

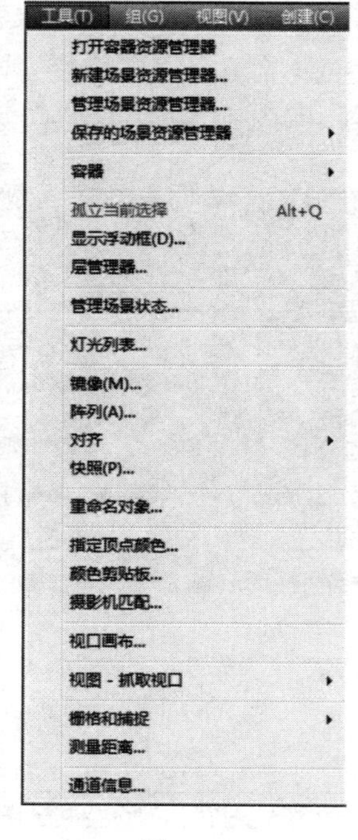

图 9-12

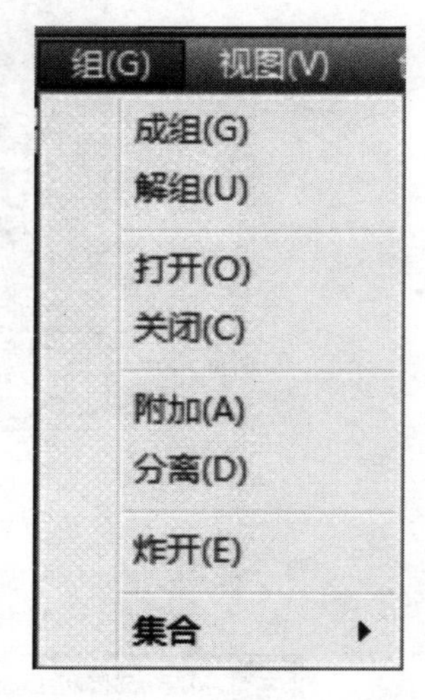

图 9-13

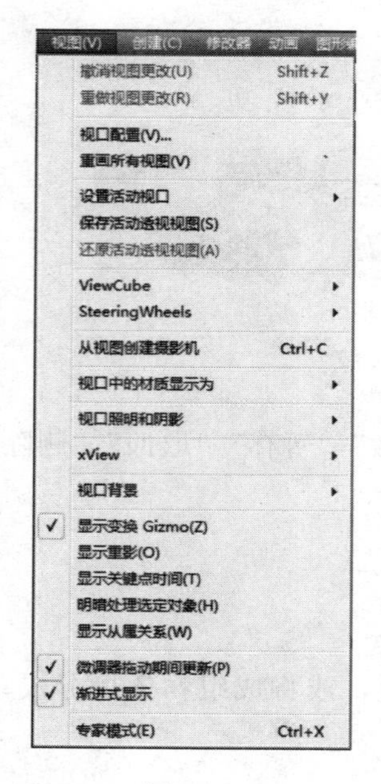

图 9-14

图 9-15

图 9-16

（7）动画

“动画”菜单用于制作动画，包含正、反向力学以及创建、修改骨骼等命令（图 9-17）。

（8）图形编辑器

“图形编辑器”菜单是用于图形化视图表达包含场景中元素关系（图 9-18）。

（9）渲染

“渲染”菜单用于渲染参数的设置，包括“渲染”“环境”和“效果”等命令（图 9-19）。

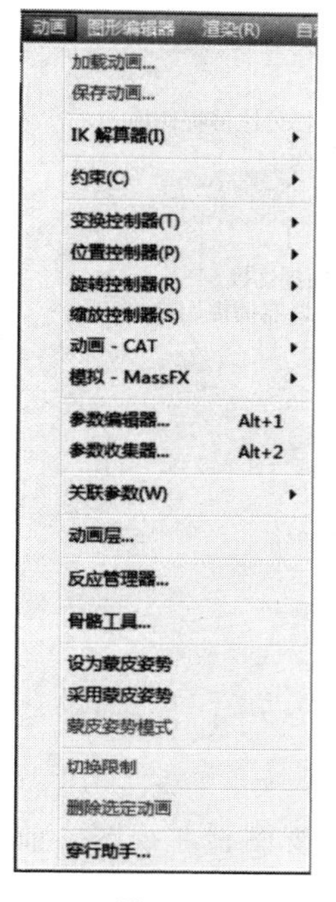

图 9-17

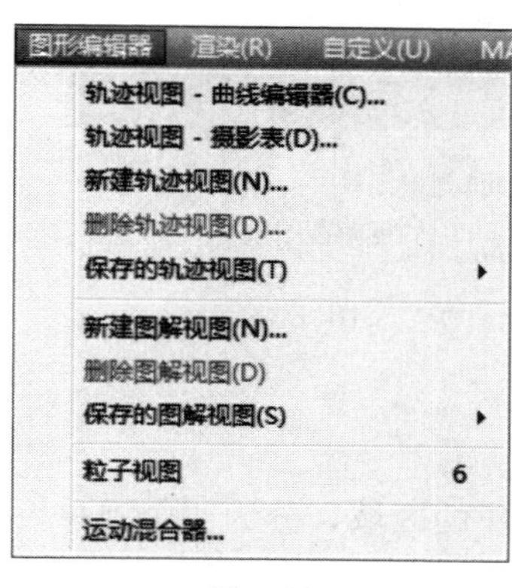

图 9-18

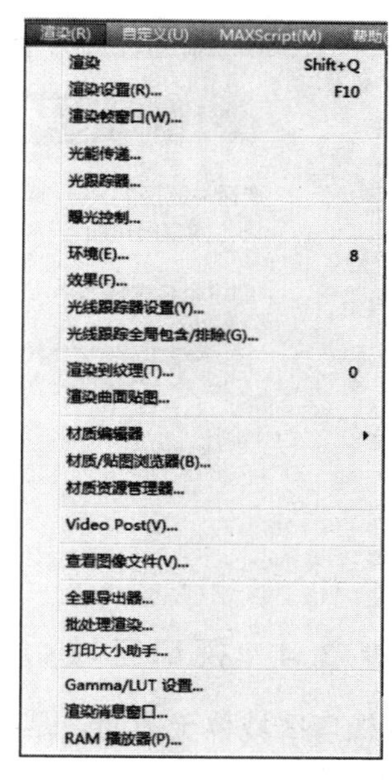

图 9-19

（10）自定义

“自定义”菜单用于更改用户界面和设置首选项（图 9-20）。

（11）MAXScript

“MAXScript”菜单可以用于创建、打开和运行脚本命令（图 9-21）。

（12）帮助

“帮助”菜单主要提供使用软件的帮助（图 9-22）。

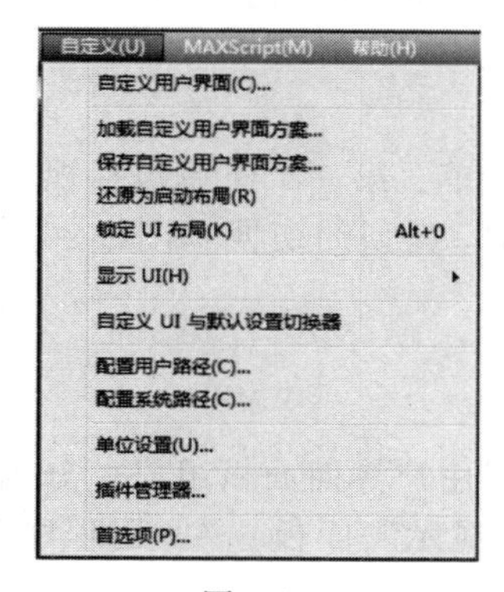

图 9-20

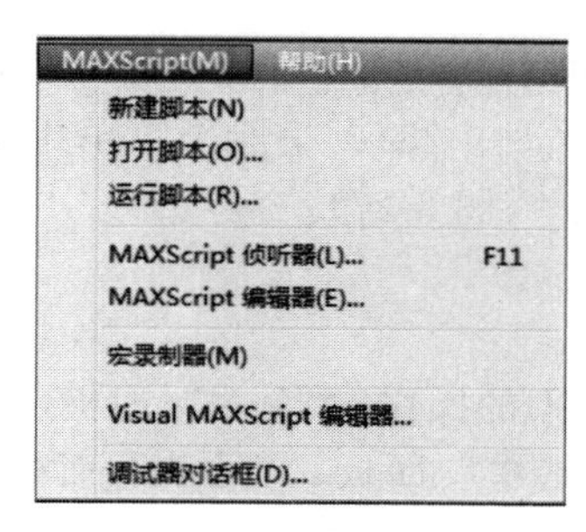

图 9-21

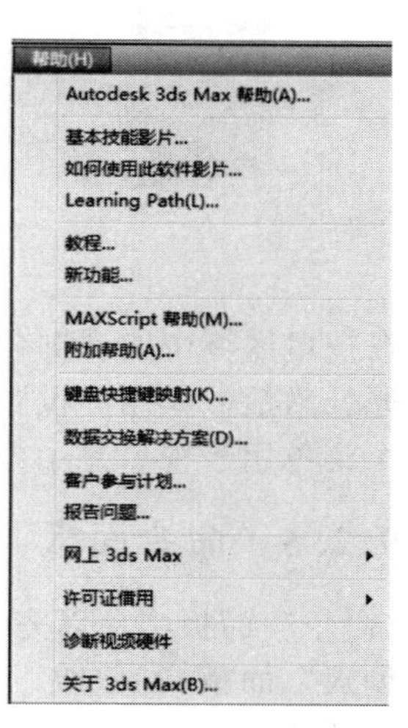

图 9-22

9.2.3 主工具栏

主工具栏包括了一些最常用的编辑工具（图 9-23）。右下角有三角形标记的工具图标，单击该图标就会弹出下拉工具列表。

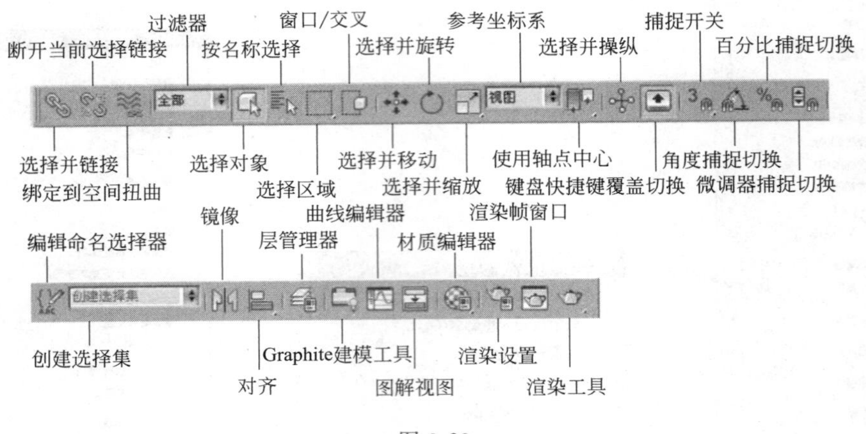

图 9-23

9.2.4 视口区域

视口区域位于中间，是实际工作的区域，分为 4 个视口，包括顶视图、左视图、前视图和透视图 4 个视图，可以从不同的角度对场景中的模型进行观察和编辑（图 9-24）。

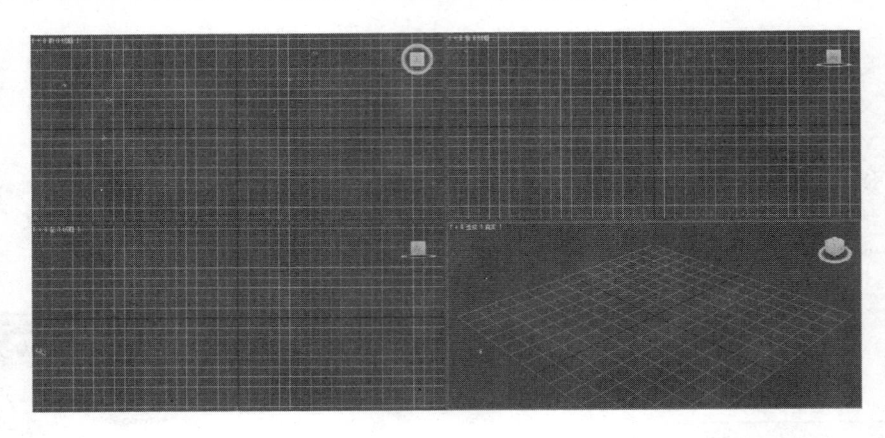

图 9-24

在视口区域中的视图名称部分单击鼠标右键，会弹出不同的菜单。第一个菜单包括视口的还原、激活、禁用和设置导航器（图 9-25）。第二个菜单用于视口类型的切换（图 9-26）。第三个菜单用于视口显示方式的设置（图 9-27）。

9.2.5 命令面板

“命令”面板中可以完成场景对象的操作。“命令”面板由 6 个用户界面面板组成，分别是“创建”面板、“修改”面板、“层次”面板、“运动”面板、“显示”面板、“实用程序”面板（图 9-28）。

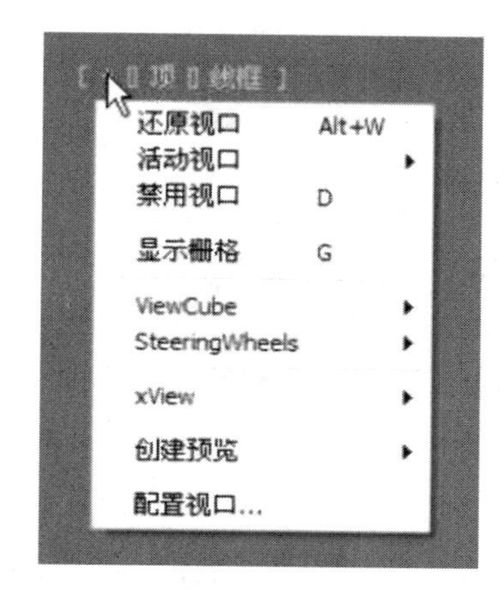

图 9-25

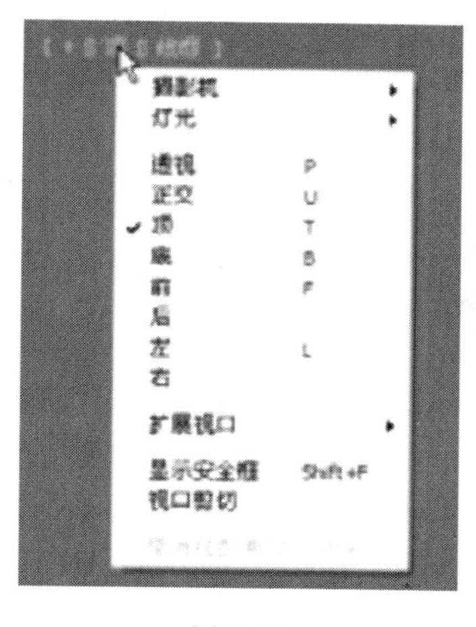

图 9-26

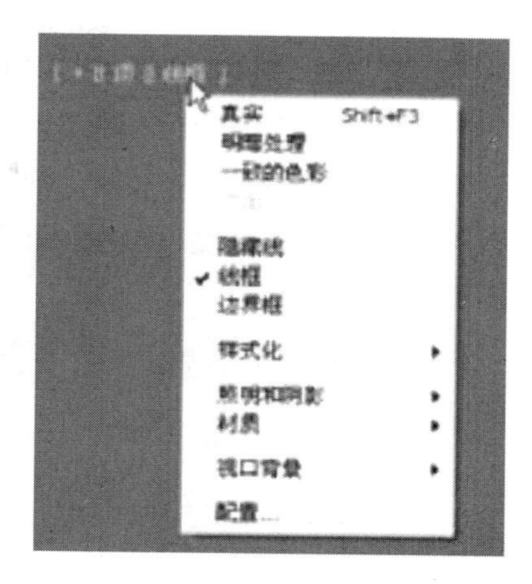

图 9-27

(1)“创建”面板

“创建”面板中可以创建 7 种对象，包括“几何体”图形”“灯光”“摄像机“辅助对象”。“空间扭曲”和“系统”(图 9-29)。

(2)“修改”面板

“修改”面板是用来调整场景对象的参数，该面板中的修改器可以用来调整对象的几何形体（图 9-30)。

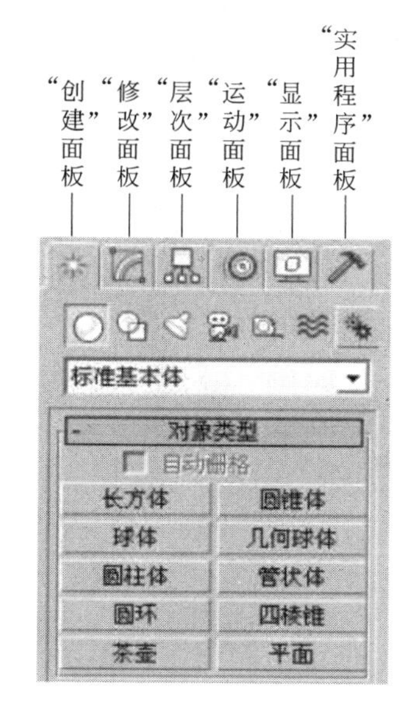

图 9-28

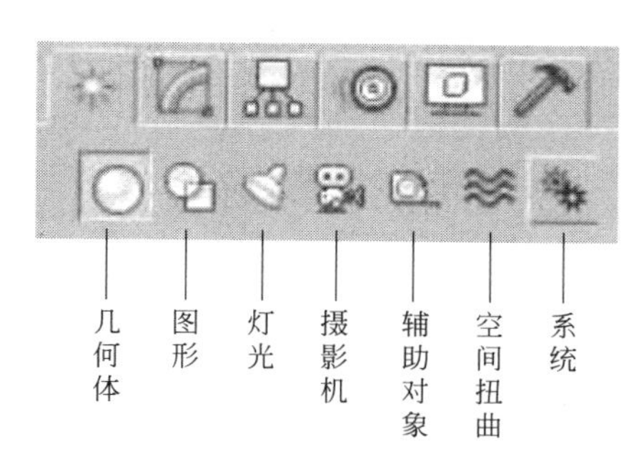

图 9-29

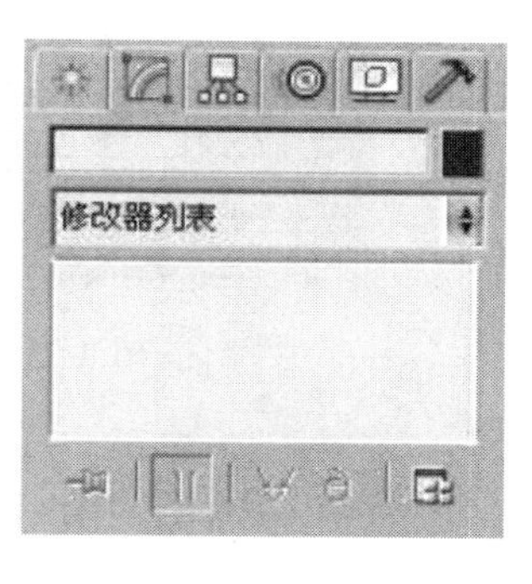

图 9-30

(3)“层次”面板

“层次”面板用来调整对象间的层次链接信息，可以创建对象之间的父子关系（图 9-31)。

(4)“运动”面板

“运动”面板主要用来调整选定对象的运动属性（图 9-32)。

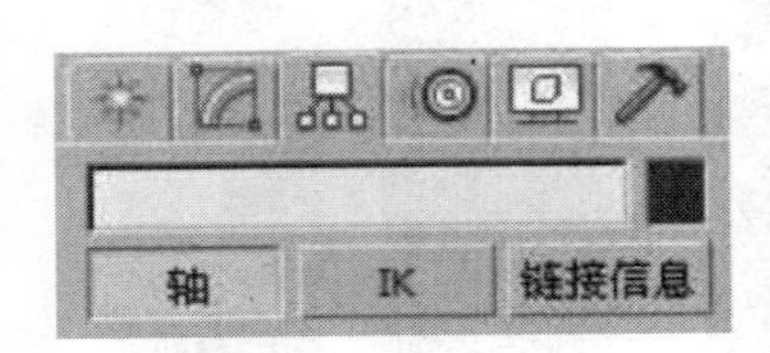

图 9-31

图 9-32

(5)“显示”面板

“显示”面板主要用来设置控制对象的显示方式，包括“显示颜色”“按类别隐藏”“隐藏”“冻结”“显示属性”和“链接属性”(图 9-33)。

(6)“实用程序”面板

“实用程序”面板可以访问各种工具程序的卷展栏(图 9-34)。

图 9-33

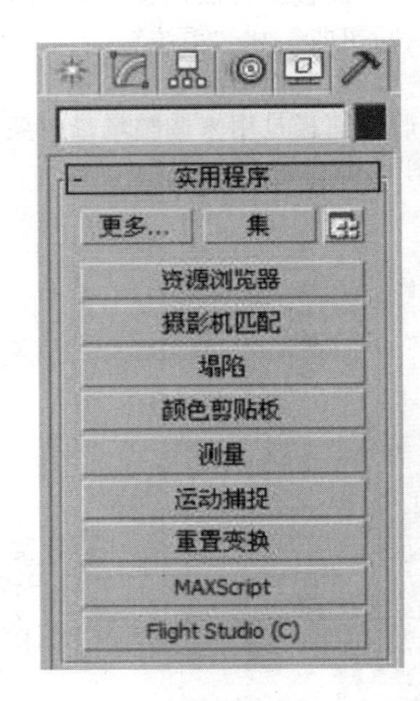

图 9-34

9.2.6 时间尺

“时间尺”由时间线滑块和轨迹栏组成。时间线滑块用于在动画中制定帧，长度可以修改(图 9-35)。轨迹栏显示帧数和选定关键点，关键点可以移动、复制、删除、更改属性(图 9-36)。

图 9-35

图 9-36

9.2.7 时间控制按钮

时间控制按钮用于控制播放动画（图 9-37）。

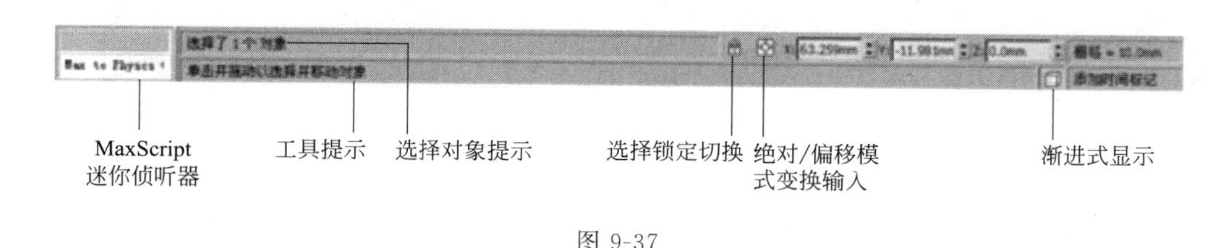

图 9-37

9.2.8 视图导航控制按钮

视图导航控制按钮用于视图的显示和导航，通过按钮能够缩放、平移、旋转视图（图 9-38）。

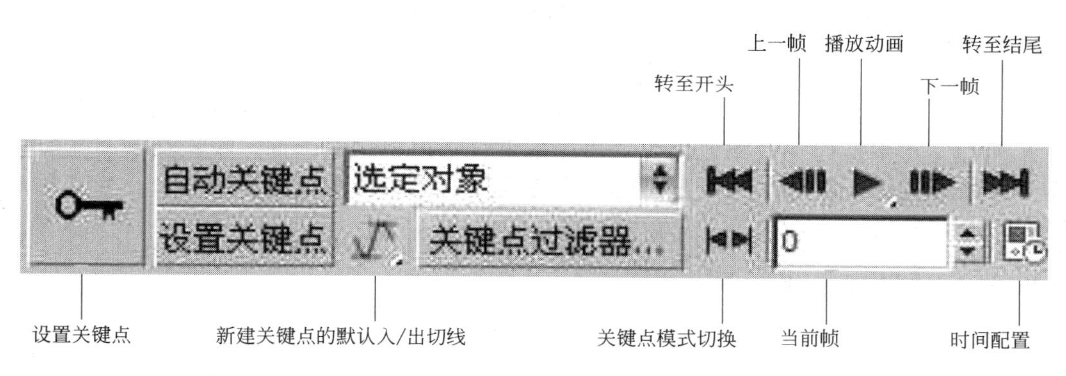

图 9-38

9.3 坐标系统

每个视口区域的左下角都有由红、绿、蓝 3 个坐标轴组成的坐标系图标（图 9-39）。坐标系包括“视图”坐标系、“屏幕”坐标系、“世界”坐标系、“父对象”坐标系、“局部”坐标系、“万向”坐标系、“栅格”坐标系、“工作”坐标系和“拾取”坐标系。通过在主工具栏中单击参考坐标系按钮改变坐标系（图 9-40）。

主工具栏参考坐标系右边是变换中心按钮（图 9-41）。在执行旋转或者比例缩放操作的时候，都是关于轴心点进行变换的。3ds Max 的变换中心有 3 个，它们是：

使用轴点中心：使用选择对象的轴心点作为变换中心。

使用选择中心：当多个对象被选择的时候，使用选择的对象的中心作为变换中心。

使用变换坐标系的中心：使用当前激活坐标系的原点作为变换中心。

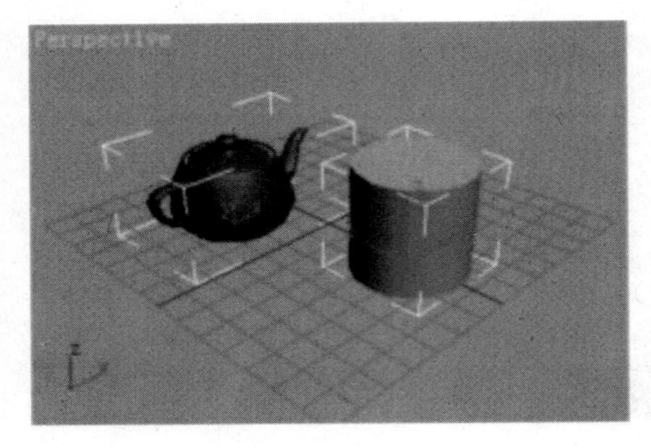

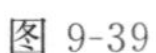
图 9-39

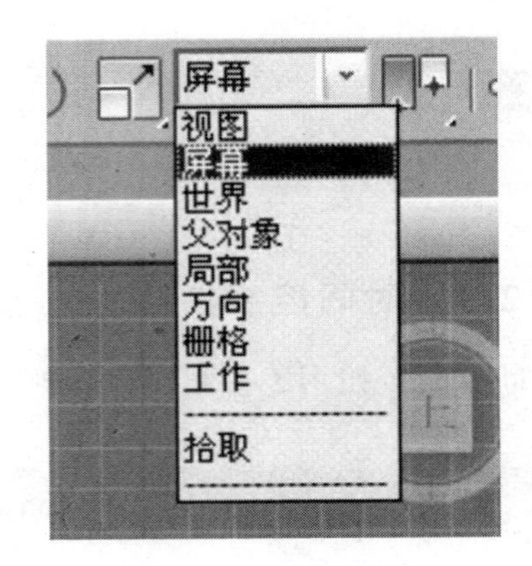

图 9-40

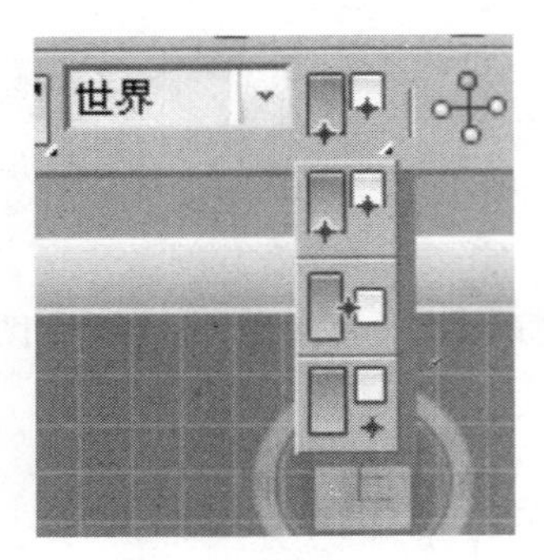

图 9-41

9.3.1 “视图”坐标系

“视图”坐标系结合了世界坐标系和屏幕坐标系。在正交视口，例如左视图、顶视图，视图坐标系与屏幕坐标系相同；在透视视口或者其他三维视口，视图坐标系与世界坐标系一致。“视图”坐标系对于建模十分便利。

9.3.2 “屏幕”坐标系

“屏幕”坐标系中，激活不同的视口时，对象的坐标系都会改变。但是无论激活哪一个视口，变换的 XY 平面总是面向用户，X 轴总是水平指向视口的右面，Y 轴总是垂直指向视口的上面。在正交视口中，使用屏幕坐标系是非常方便的；但在透视视口或者其他三维视口中，使用屏幕坐标系容易出现问题。

9.3.3 “世界”坐标系

“世界”坐标系中每个选择对象的轴显示的都是世界坐标系的轴，可以使用这些轴来移动、旋转和缩放对象。世界轴显示关于世界坐标系的视口的当前方向，可以在每个视口的左下角找到它。

9.3.4 “父对象”坐标系

“父对象”坐标系只对有链接关系的对象起作用。当使用“父对象”坐标系时，变换子对象会使用父对象的变换坐标系。

9.3.5 “局部”坐标系

“局部”坐标系创建后，局部坐标系的方向与对象被创建的视口相关。若“局部”处于活动状态，则“使用变换中心”按钮会处于非活动状态，并且所有变换使用局部轴作为变换中心。

9.3.6 “万向”坐标系

“万向”坐标系与局部坐标系类似，但其三个旋转轴相互之间不一定垂直。“万向”坐标系围绕一个轴的“Euler XYZ”旋转仅更改该轴的轨迹，使功能曲线编辑更为便捷。

9.3.7 “栅格”坐标系

“栅格”坐标系使用当前激活栅格系统的原点作为变换的中心。

9.3.8 “工作”坐标系

“工作”坐标系在工作轴是否处于活动状态下都可以随时使用坐标系。

9.3.9 “拾取”坐标系

“拾取”坐标系使用特别的对象作为变换的中心。选择变换要使用其坐标系的单个对象，对象的名称则会显示在“变换坐标系”列表中。由于 3DS Max 将对象的名称保存在该列表中，可以拾取对象的坐标系，更改活动坐标系，并在以后重新使用该对象的坐标系。该列表会保存 4 个最近拾取的对象名称。

第10章 二维图形创建

10.1 二维图形创建方法

使用3ds Max制作的三维模型许多源于二维图形。二维图形由节点和线段组成。绘制一个基本的二维图形，再添加转换为三维模型的命令即可生成三维模型。

10.1.1 创建线

单击“图形”创建面板中“样条线”下的“线”，在“创建方法”中可以选择线的“初始类型”和“拖动类型”，在顶视图中用鼠标绘制即可（图10-1）。“初始类型”决定单击鼠标时创建线顶点类型；“拖动类型”决定拖动鼠标时创建线顶点类型（图10-2）。

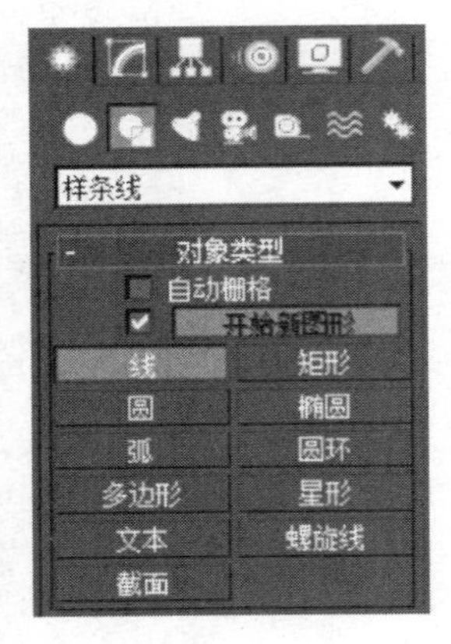

图10-1

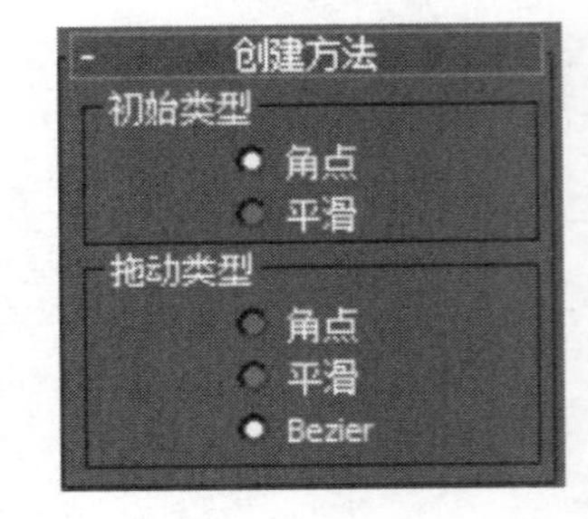

图10-2

“渲染”用于设置在视图中或渲染时是否将曲线显示为三维对象（图10-3）；“插值”用于设置曲线中每两个相邻顶点间线段的步数（图10-4）；“键盘输入”用于精确创建曲线（图10-5）。

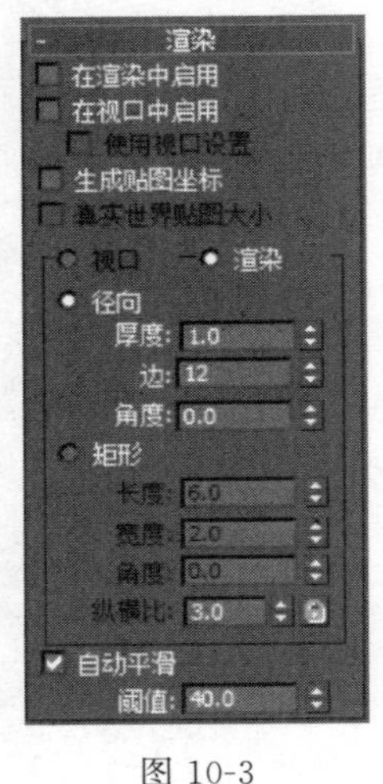

图10-3

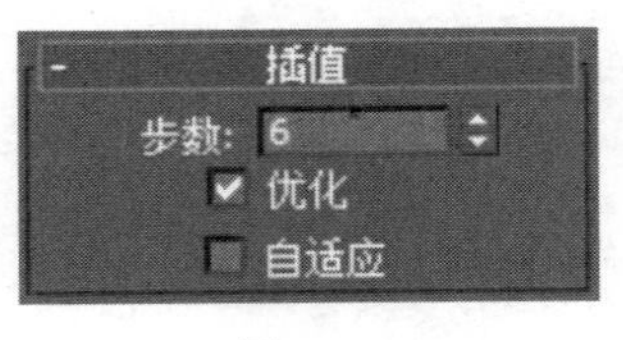

图10-4

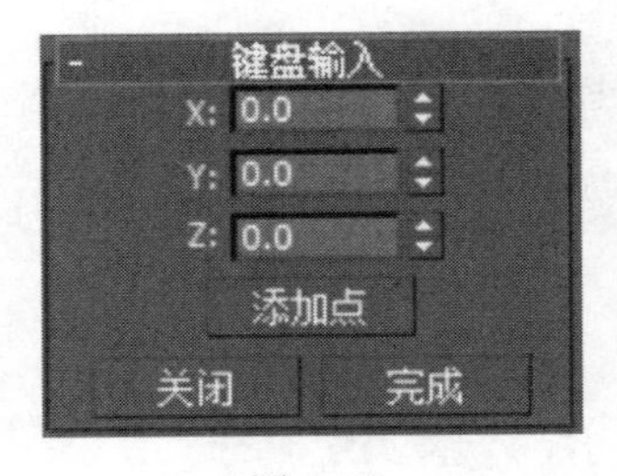

图10-5

10.1.2 创建矩形

单击“图形”创建面板中“样条线”下的“矩形”，在“创建方法”中可以选择矩形的创建方法，在顶视图中用鼠标绘制即可（图 10-6）。在参数栏中可以编辑矩形的长度、宽度和角半径（图 10-7）。

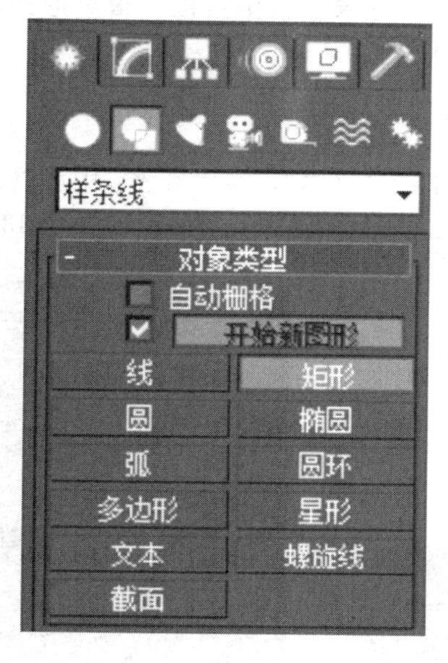

图 10-6

图 10-7

10.1.3 创建圆、椭圆和圆弧

创建圆通过单击“图形”创建面板中“样条线”下的“圆”，在“创建方法”中可以选择圆的创建方法，在顶视图中用鼠标绘制即可。在参数栏中可以编辑圆的半径（图 10-8）。

创建椭圆的方法与创建圆的方法相似。使用边的方法创建的椭圆内切于线框；使用中心的方法创建的椭圆通过长轴半径和短轴半径决定（图 10-9）。

创建圆弧的方法与创建圆的方法相似。在参数栏中可以编辑圆弧的半径、圆弧的起始点和结束点所在的位置（图 10-10）。

图 10-8

图 10-9

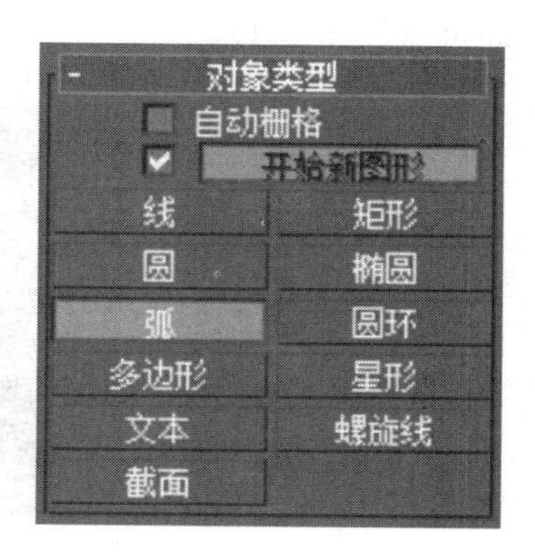

图 10-10

10.1.4 创建多边形和星形

创建多边形的方法与创建圆的方法相似。在参数栏中可以编辑多边形的半径、边数和角半径（图 10-11）。

创建星形通过单击“图形”创建面板中“样条线”下的“星形”，在“创建方法”中可以选择星形“点”的数量，在顶视图中用鼠标绘制即可。在参数栏中可以编辑星形的半径 1 和半径 2、点、扭曲、圆角半径 1 和圆角半径 2（图 10-12）。

10.1.5 创建文本

创建星形通过单击“图形”创建面板中“样条线”下的“文本”，在“参数”中可以设置文本的字体、字型、对齐方式、大小、字间距和行间距，在文本框中输入文字即可（图 10-13）。

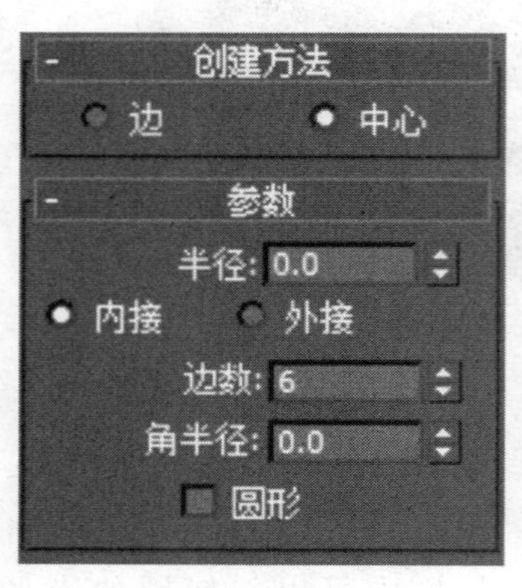

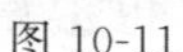
图 10-11

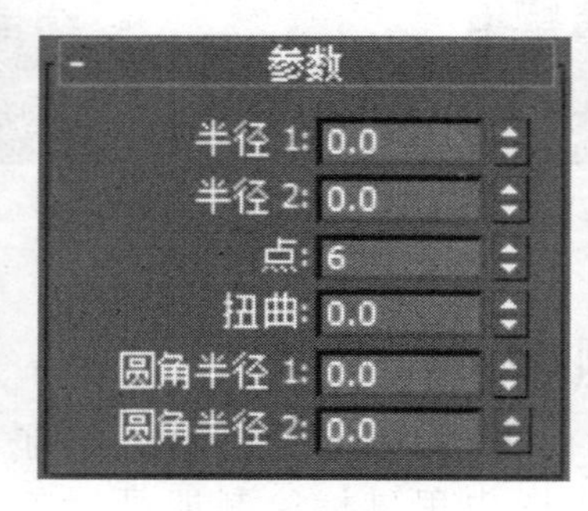

图 10-12

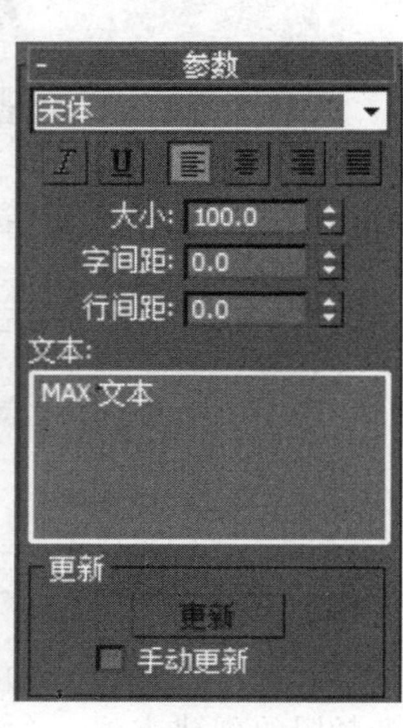

图 10-13

10.1.6 创建其他二维图形

创建螺旋线通过单击“图形”创建面板中“样条线”下的“螺旋线”，在“参数”中可以设置螺旋线的圈数，在透视图中绘制，确定螺旋线底部半径、螺旋线高度和螺旋线顶部半径即可（图 10-14）。

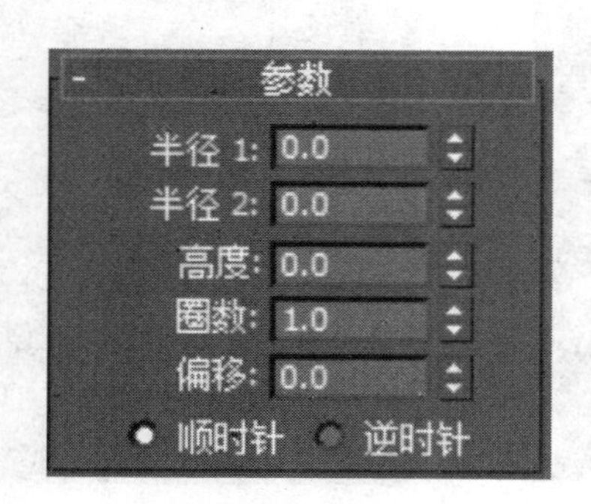

图 10-14

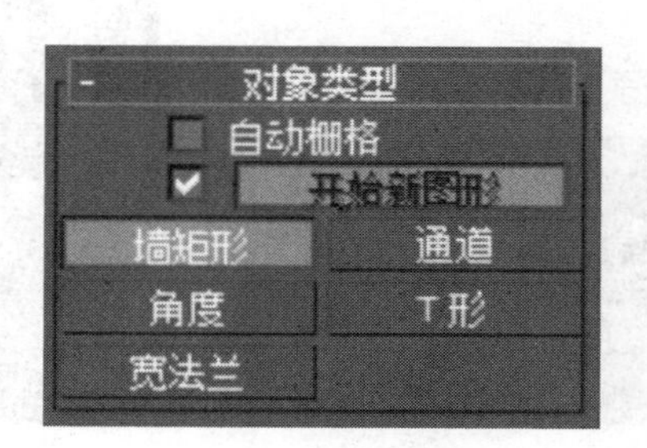

图 10-15

创建截面曲线通过单击“图形”创建面板中“样条线”下的“截面”，即可对三维对象创建截面图形。

创建扩展样条线通过单击“图形”创建面板中“扩展样条线”，可以创建建筑中常用的矩形、工字形、L形、T形墙壁的截面曲线（图10-15）。

10.2 二维图形编辑修改

虽然3ds Max提供了很多二维图形创建方式，但对于一些复杂的图形需要修改样条线的形状才能绘制出。

10.2.1 将样条线转化为可编辑样条线

将样条线转化为可编辑样条线有以下两种方法：第1种，单击样条线，在“修改器列表”中加载“编辑样条线”修改器；第2种，鼠标右键单击样条线出现菜单，选择“转换为可编辑样条线”命令（图10-16）。

10.2.2 调节可编辑样条线

将样条线转换为可编辑样条线后，增加了“选择”“软选择”和“几何体”3个部分。

“选择”主要用于切换可编辑样条线，包含了顶点次物体级、分段（线段）次物体级和样条线次物体级3个部分。“软选择”用于部分的选择邻接处中的子对象，以平滑的方式进行绘制。“几何栏”包含了一些编辑样条线的相关工具。

合并图形属于物体级命令，是将多个基本二维图形合并为一个复杂二维图形。选择要合并曲线中任一可编辑样条线，单击“修改”面板中的“几何体”下的“附加”，再单击其余需合并曲线即可（图10-17）。通过“附加多个”，在对话框中选中要附加的曲线名称同样可以合并图形（图10-18）。

图10-16

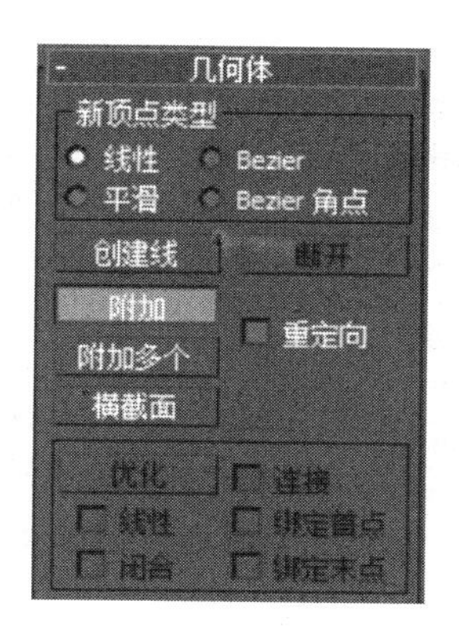

图10-17

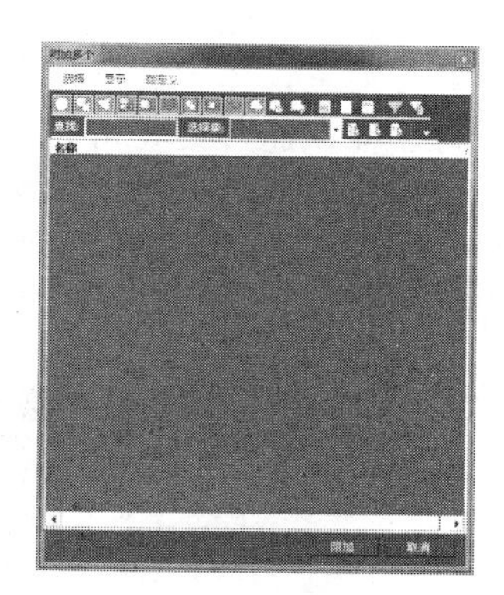

图10-18

10.3 顶点次物体级

顶点次物体级是指在二维图形转换为编辑样条线后包含的可以调节形状的顶点次物体级。

顶点次物体级有下面一些常用的命令。

（1）连接曲线有两种方法：

第 1 种，通过设置可编辑样条线的修改对象为“顶点”，选择“几何体”中的“连接”，再分别单击曲线的两个端点即可。

第 2 种，通过设置可编辑样条线的修改对象为“顶点”，选择“自动焊接”，调节“阈值距离”，再拖动一个端点靠近另一个端点即可（图 10-19）。

（2）闭合曲线有 3 种方法：

第 1 种，通过设置可编辑样条线的修改对象为“样条线”，选中要闭合的样条线子对象，选择“几何体”中的“闭合”即可。

第 2 种，通过设置可编辑样条线的修改对象为“顶点”，选择“几何体”中的“插入”，再分别单击曲线的两个端点，在弹出的对话框中单击“是”即可（图 10-20）。

第 3 种，通过设置可编辑样条线的修改对象为“顶点”，选择“几何体”中的“连接”，再分别单击曲线的两个端点即可（图 10-21）。

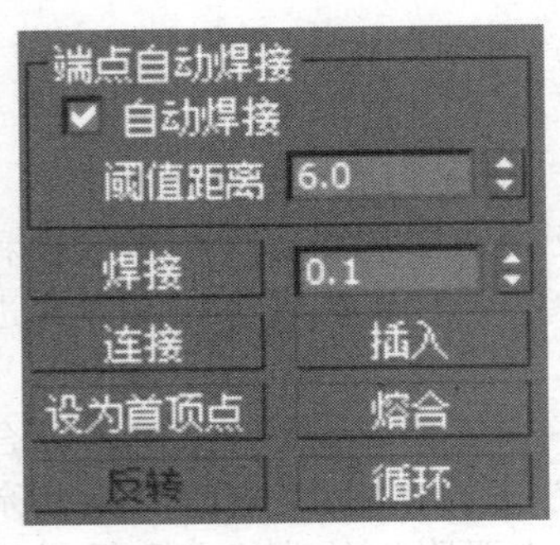

图 10-19

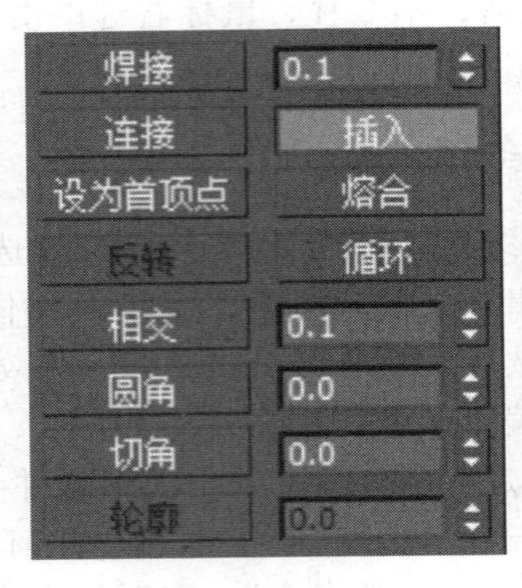

图 10-20

图 10-21

（3）插入顶点有 3 种方法：

第 1 种，选择“几何栏”中的“插入”，在可编辑样条线上绘制即可。

第 2 种，通过设置可编辑样条线的修改对象为“顶点”，选择“几何栏”下的“优化”，在需插入顶点的位置单击鼠标插入一个新顶点即可（图 10-22）。

第 3 种，通过设置可编辑样条线的修改对象为“线段”，选择要进行拆分的线段，选择“几何体”下的“拆分”即可（图 10-23）。

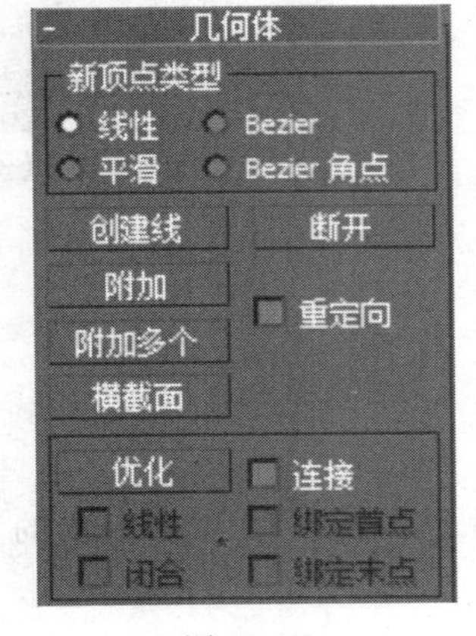

图 10-22

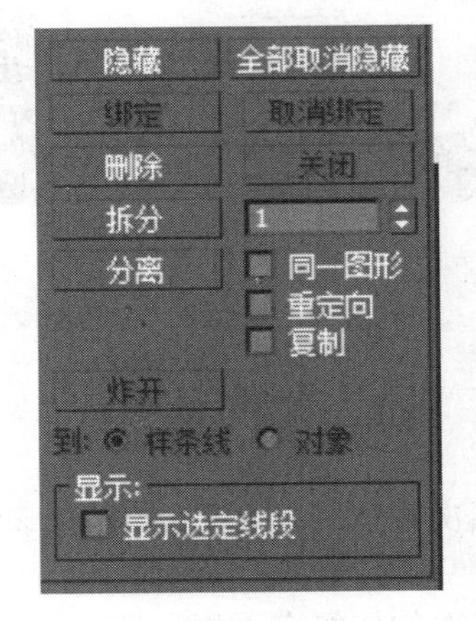

图 10-23

圆角和切角处理通过设置可编辑样条线“几何体”中的“圆角”和“切角”即可（图 10-24）。

熔合处理通过设置可编辑样条线“几何体”中“熔合”，可将选中的顶点熔合起来（图 10-25）。熔合是将多个顶点叠加在同一个顶点上，而焊接是将多个顶点合并为一个顶点。

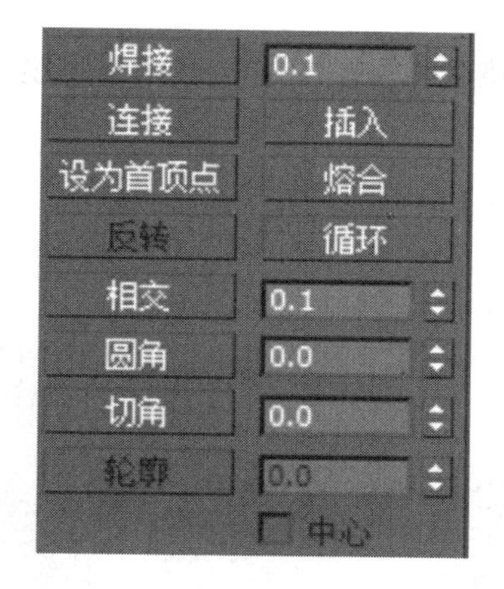

图 10-24

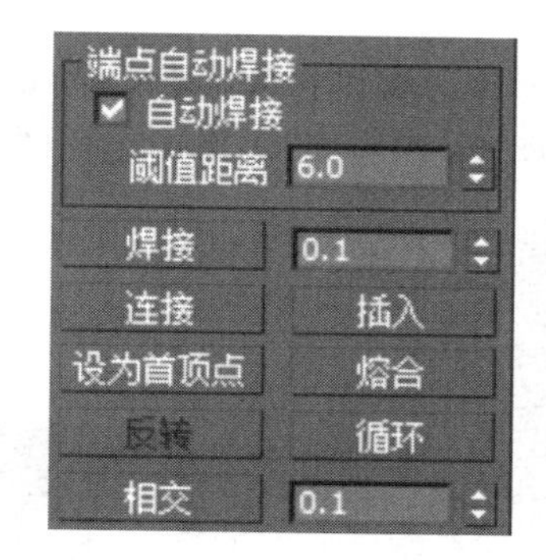

图 10-25

10.4 分段次物体级

分段次物体级是指在二维图形转换为编辑样条线后包含的可以调节形状的分段次物体级。

分段次物体级有下面一些常用的命令。

删除线段通过设计可编辑样条线的修改对象为“线段”，选中需要删除的线段，按“Delete”键即可（图 10-26）。

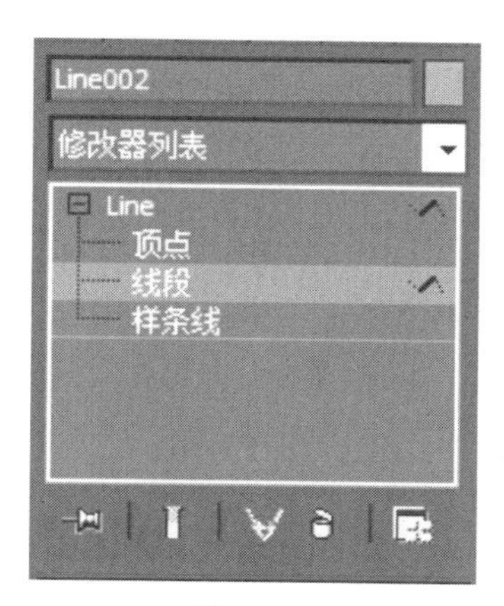

图 10-26

分离命令通过将选择的线段分离为独立对象或分离复制为独立对象。拆分命令通过添加由指定的顶点数来细分所选线段。

10.5 样条线次物体级

样条线次物体级是指在二维图形转换为编辑样条线后包含的可以调节形状的样条线次物

体级。

样条线次物体级有下面一些常用的命令。

轮廓处理通过设置可编辑样条线“几何体”中“轮廓”，来为选中的样条线创建轮廓（图 10-27）。

镜像操作通过设置可编辑样条线“几何体”中“镜像”，来为选中的样条线镜像处理（图 10-28）。

布尔操作通过设置可编辑样条线“几何体”中“布尔”，来为选中的两条样条线进行布尔运算（图 10-29）。布尔操作包括“并集”“差集”和相交 3 种运算方式。

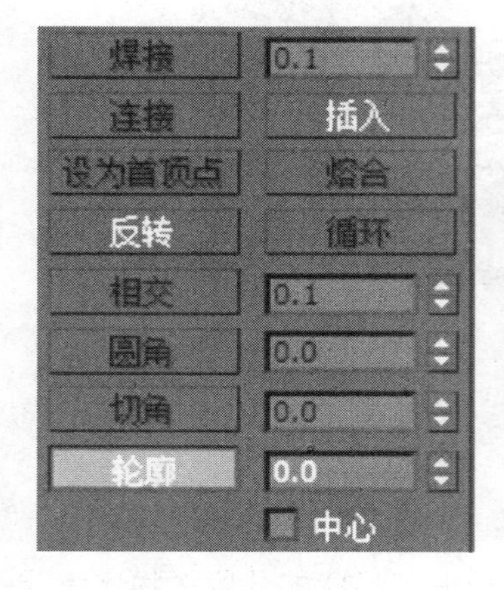

图 10-27

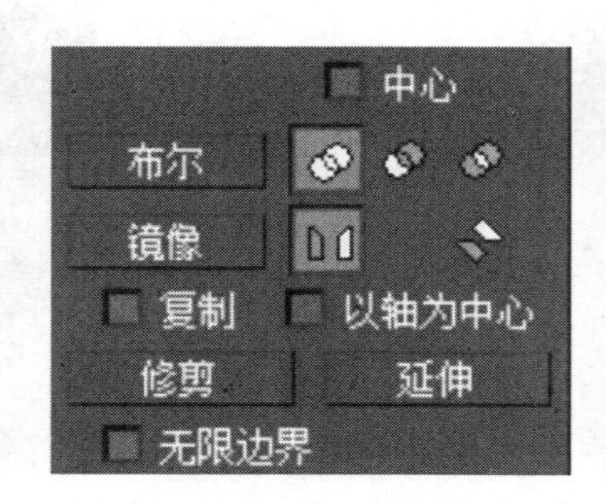

图 10-28

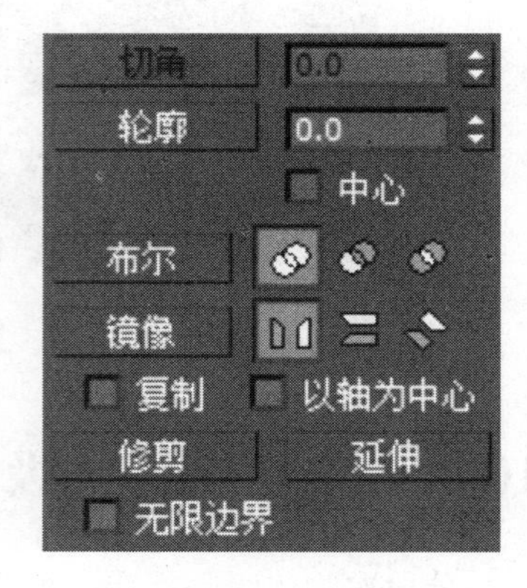

图 10-29

第 11 章　三维物体创建

11.1　标准和扩展基本体

11.1.1　标准基本体

标准基本体是 3DS Max 中自带的一些模型，可以直接创建出来。通过在“创建”面板中单击“几何体”按钮，然后在下拉列表中选择“标准基本体”来创建。标准基本体有长方体、圆锥体、球体、几何体、圆柱体、管状体、圆环、四棱锥、茶壶和平面 10 种类型（图 11-1）。

（1）长方体

长方体可以作为基础创建出很多模型，比如墙体、水池等。长方体的 3 个参数“长度”“宽度”和“高度”决定了长方体的外形。长方体的另外 3 个参数“长度分段”“宽度分段”和“高度分段”设置对象每个轴的分段数量（图 11-2）。

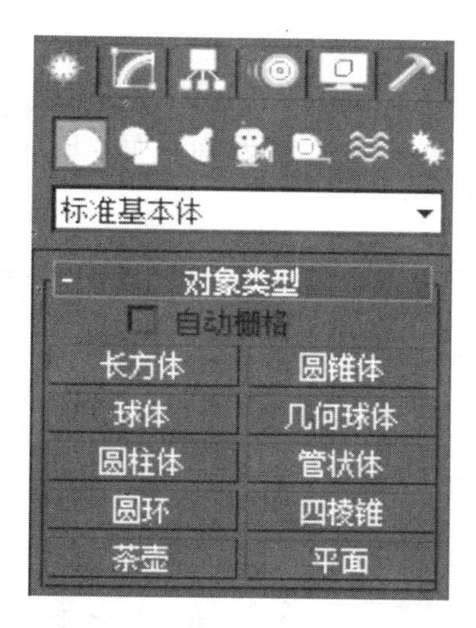

图 11-1

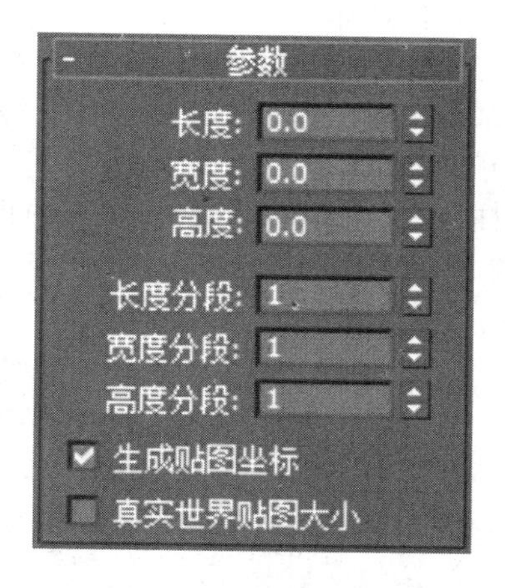

图 11-2

（2）圆锥

圆锥体包含了 8 个参数，分别是“半径 1/2”“高度”“高度分段”“端面分段”“边数”“平滑”“启用切片”和“切片起始/结束位置”（图 11-3）。

“半径 1/2”用于设置圆锥的第 1 个半径和第 2 个半径；“高度”是中心轴的维度；“高度分段”用于设置主轴的分段数；“端面分段”用来设置圆锥体顶部和底部的中心的同心分段数；“边数”是圆锥体周围边数；“平滑”用于设置圆锥体的面；“启用切片”用于开启“切片”功能；“切片起始/结束位置”用于设置 x 轴围绕 z 轴度数。

（3）球体

球体的创建包含了 7 个参数，分别是“半径”“分段”“平滑”“半球”“切除”“挤压”和“轴心在底部”（图 11-4）。“半球”用于创建部分球体；“挤压”用于向球体顶部挤压为越来越小的体积。

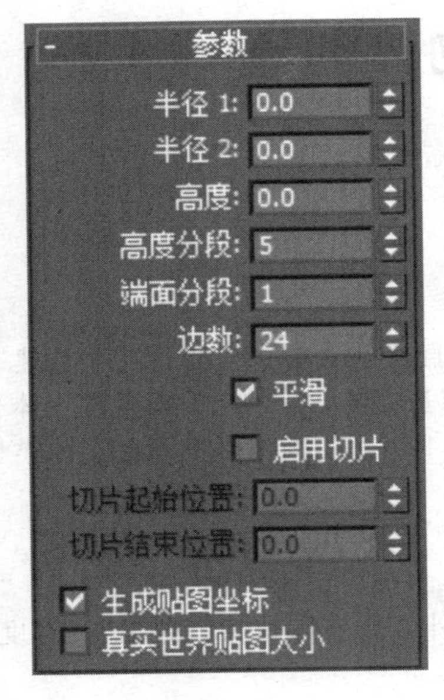

图 11-3

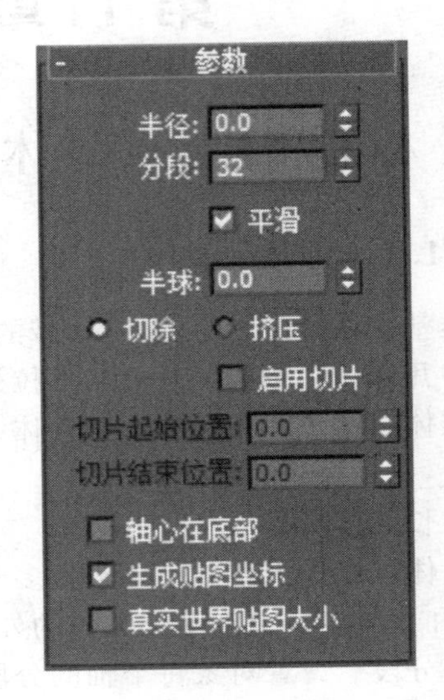

图 11-4

（4）几何球体

几何球体形状与球体接近，部分参数与球体不同（图 11-5）。“基点面类型”是指几何体表面的基本组成图形，有“四面体”“八面体”“二十面体”3 种。

（5）圆柱体

圆柱体在园林中可以做柱子等的模型。圆柱体的主要参数有“半径”“高度”“高度分段”“端面分段”和“边数”（图 11-6）。

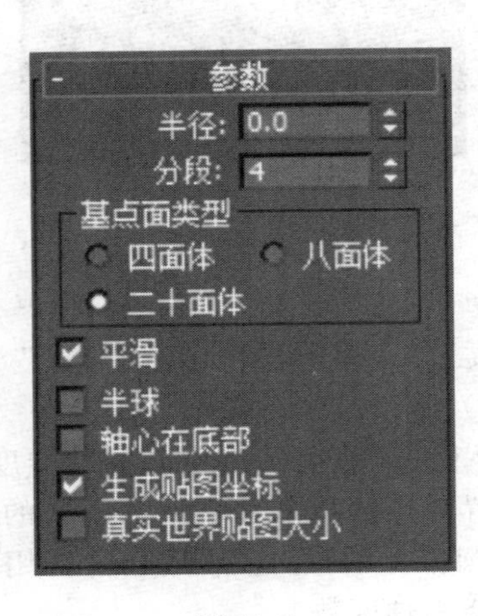

图 11-5

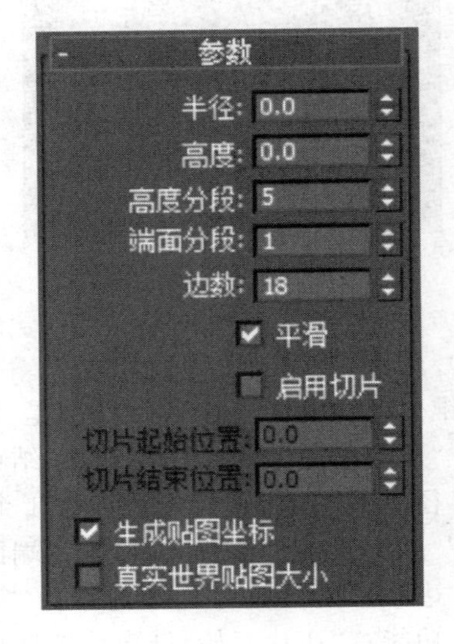

图 11-6

（6）管状体

管状体与圆柱体相似，不过管状体有两个半径，外径“半径 1”和内径“半径 2”（图

11-7)。

(7) 圆环

圆环用于创建环形物体，包含“半径 1”“半径 2”“旋转”“扭曲”“分段”和“边数”。其中“扭曲”是指通过设置扭曲的度数使环形中心的圆形逐渐旋转（图 11-8)。

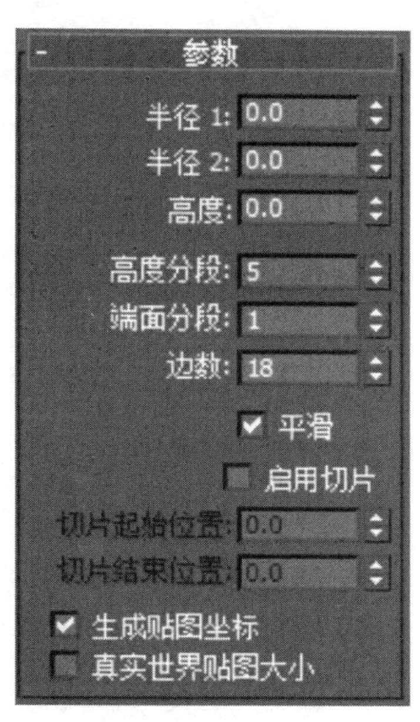

图 11-7

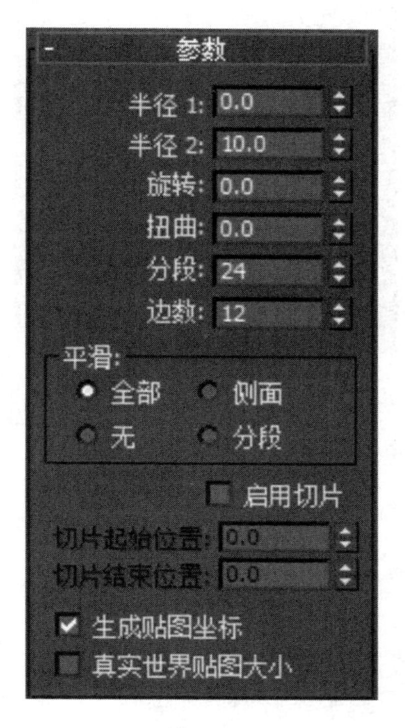

图 11-8

(8) 四棱锥

四棱锥底面是矩形，侧面是三角形，包含“宽度”“深度”“高度”“宽度分段”“深度分段”和“高度分段”6 个参数（图 11-9)。

(9) 茶壶

茶壶工具用于快速便捷创建精度较低的茶壶。茶壶包含“半径”“分段”“平滑”“茶壶部件”“生成贴图坐标系”和“真实世界贴图大小”6 个参数。其中“半径”用于设置茶壶的半径；“分段”用于设置部件的分段数；“平滑”用于设置平滑外观；“茶壶部件”包含“壶体”“壶把”“壶嘴”和“壶盖”4 个部分（图 11-10)。

(10) 平面

平面常用来创建墙面和地面，包含“长度”“宽度”“长度分段”“宽度分段”和“渲染倍增”(图 11-11)。

11.1.2 扩展基本体

扩展基本体可以快速创建一些简单模型，总共包含 13 种类型，以下将重点介绍常用的几种模型（图 11-12)。

(1) 异面体

异面体可以用于创建四面体、立方体和星形等。异面体的重要参数包括“系列”“系列

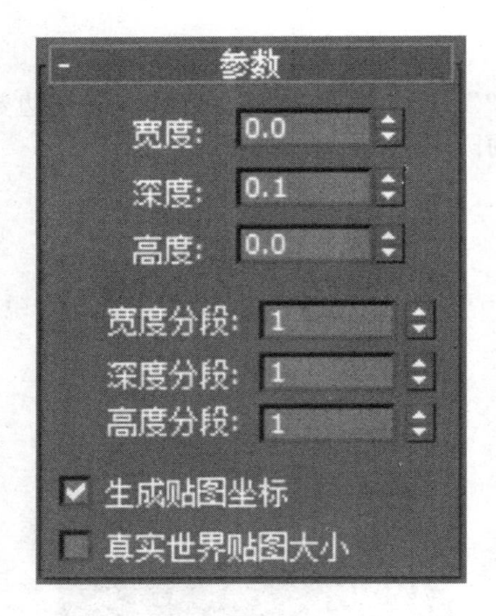

图 11-9

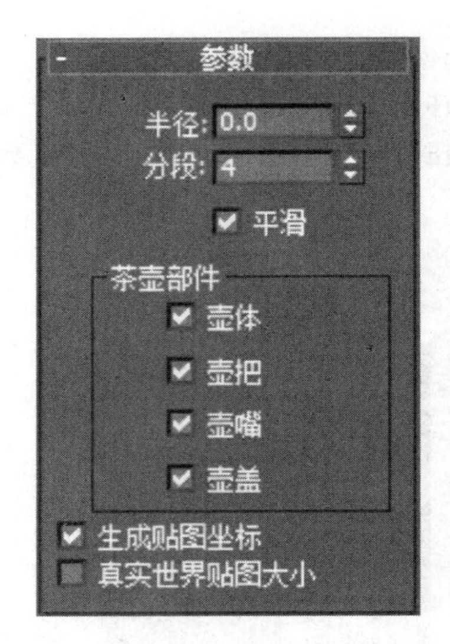

图 11-10

图 11-11

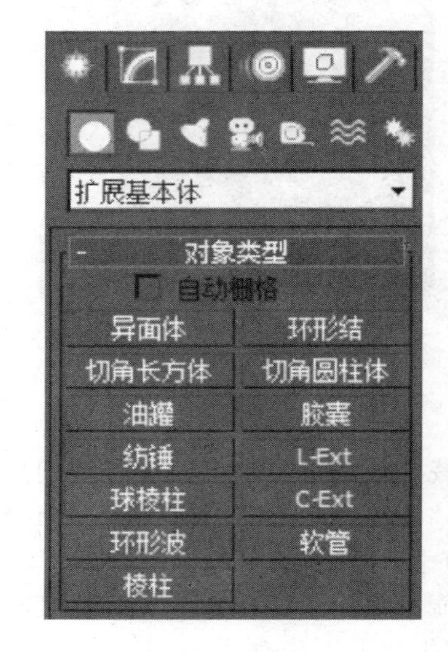

图 11-12

参数”“轴向比率”“顶点”和“半径”。“系列”用来选择异面体类型；“系列参数”用于切换多边形顶点与面之间的关系；“轴向比率”控制多面体一个面反射的轴（图 11-13)。

（2）切角长方体

切角长方体用于快速创建带圆角效果的长方体，包含了“长度”“宽度”“高度”“圆角”“长度分段”“宽度分段”“高度分段”和“圆角分段”等（图 11-14)。

（3）切角圆柱体

切角圆柱体可以创建出带圆角效果的圆柱体，包含了“半径”“高度”“圆角”“高度分段”“圆角分段”“边数”“端面分段”等（图 11-15)。

（4）胶囊

胶囊用于创建半球状带封口的圆柱体，包含了“半径”“高度”“总体/中心”“边数”“高

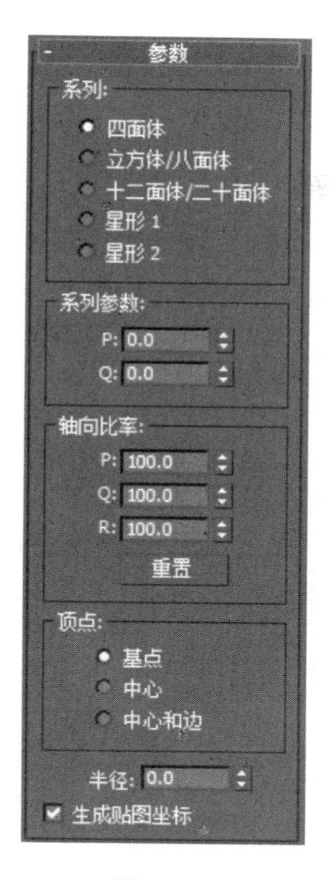

图 11-13

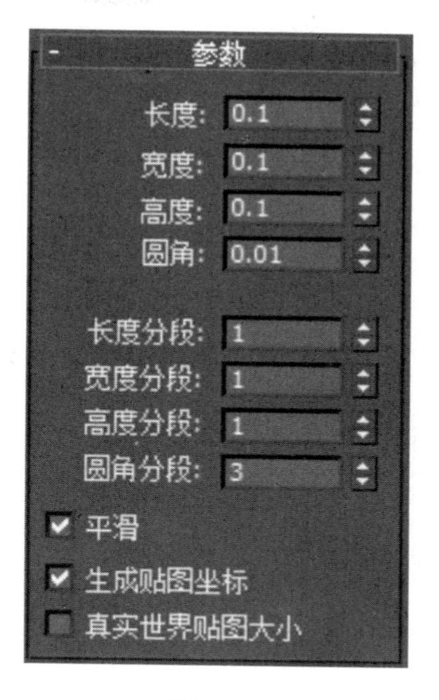

图 11-14

度分段”“切片起始/结束位置”等。“总体”指对象的总体高度；“中心”指圆柱体中部的高度（图 11-16）。

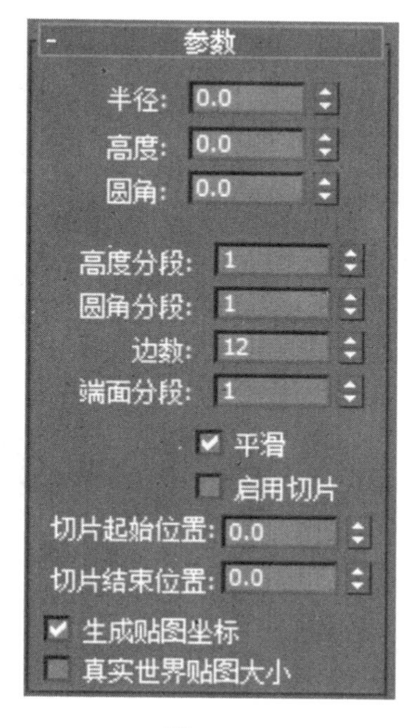

图 11-15

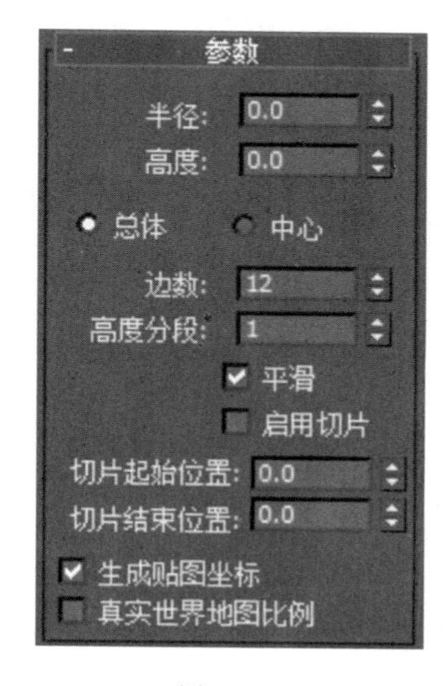

图 11-16

（5）L-Ext/C-Ext

L-Ext 用于创建 L 形对象（图 11-17）；C-Ext 用于创建 C 形对象（图 11-18）。

图 11-17

图 11-18

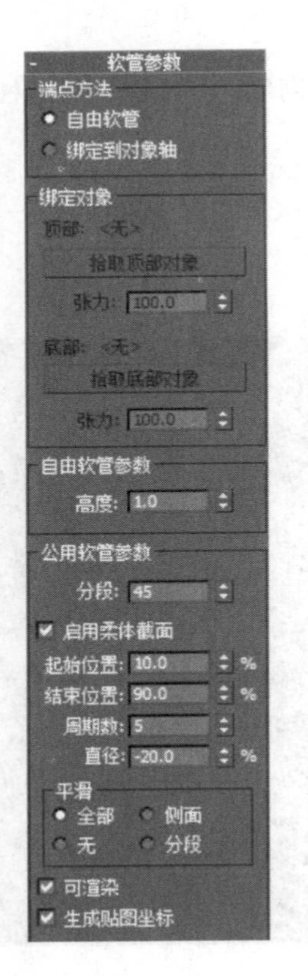

图 11-19

图 11-20

（6）软管

软管是连接两个对象的弹性的物体，类似于不具备动力学属性的弹簧。软管参数包含了“端点方法”“绑定对象”“自由软管参数”“公用软管参数”“平滑”和“软管形状”等（图11-19、图 11-20）。

“端点方法”包含“自由软管”和“绑定到对象轴”；“绑定对象”包括“顶部”“拾取顶部对象”“张力”“底部”和“拾取底部对象”等；“公用软管参数”包括“分段”“启用柔体截面”“起始位置”“结束位置”“周期数”“直径”“平滑”“可渲染”和“生成贴图坐标”等；“软管形状”包含“圆形软管”“长方形软管”和“D截面软管”。

11.2 布尔运算

布尔运算主要通过对两个及以上物体进行并集、差集、交集运算来得到另外的物体形态（图 11-21）。

（1）拾取操作对象 B

拾取操作对象 B 可以在场景中选择一个物体进行布尔运算，具体有以下几种方式。

“参考”是将原始对象的参考复制品作为对象 B，若果改变原始对象，就会改变对象 B；反过来改变对象 B，不会改变原始对象。

“复制”是指将原始对象复制作为运算对象 B，并且不改变原始对象。

“移动”是指将原始对象直接作为运算对象 B，这样原始对象本身就不存在了。

“实例”是指将原始对象的关联的复制品作为运算对象 B，如果修改原始对象和运算对象 B 中的任何一个就会影响另外一个。

（2）操作对象

用来显示当前运算对象的名称，包括“提取操作对象”“实例”“复制”。

（3）操作

操作是指选择哪一种方式来进行布尔运算。

“并集”是指两个对象合并后，相交的部分被删除，两个物体合并成为一个物体。

“交集”是指将两个对象相交的部分保留下来，删除不相交的部分。

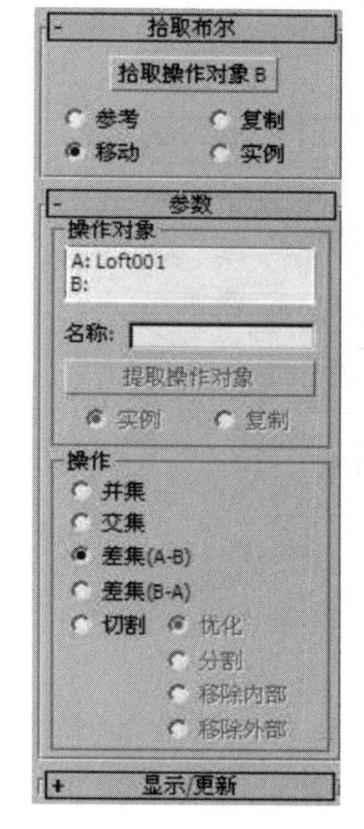

图 11-21

“差集（A-B）”是指在 A 物体中除去与 B 物体重合的部分。

“差集（B-A）”是指在 B 物体中除去与 A 物体重合的部分。

“切割”是指用 B 物体切除 A 物体，但在 A 物体上不会增加 B 物体的任何部分，包括“优化”“分割”“移除内部”和“移除外部”。

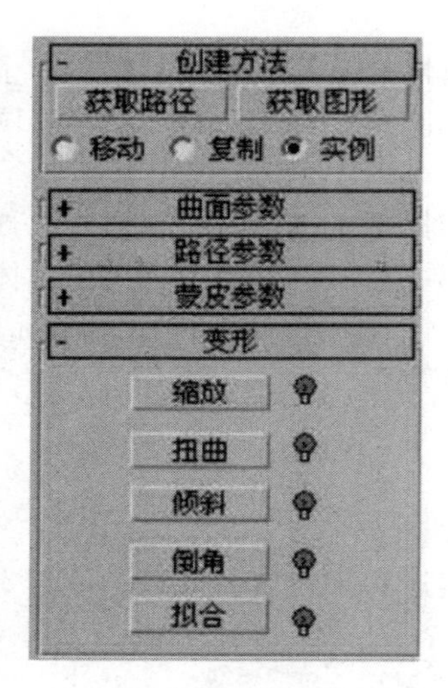

图 11-22

11.3 放样

放样是指把一个二维图形作为沿某个路径的剖面，生成复杂的三维对象，能够创建出多种模型，包含了“获取路径”“获取图形”“移动/复制/实例”“缩放”“扭曲”“倾斜”“倒角”“拟合”等参数（图 11-22）。

11.4 挤出

挤出可以使二维图形添加深度，而且使对象转换为参数化的对象（图 11-23）。

（1）数量

数量用于设置挤出的深度。

（2）分段

分段用于创建要挤出的对象的线段数目。

（3）封口

封口用于设置挤出对象的封口，分为封口始端、封口末端、变形、栅格。封口始端是指在挤出对象的初始端生成一个平面。封口末端是指在对象末端生成一个平面。变形指以一定的方式排列封口面。栅格是指在边界的方形上修建封口面。

（4）输出

输出指挤出对象的输出方式，分为面片、网格、NURBS。面片用于产生一个可折叠到面片对象中的对象。网格用于产生一个可折叠到网络对象中的对象。NURBS 用于产生一个可折叠到 NURBS 对象中的对象。

（5）生成贴图坐标

生成贴图坐标用于将贴图坐标用于挤出对象中。

（6）真实世界贴图大小

应用于缩放对象的纹理贴图材质。

（7）生成材质 ID

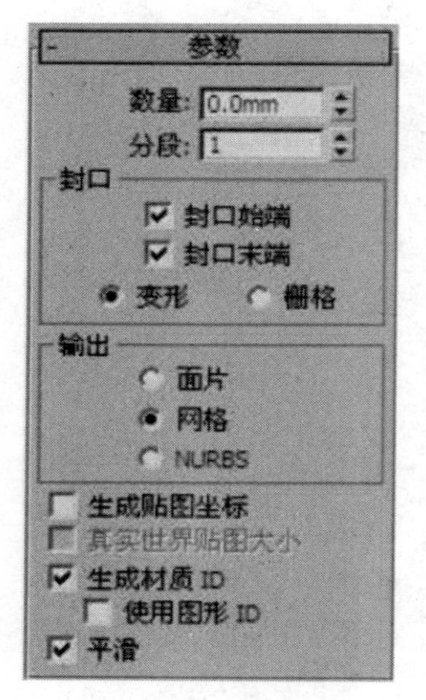

图 11-23

给挤出对象的侧面和封口指定不同材质 ID。

（8）使用图形 ID

给挤出生成的样条线段指定材料 ID。

11.5 倒角

倒角用于挤出 3D 对象，包含了参数和倒角值两部分（图 11-24）。

（1）封口

用于指定倒角需要在其一端封闭开口，包含了始端和末端。始端指使用对象的最低值进行封口，末端与之相反。

（2）封口类型

封口类型包括变形和栅格。变形能够创建时候的变形封口曲面。栅格能够在栅格图案中创建封口曲面。

(3) 曲面

用于控制曲面的侧面曲率、平滑度和贴图，包含了线性侧面、曲线侧面、分段、级间平滑、生成贴图坐标和真实世界贴图大小。

(4) 相交

相交能避免相互重叠的边产生锐角，包含避免线相交和分离两个参数。

(5) 起始轮廓

起始轮廓用于设计轮廓到原始图形的偏移距离。

(6) 级别 1

级别 1 包含高度和轮廓两个部分。

(7) 级别 2 和级别 3

级别 2 包含的高度和轮廓是相对于级别 1 而言的。而级别 3 又是相对于级别 2 而言的。

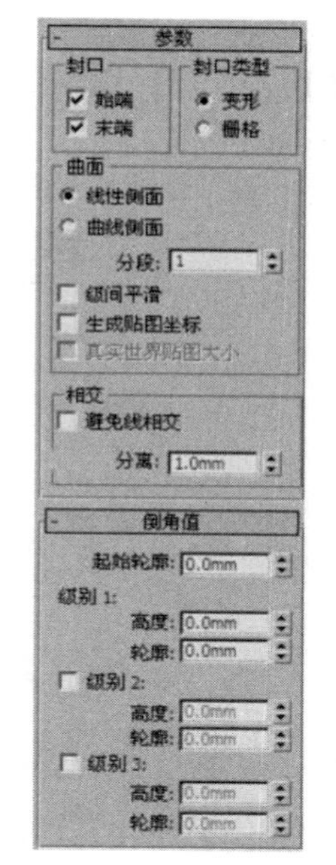

图 11-24

11.6 倒角剖面

倒角剖面是使用一个图形作为路径或“倒角剖面”来挤出另一个图形。它是倒角的一种变量。如果删除原始倒角剖面，则倒角剖面失效。若与提供图形的放样对象不同，倒角剖面也只是一个简单的修改器。所以，它更适合于处理文本（图 11-25）。

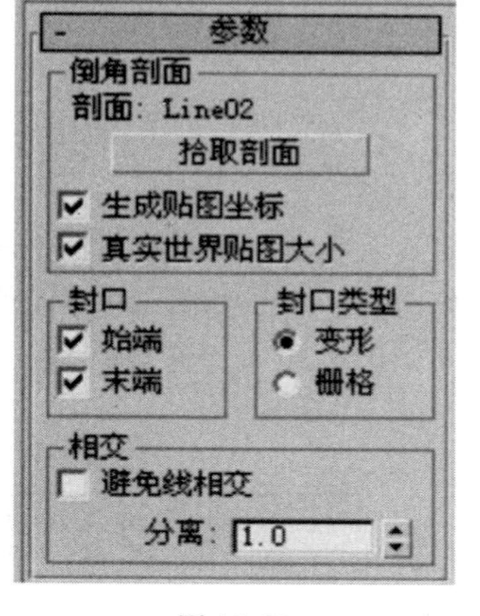

图 11-25

(1) 倒角剖面

倒角剖面包含了拾取剖面、生成贴图坐标和真实世界贴图大小 3 个参数。拾取剖面指选中一个图形或 NURBS 曲线来用于剖面路径。生成贴图坐标是指指定 UV 坐标。真实世界贴图大小用于控制应用于该对象的纹理贴图材质所使用的缩放方法。缩放值由位于应用材质的［坐标］卷展栏中的［使用真实世界比例］设置控制。默认设置为启用。

(2) 封口

封口包括始端和末端。始端是对挤出图形的底部进行封口，末端是对挤出图形的顶部进行封口。

(3) 封口类型

封口类型包含变形和栅格。变形是指选中一个确定性的封口方法，它为对象间的变形提供相等数量的顶点。栅格指创建更适合封口变形的栅格封口。

(4) 相交

相交包含避免线相交和分离两个参数。避免线相交指防止倒角曲面自相交；这需要更多的处理器计算，而且在复杂几何体中很消耗时间。分离指设定侧面为防止相交而分开的距离。

11.7 车削

车削通过围绕坐标轴来旋转一个图形或NURBS曲线来生成3D对象（图11-26）。

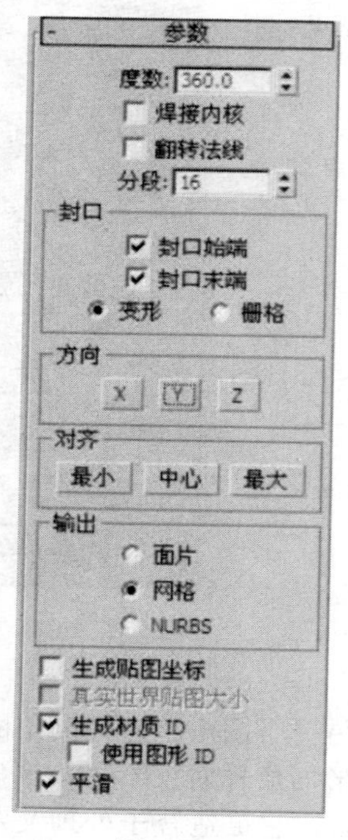

图11-26

（1）度数

度数用于设置围绕坐标轴旋转的角度，默认值为360°。

（2）焊接内核

焊接内核可以通过焊接旋转轴来简化网格。

（3）翻转法线

翻转法线是翻转物体的法线，使物体内部外翻。

（4）封口

封口包含封口始端、封口末端、变形和栅格四个参数。

（5）方向

方向用于设置轴的旋转方向，包括 x、y 和 z 3个轴。

（6）对齐

对齐用于设置对齐的方式，包含最小、中心和最大3种。

（7）输出

输出用在指定车削对象的输出方式，包含面片、网格和NURBS 3种。

11.8 编辑多边形

编辑多边形为选定的顶点、边、边界、多边形和元素提供显式编辑工具。编辑多边形包括基础“可编辑多边形”对象的大多数功能，但顶点颜色、细分曲面、权重和折逢和细分置换除外。编辑多边形可设置子对象变换和参数更改的动画。另外，由于它是一个修改器，所以可保留对象创建参数并在以后更改。

（1）选择

选择提供用于访问不同子对象层级和显示设置的工具，以及用于创建和修改选择的工具（图11-27）。

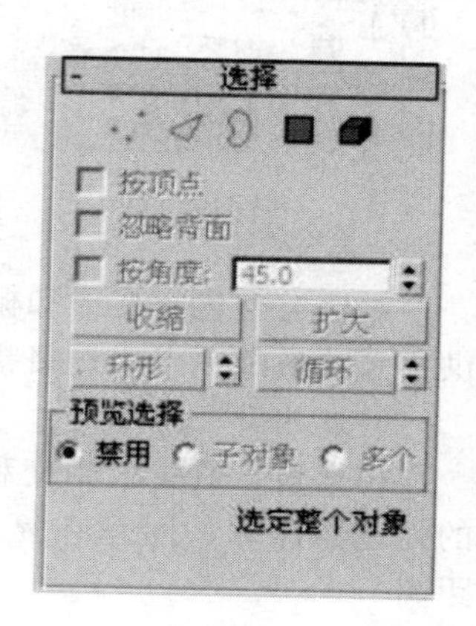

图11-27

顶点、边、边界、多边形和元素用于访问其子对象级别。按顶点使用后，只能选择所用的顶点才能选择子对象。忽略背景使用后，只能通过选中法线指向当前视图的子对象。按角度使用后，会基于设置的角度自动选择相邻多边形。收缩可以用来减少对象，扩大用来增加对象。环形用于选择平行于当前对象的其他对象。循环用于自动选择与当前对象在同一曲线上的其他对象。预览选择用于预览光标滑过的子对象。

（2）软选择

软选择可以在选定子对象和取消选择的子对象之间应用平滑

衰减，可以为选择旁的未选择子对象指定部分选择值。这些值可以按照顶点颜色渐变方式显示在视口中，也可以选择按照面的颜色渐变方式进行显示（图 11-28）。

使用软选择用于选择一个或一个区域的子对象，明暗处理面切换与其相对应。边距离用于将软选择限制在指定的面数。影响背面使用后，与选定对象相反的子对象会受到同样影响。衰减用来规定影响区域的距离。收缩可以设置区域的相对突出度，膨胀可以设置区域相对丰满度。软选择曲线图指以图形的方式显示软选择工作。绘制用于绘制软选择，模糊可以软化绘制的轮廓，复原可以还原软选择。笔刷选项用于设置笔刷的多重属性。

（3）编辑几何体

编辑几何体提供用于编辑多边形对象及其子对象的全局功能（图 11-29）。

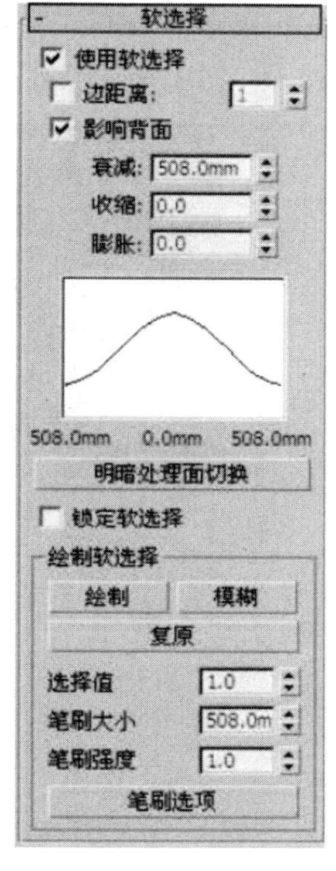

图 11-28

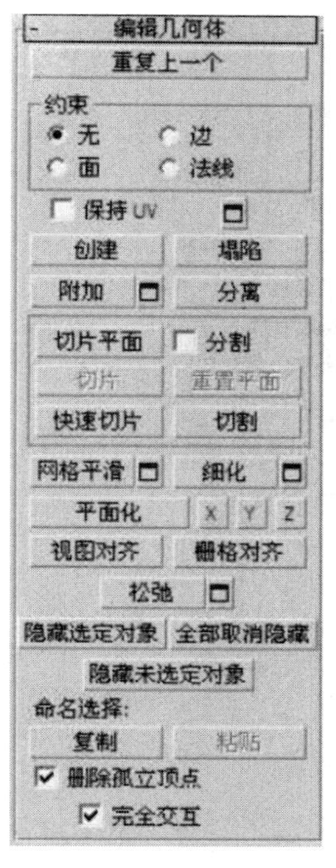

图 11-29

约束是指使用现有的几何体约束子对象的变换，包含了 4 种方式。保持 UV 指在编辑子对象时不影响对象的 UV 贴图。塌陷指焊接顶点与选择中心，使连续选定子对象的组塌陷。附加可以将场景中的其他对象附加到选定的多边形中。分离指将选定的子对象作为单独对象或元素分离出来。切片平面用于沿平面分开网格对象，重置平面可以将平面恢复。平面化用于使所有选定子对象成为共面。

（4）编辑顶点

“编辑顶点”中的工具都用于顶点的编辑；“移除”用于顶点的移除，而面仍然存在；“断开”用于选定顶点之间创建一个新顶点；“挤出”用于手动的挤出顶点；“焊接”用于合并顶点；“切角”用于手动的为顶点切角；“连接”可以在选定的对角顶点之间创建新的边；“移除孤立顶点”可以删除不属于热和多边形的所有顶点；如图 11-30 所示。

（5）编辑边

“编辑边”中的工具都用于边的编辑。“插入顶点”用于在边上添加顶点；“移除”用于删除边以及与边连接的面；“分割”可以沿着选定网格分割；“挤出”可以手动挤出边；“切角”用来生成平滑的棱角；“利用所选内容创建新图形”用于将选定的边创建为样条线图形；如图 11-31 所示。

（6）编辑多边形

“编辑多边形”包含“插入顶点”“挤出”“轮廓”“倒角”“插入”“桥”“翻转”“从边旋转”“沿样条线挤出”“编辑三角剖分”“重复三角算法”和“旋转”等。“桥”用于连接两个多边形或多边形组；“翻转”可以反转选定多边形的法线方向；“从边旋转”可以沿垂直方向拖动任何边；“沿样条线挤出”用于沿样条线挤出当前的多边形；“编辑三角剖分”用于绘制内边修改多边形细分为三角形的方式；“重复三角算法”指在选定的多边形上执行最佳三角剖分；如图 11-32 所示。

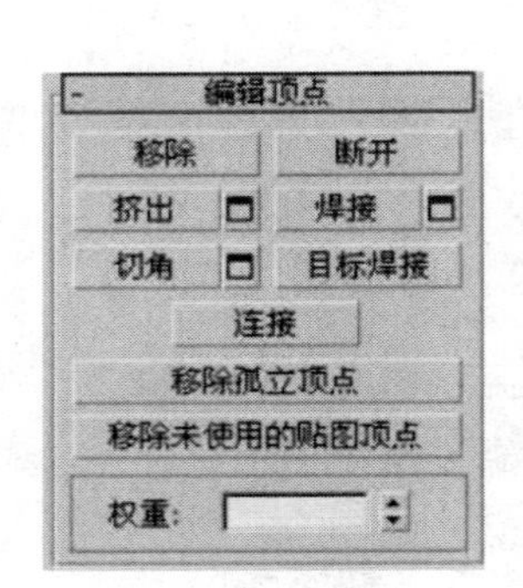

图 11-30

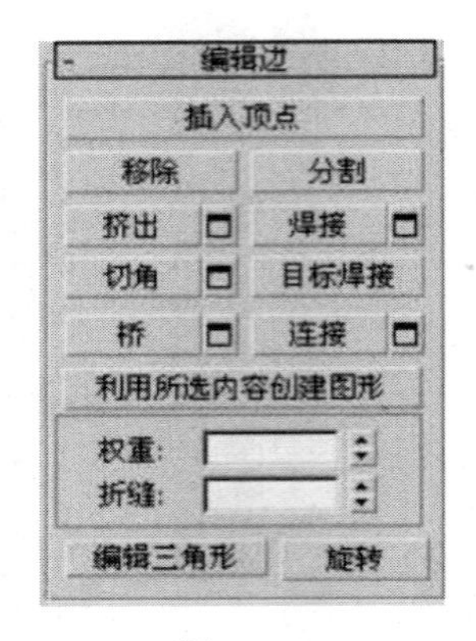

图 11-31

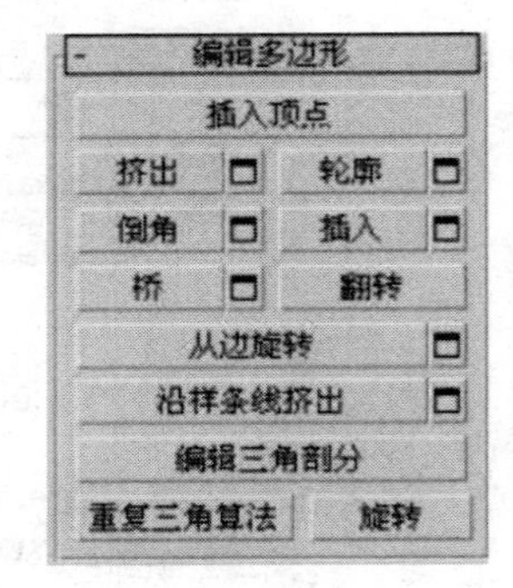

图 11-32

第 12 章　模型效果处理与输出

12.1　材质与贴图

12.1.1　材质

材质主要用来展现物体表面的颜色、质地、纹理、透明度、光泽等属性，使模型效果更加生动逼真。在物体表面赋予材质时，按照材质的名称、类型、颜色、光泽度、透明度等设置材质。

（1）材质编辑器

材质编辑器包含了菜单栏、材质示例窗、工具栏和参数控制区 4 各部分（图 12-1）。

菜单栏分为模式、材质、导航、选项和实用程序 5 项。模式主要用于切换精简材质编辑器和 Slate 材质编辑器。精简材质编辑器最为常用，Slate 材质编辑器是一个完整的材质编辑界面。材质主要用于获取材质和从对象选取材质，材质菜单中包含了十多项命令。导航主要用于切换材质或贴图的层级。选项主要用于更换材质球的显示背景。实用程序主要用于清理多维材质，重置材质编辑器等。

（2）材质示例窗

材质示例窗用于显示材质的效果。双击材质示例窗中的材质球会弹出一个独立的材质球显示窗口，可放大观察材质（图 12-2）。

材质示例窗中共有 12 个材质球，可以使用鼠标拖拽材质球，显示出不在窗口中的材质球；也可以旋转材质球，查看材质球其他位置的效果。

（3）工具栏

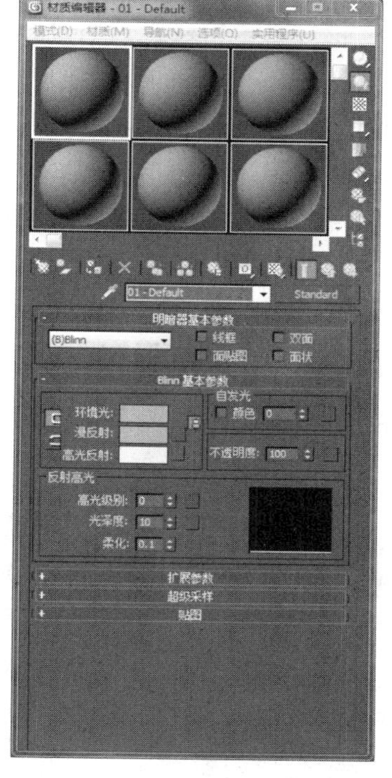

图 12-1

工具栏包含了各种与材质相关的工具（图 12-3）。

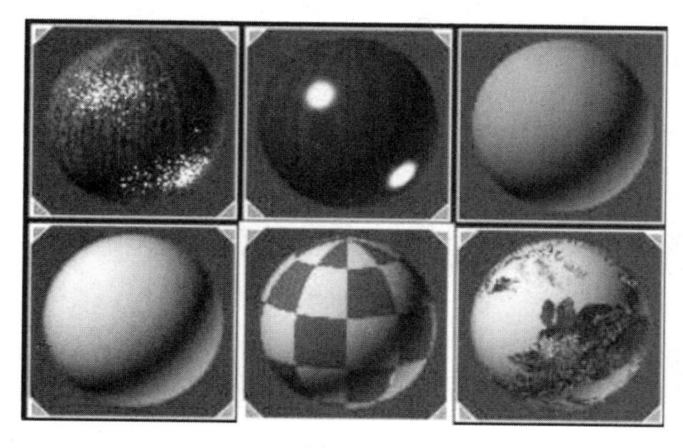

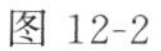
图 12-2

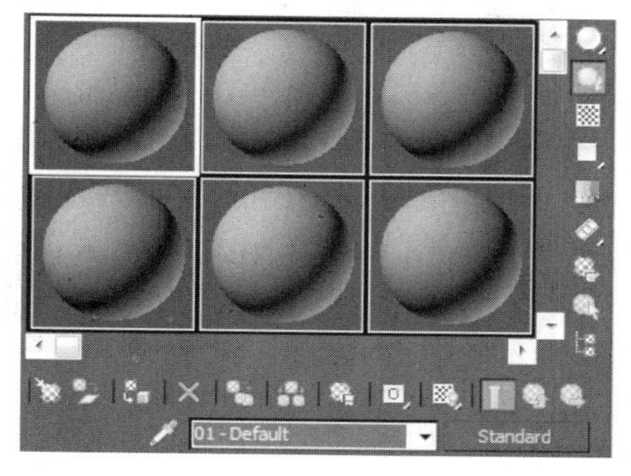

图 12-3

获取材质可为材质打开“材质”➝“贴图”浏览器的对话框。“将材质放入场景”可以更新已用材质。“重置贴图”用于删除修改属性。“使唯一”可以将实例化材质设置为独立材质。“显示最终结果”用于显示材质及应用的所有层次。“采样类型”可以控制示例窗显示的对象类型。“背光”可以选择在材质后面显示的方格背景图像。

（4）参数控制区

参数控制区用于调节材质的参数，不同的材质拥有不同的参数控制区。

12.1.2 材质资源管理器

材质资源管理器主要用于浏览和管理场景中的所有材质。材质管理器分为场景和材质两部分，场景主要用于显示场景对象的材质，材质主要用于显示当前材质的属性和纹理（图 12-4）。

（1）场景

场景包含菜单栏、工具栏、显示按钮和材料列表 4 个部分。

菜单栏包含“选择”“显示”“工具”和“自定义”几项。“选择”主要用于选择场景中的材质和贴图；“显示”主要用于展现材质和贴图；“工具”主要用于管理材质对象。工具栏主要用于操作一些基本的材质。显示按钮用于控制材质和贴图的显示方式。材料列表用于显示场景材质名称、类型等信息。

（2）材质

材质包含菜单栏和列表两个部分。菜单栏和列表与场景中的作用相似。

12.1.3 常用材质

在安装 VRay 渲染器之后，可在材质、贴图浏览器中选择材质类型（图 12-5）。

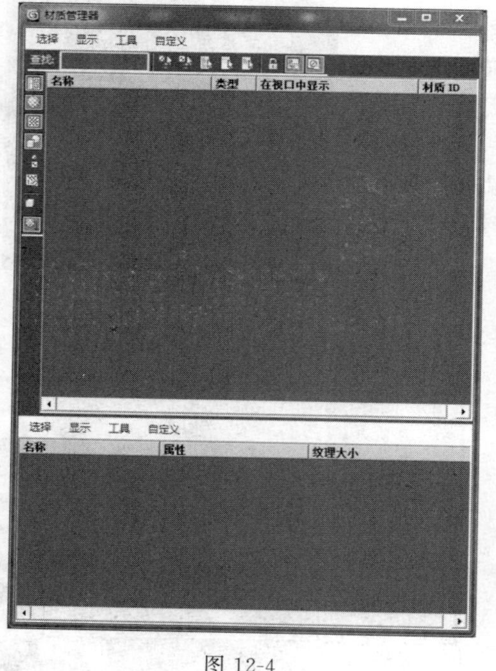

图 12-4

图 12-5

（1）标准材质

标准材质是一种默认材质，使用频率非常高。

（2）混合材质

混合材质可以将模型上的两种材质用百分比来混合。

（3）墨水油漆材质

墨水油漆材质常用来制作卡通模型。

（4）多维/子对象材质

多维/子对象材质用于通过几何体子对象分配不同材质。

（5）发光材质

发光材质常用来模拟自发光效果。

（6）双面材质

双面材质用于同时渲染内外表面。

（7）VRay混合材质

VRay混合材质使多个材质以层的方式混合。

（8）VRayMtl材质

VRayMtl材质使用范围很广，常用来制作室内外效果图。

12.1.4 常用贴图

贴图主要用于表现无题材质表面的纹理，可以完善模型的造型，丰富细节，使场景更加真实（图12-6）。

（1）不透明度贴图

不透明度贴图用于控制材质的透明程度，遵循“黑透，白不透”的原则。

（2）棋盘格贴图

棋盘格贴图用于制作双色棋盘效果。

（3）位图贴图

位图贴图是最常用的贴图，支持多种格式图片。

（4）渐变贴图

渐变贴图可以设置3种颜色的渐变效果。

（5）平铺贴图

平铺贴图用于创建类似瓷砖的贴图，用于建筑砖块图案较多。

（6）衰减贴图

衰减贴图用于控制材质强烈到柔和的过渡效果。

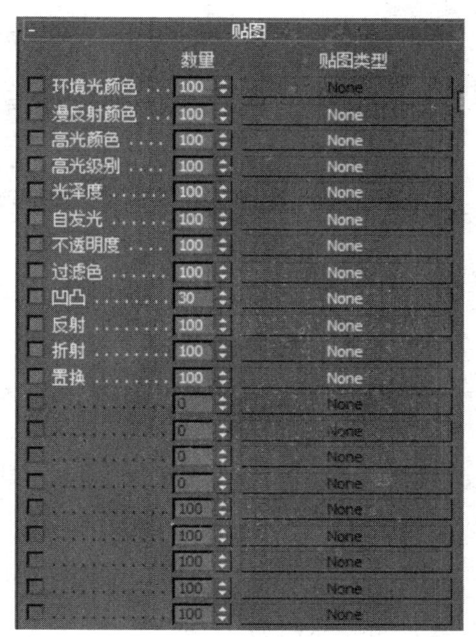

图12-6

（7）噪波贴图

噪波贴图可以将噪波效果添加到物体表面。

（8）斑点贴图

斑点贴图用于制作有斑点的物体。

（9）泼溅贴图

泼溅贴图可以制作油彩泼溅的效果。

（10）混合贴图

混合贴图用于制作材质混合效果。

(11) 细胞贴图

细胞贴图可以细胞图案。

(12) 颜色修正贴图

颜色修正贴图用于调节贴图的色调、饱和度、亮度和对比度。

(13) 法线凹凸贴图

法线凹凸贴图可以表现凹凸的效果。

(14) VRayHDRI 贴图

VRayHDRI 贴图用于制作场景环境贴图。

12.2 灯光

灯光在三维模型的表现当中十分重要，灯光能使物体呈现出立体感，不同灯光营造的效果也不相同。灯光能展现一个整体的氛围，塑造空间。在创建面板中点击灯光，可以选择灯光的类型（图 12-7、图 12-8、图 12-9）。

图 12-7

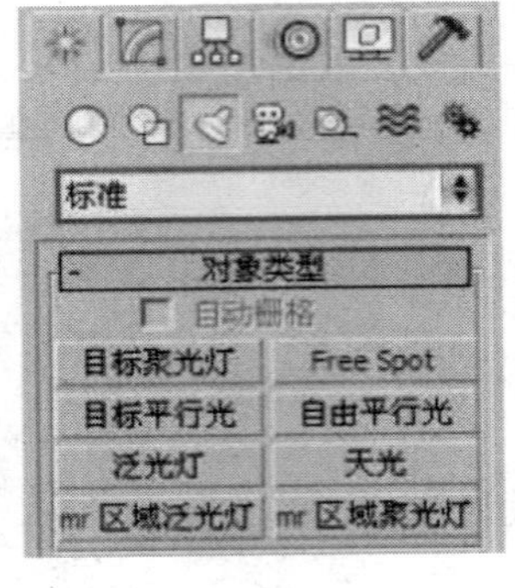

图 12-8

图 12-9

12.2.1 光度学灯光

光度学灯光是系统默认的灯光，包含“目标灯光”“自由灯光”和“mr Sky”门户。

(1) 目标灯光

目标灯光带有一个目标点，用于指向被照明物体是一种常用的灯光，主要用于模拟射灯、壁灯等光源。

(2) 自由灯光

自由灯光没有目标点，用来模拟台灯、发光球等光源。

(3) mr Sky 门户

mr Sky 门户必须配合天光使用，是一种 mental ray 灯光。

12.2.2 标准灯光

标准灯光包含了目标聚光灯、自由聚光灯、目标平行光、自由平行光、泛光灯、天光、mr 区域泛光灯和 mr 区域聚光灯。

(1) 目标聚光灯

目标聚光灯可以产生一个锥形照射区域，常用来模拟吊灯、手电筒等光源。目标聚光灯方向性很好，阴影效果强烈。

（2）自由聚光灯

自由聚光灯与目标聚光灯类似，除了发射点和目标点无法调节，常模拟动画灯光。

（3）目标平行光

目标平行光可以产生一个照射区域，常模拟自然光线效果，室外效果常用。

（4）自由平行光

自由平行光常用来模拟太阳光。

（5）泛光灯

泛光灯可以向周围发射光线，容易创建和调节，可制作夜晚星空的效果。

（6）天光

天光常用来模拟天空光，可作为场景唯一光源，也可配合其他光源使用，可表现室外建筑光影效果。

（7）mr 区域泛光灯

mr 区域泛光灯可以从球体或圆柱体区域发射光线。

（8）mr 区域聚光灯

mr 区域聚光灯可以从矩形或蝶形区域发射光线。

12.2.3 VRay 灯光

VRay 灯光包含了 VRay 光源、VRay 太阳和 VRay 天空。

（1）VRay 光源

VRay 光源常用来模拟室内光源，是效果图制作中最常用的一种灯光。

（2）VRay 太阳

VRay 太阳常用来模拟真实的室外太阳光。

（3）VRay 天空

VRay 天空是一个非常重要的照明系统，可以模拟天光。

12.3 摄影机

摄影机指使用胶片的动态画面拍摄装置，其机械机构复杂、洗印过程烦琐，但效果无人可比。法国的朱尔·让桑发明将感光胶片卷绕在带齿的供片盘上，在一个钟摆机构的控制下，供片盘在圆形供片盒内做间歇供片运动，同时钟摆机构带动快门旋转，每当胶片停下时，快门开启曝光。让桑将这种相机与一架望远镜相接，能以每秒一张的速度拍下行星运动的一组照片。让桑将其命名为摄影枪，这就是现代电影摄影机的始祖。

12.3.1 摄影机相关术语

（1）镜头

镜头是用以生成影像的光学部件，由多片透镜组成。各种不同的镜头，各有不同的造型特点，它们在摄影造型上的应用不同，构成光学表现手段不同。

镜头包括标准镜头（图 12-10）、广角镜头、鱼眼镜头、变焦镜头、长焦镜头（图 12-11）、定焦镜头等。

（2）焦平面

过第一焦点（前焦点或物方焦点）且垂直于系统主光轴的平面称第一焦平面，又称前焦面或物方焦面。过第二焦点（后焦点或象方焦点）且垂直于系统主光轴的平面称第二焦平面，又称后焦面或象方焦面。

图 12-10

图 12-11

（3）光圈

光圈是一个用来控制光线透过镜头，进入机身内感光面的光量的装置，它通常是在镜头内。对于已经制造好的镜头不可能随意改变镜头的直径，但是可以通过镜头内部加入多边形或者圆形，并且面积可变的孔状光栅来达到控制镜头通光量，这个装置就叫做光圈。

（4）快门

快门是摄像器材中用来控制光线照射感光元件时间的装置，是照相机的一个重要组成部分，它的结构、形式及功能是衡量照相机档次的一个重要因素。一般而言，快门的时间范围越大越好。

12.3.2　3ds Max 摄影机

3ds Max 摄影机常用于制作效果图和动画，分为标准摄影机（图 12-12）和 VRay 摄影机（图 12-13），它们包含目标摄影机、自由摄影机、VRay 穹顶像机和 VRay 物理像机。

图 12-12

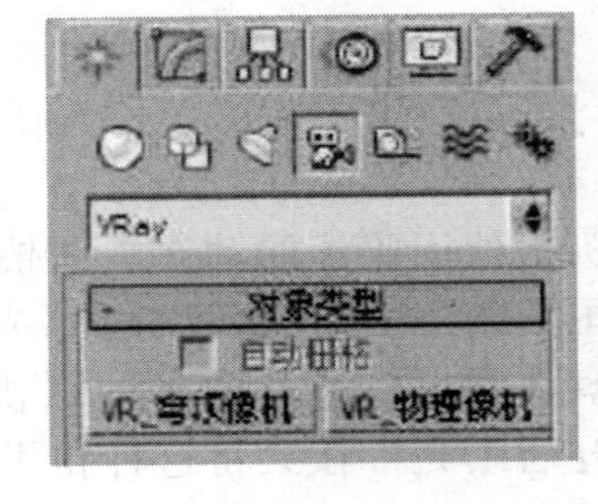

图 12-13

（1）目标摄影机

目标摄影机可以查看目标的周围区域，容易定向。

（2）VRay 物理像机

VRay 物理像机类似一台真实摄影机，可以对场景拍照，是很常用的摄影机。

12.4　渲染输出

在建模、灯光、材质之后，通常会对模型进行渲染。渲染器的类型有 VRay 渲染器、Renderman 渲染器、mental 渲染器、Brazil 渲染器、FinalRender 渲染器等等。在主工具栏右侧就是渲染工具（图 12-14）。

12.4.1 默认扫描线渲染器

默认扫描线渲染器是一种多功能渲染器，可以将场景生成一系列扫描线，但是渲染功能不强。

按“F10”可以打开渲染设置对话框，将渲染器更改为默认扫描线渲染器即可（图 12-15）。

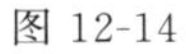

图 12-14

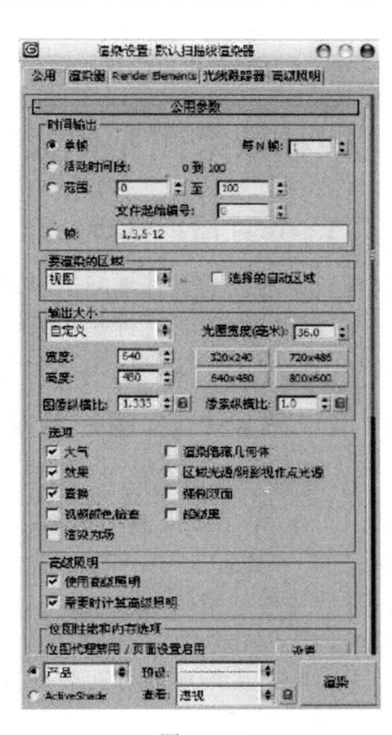

图 12-15

12.4.2 mental ray 渲染器

mental ray 渲染器是十分重要的渲染器，操作比 Renderman 更简便和智能，也常用于电影、动画制作。

同样，在渲染设置对话框中，更改为 mental ray 渲染器即可使用。mental ray 渲染器包含了公用、渲染器、间接照明、处理和渲染元素 5 个部分。间接照明主要用于控制焦散、全局照明和最终聚焦。渲染器主要用于设置采样质量、渲染算法、摄影机效果、阴影与置换。

12.4.3 VRay 渲染器

VRay 渲染器是一款高质量渲染器，可以真实地模拟现实光照效果，操作简单方便，常用于建筑表现等。

同样，在渲染设置对话框中，选择 VRay 渲染器。VRay 渲染器包含公用、VR-基项、VR-间接照明、VR-设置和渲染元素几项。VR-基项中的帧缓存用于设置渲染图像大小；VR-间接照明开启后，光线会在物体间反弹，并且更加真实。

第13章 3DS Max制作园林效果图

与 sketchup 相比，用 3DS Max 制作的园林效果图会更加的真实。它需要将绘制好的 CAD 文件导入，然后建模，最后渲染。

13.1 园林效果图制作过程概述

13.1.1 设计图纸分析

在制作效果图之前要仔细阅读设计图纸，划分制作内容，规划好整个制作流程。

① 打开案例 CAD 图，将多余的线条删除，整理好图纸。

② 在 CAD 中逐个隐藏标注、管线等方面的线条。

13.1.2 描绘 CAD 图形并输出到 3D

从 CAD 中输出平面构成“. dwg”格式文件到 3D 中，并在 3D 中将平面图拉伸成竖向三维形式，再用 3DS Max 制作模拟，从整体到局部逐一细化。

在制作 3D 模型过程中，需要遵循以下原则。

(1) 强调建模的精确性。CAD 文件的导入，保证了建模的精确性，没有 CAD 文件，很难保证模型的比例和效果。

(2) 尽可能减少模型的点面数，这样能大大增加渲染的速度，提高工作效率。

(3) 使用最好控制的建模方法，便于修改，提高工作效率。

(4) 距离观察点远的模型可以制作得粗糙一些，距离观察点近的造型需要制作得精细一些。

13.1.3 制作 3D 模型

(1) 制作园林景观地形。将 CAD 文件输出图形在 3D 中拉伸。

(2) 建筑、小品、设施的建模。

(3) 将制作好的建筑小品模型合并，放到地形场景中的相应位置。

(4) 制作材质。园林效果图的材质主要有路面材质、路沿材质、人行道材质、硬质铺装材质、绿地材质等。大型场景中物体使用的贴图坐标不能太小。

(5) 设置摄影机及灯光。通常灯光以目标平行光为主要光源，采用三点布光法，即主光源、辅助光源和背景光源，在此基础上可以增加一些辅助照明。主光源通常放在建筑正面约 45°的位置，能更好地表现出建筑体积。

13.1.4 效果图渲染输出

在 3D 中渲染输出并保存为“. tga”格式，此格式方便调入 Ps 中进行后期处理。

13.1.5 效果图后期处理

效果图后期处理一般包括裁图、调整图像品质、制作背景、添加树木和灌木、添加人物和汽车等。鸟瞰效果图可以进行景深效果的制作。最后需要再对整张图进行色彩、明暗方面的处理。

13.2 滨水景观效果图

滨水景观设计比较复杂，牵涉内容广泛。要把握滨水景观的整体性，在模型制作中要注意与陆地景观的衔接。

13.2.1 整理图纸

在CAD中整理图纸，删除多余线条，隐藏标注和尺寸（图13-1）。

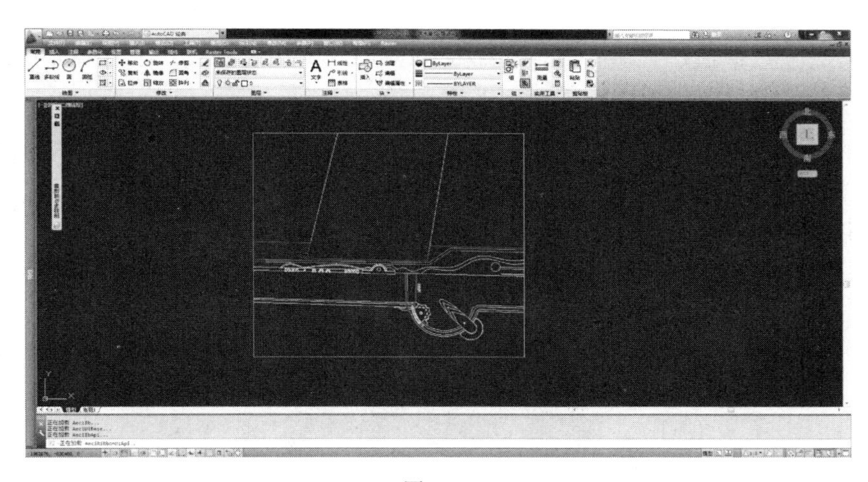

图13-1

13.2.2 制作模型

将CAD文件导入3D，建模时先主体后次要部分，先结构后装饰，先整体后局部。

(1) 单击菜单栏中的自定义/单位设置命令，设置形同单位为“毫米”。

(2) 单击应用程序按钮，在下拉菜单栏中选择导入命令，在弹出对话框中选择要导入文件。

(3) 在CAD中用多段线绘制图形，绘制完后闭合绘制过程。

(4) 在CAD命令行中输入dxfout命令，按回车键弹出图形后另存为对话框，选择DXF选项卡，输入导出文件名。

(5) 选择所描绘的图形，单击鼠标右键结束选择。

(6) 在3D中导入刚才的文件。

(7) 设置挤出的数量，分别挤出图形。挤出图形的顺序为道路、广场、草地、景观设施等。

(8) 为挤出的图形分别赋予材质。

(9) 单击材质按钮，渲染视图。创建一架摄影机。

13.2.3 调整材质

材质是表现效果图视觉效果的重要环节。

(1) 选择工具栏中的材质按钮，选择VRay渲染器。

（2）打开材质编辑器，选择相应材质。在贴图一栏中选择漫反射颜色右侧的通道按钮，在材质/贴图浏览器对话框中双击位图，选择合适的图片。

（3）返回上一级，单击反射右侧的通道按钮，选择 VR 贴图，设置反射数量。

（4）通过材质选择赋予该材质的所有造型，选择修改面板中的贴图缩放器，在参数中设置比例值。

（5）不断重复步骤（2）、（3）、（4），完成所有材质赋予。

（6）单击材质按钮，渲染摄影机视图。

13.2.4 设置灯光及 VR 渲染输出

（1）单击创建面板中灯光按钮，选择光度学中的标准，单击目标聚光灯，在顶视图中创建一盏目标聚光灯，调整位置。

（2）在常规参数中选择启动阴影，选择 VRayShadow 投影方式，设置灯光倍增值。

（3）选择泛光灯，在顶视图中创建一盏泛光灯，设置倍增值。

（4）打开渲染设置对话框，关闭默认灯光，选择抗锯齿过滤器，在间接照明中设置反弹次数。

13.2.5 后期处理

后期处理主要是在细节上进行深层次的刻画，调整阴影、配景的大小比例关系等（图 13-2）。

图 13-2

13.3 道路景观效果图

城市道路景观是由地形、植物、建筑物、绿化、小品等组成。效果图要展现景观的整体性。

13.3.1 整理图纸

在 CAD 中整理图纸，删除多余线条，隐藏标注和尺寸（图 13-3）。

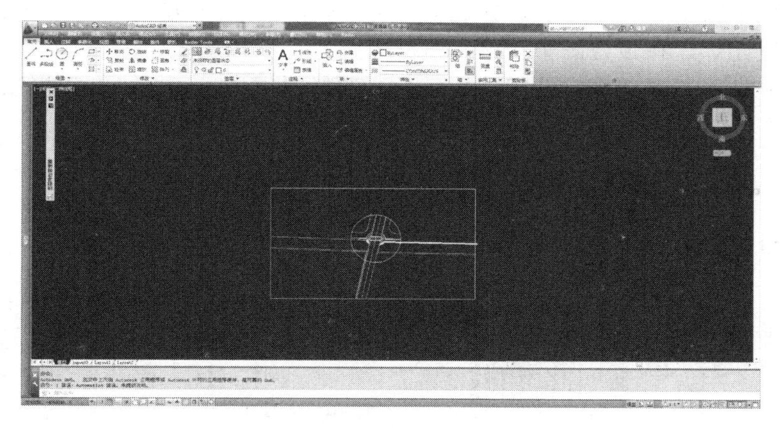

图 13-3

13.3.2 制作模型

将 CAD 文件导入 3D，建模时先主体后次要部分，先结构后装饰，先整体后局部。

(1) 单击菜单栏中的自定义/单位设置命令，设置形同单位为“毫米”。

(2) 单击应用程序按钮，在下拉菜单栏中选择导入命令，在弹出对话框中选择要导入文件。

(3) 在 CAD 中用多段线绘制图形，绘制完后闭合绘制过程。

(4) 在 CAD 命令行中输入 dxfout 命令，回车弹出图形另存为对话框，选择 DXF 选项卡，输入导出文件名。

(5) 点选所描绘的图形，单击鼠标右键结束选择。

(6) 在 3D 中导入刚才的文件。

(7) 设置挤出的数量，分别挤出图形。挤出图形的顺序为道路、广场、草地、景观设施等。

(8) 为挤出的图形分别赋予材质。

13.3.3 调整材质

材质是表现效果图视觉效果的重要环节。

(1) 选择工具栏中的材质按钮，选择 VRay 渲染器。

(2) 打开材质编辑器，选择相应材质。在贴图一栏中选择漫反射颜色右侧的通道按钮，在材质/贴图浏览器对话框中双击位图，选择合适的图片。

(3) 返回上一级，单击反射右侧的通道按钮，选择 VR 贴图，设置反射数量。

(4) 通过材质选择赋予该材质的所有造型，选择修改面板中的贴图缩放器，在参数中设置比例值。

(5) 不断重复步骤 (2)、(3)、(4)，完成所有材质赋予。

(6) 单击材质按钮，渲染摄影机视图。

13.3.4 设置灯光及 VR 渲染输出

(1) 单击创建面板中灯光按钮，选择光度学中的标准，单击目标聚光灯，在顶视图中创建一盏目标聚光灯，调整位置。

（2）在常规参数中勾选启动阴影，选择 VRayShadow 投影方式，设置灯光倍增值。

（3）选择泛光灯，在顶视图中创建一盏泛光灯，设置倍增值。

（4）打开渲染设置对话框，关闭默认灯光，选择抗锯齿过滤器，在间接照明中设置反弹次数。

13.3.5 后期处理

后期处理过后，道路效果更加逼真（图 13-4）。

图 13-4

第Ⅲ部分　三维绘图篇（下）

（SketchUp）

第 14 章　基本概念

14.1　软件简介

14.1.1　SketchUp 的诞生与发展

SketchUp 软件中文名为“草图大师”，是一套面向设计方案创作和概念性推敲而开发的计算机辅助设计软件，最初由位于科罗拉多州博尔德市的@Last Software 公司推出。SketchUp 先后经历了 5 个版本，软件功能日益强大。2006 年，Google 收购了 SketchUp 及其开发公司@Last Software，并陆续发布了 6.0、7.0、8.0 版本。2012 年，SketchUp 被 Trimble Navigation 公司收购，发布了 SketchUp 的新版本 Trimble SketchUp 2013。

14.1.2　SketchUp 的特点

SketchUp 是一款相当简便易学的建模软件，它之所以深受广大设计师的喜欢，是因为其具有很多软件无法比拟的优点。

（1）界面简洁、建模简单

SketchUp 软件的操作界面非常简洁，所有操作都在同一个视口进行（图 14-1）。所有的

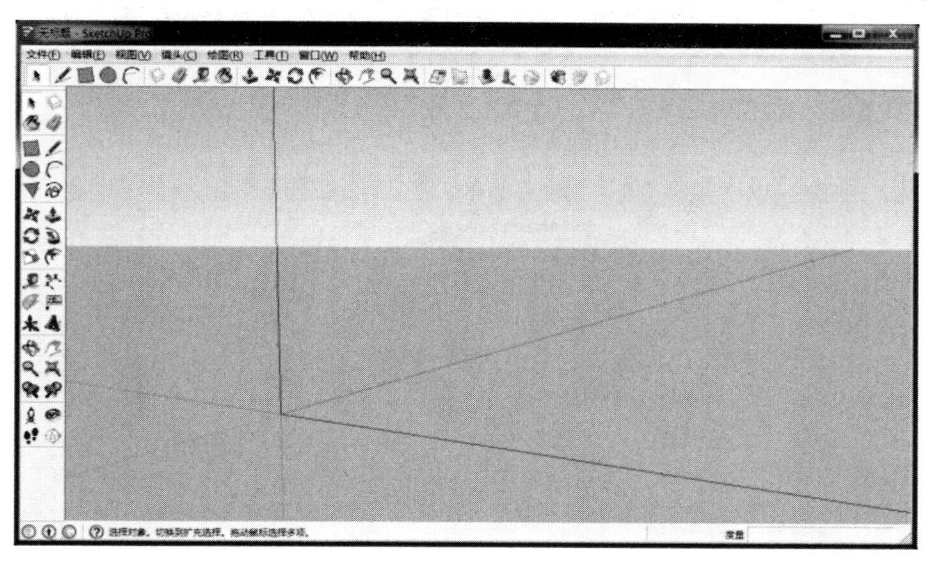

图 14-1

模型只由点、线、面3个基本元素组成，模型的绘制就是连点成线、画线成面、推拉成体（图14-2）。

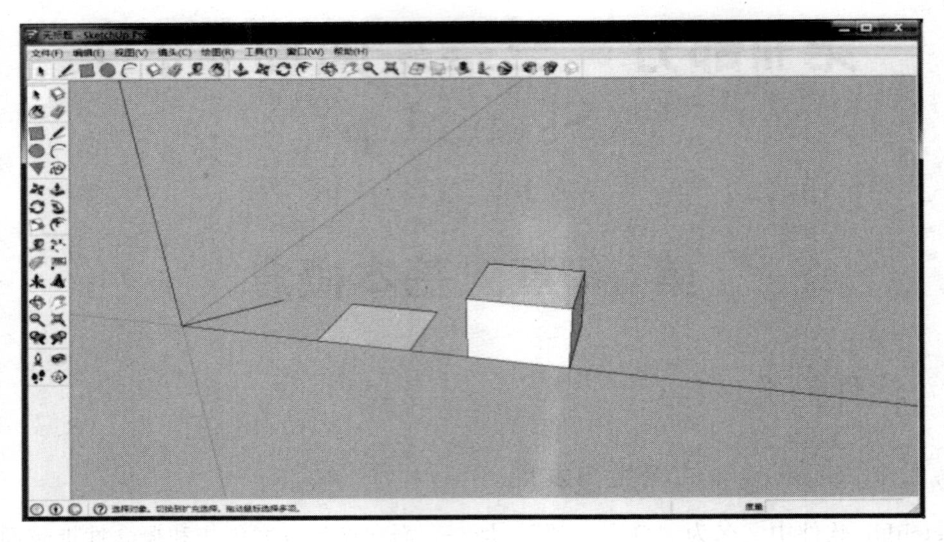

图 14-2

（2）适用范围广、贯穿整个设计过程

SketchUp可以与AutoCAD，3ds Max等软件良好兼容，可快速导入和导出DWG、JPG、3DS等格式文件，实现方案构思、施工图与效果图绘制的完美结合。因此，它可以辅助设计师进行方案构思、细部推敲、方案对比，以及效果展示，真正做到贯穿整个设计过程。

（3）便捷的材质调整方式

SketchUp的材质调节选项卡十分简单直观，可以及时显示材质调节的效果，不需要用户凭借经验或者记住大量的材质参数才能进行估计性调节（图14-3）。

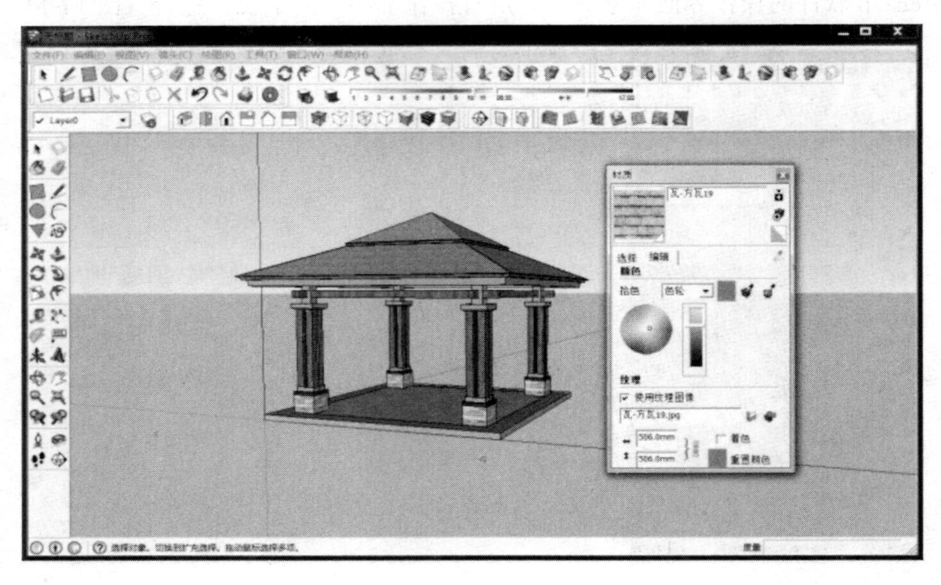

图 14-3

(4) 准确的地理信息系统和易用的光影分析功能

SketchUp 软件内置了全球大部分国家的地理位置信息，设计师可以根据建筑物所在的地区和时间进行实时阴影和日照分析，使得设计师在相对准确而真实的模拟环境中进行创作构思，从而使决策更加合理、科学，提高了模型的真实性，使方案构思更具说服力（图 14-4）。

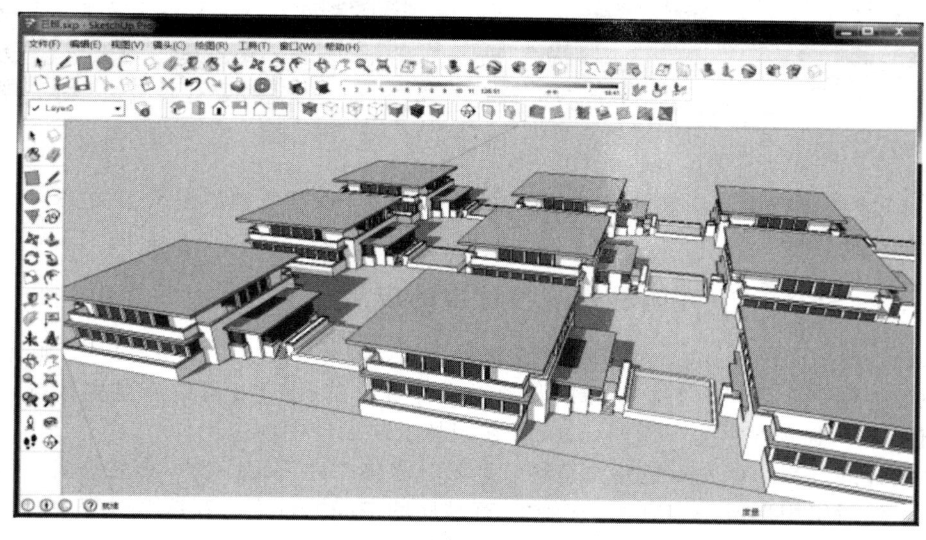

图 14-4

(5) 智能的分组管理

设计师可以将模型建立成群组或者组件。将模型建立群组，可以方便对场景对象的管理、选择和操作。组件的应用则极大地提升了绘制模型和修改的效率，同样的构件只需要修改其中一个组件，便可以做到同步更新（图 14-5）。

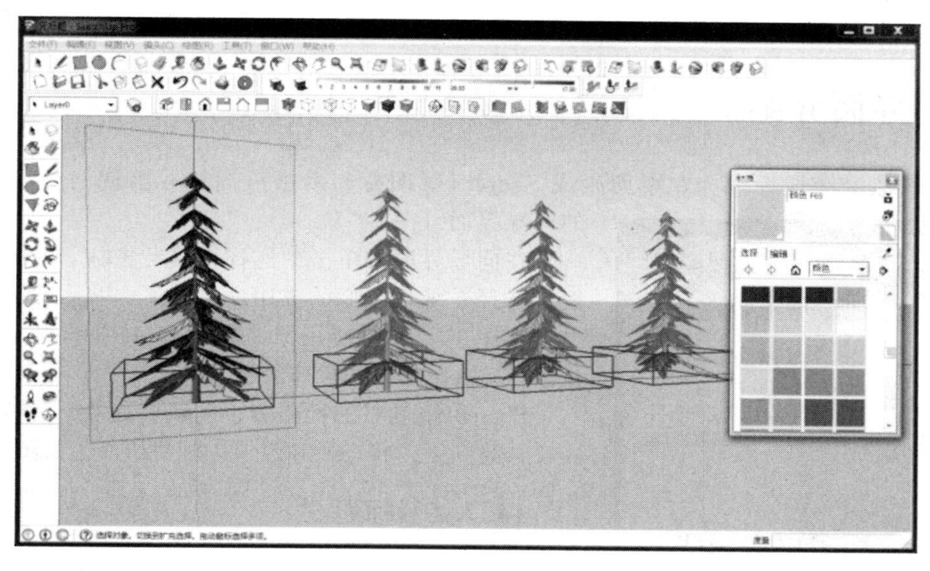

图 14-5

(6) 丰富的表现形式

SketchUp 具有多种显示模式，可以自定义显示风格，其表现效果往往不需要后期渲染就可以直接导出效果图，极大地丰富了模型的表现力（图 14-6）。

图 14-6

SketchUp 还具有简洁明快的漫游动画功能，可以身临其境地感受设计方案，从而获得逼真生动的空间体验。

14.1.3 SketchUp 在园林景观设计中的应用

基于以上优点，SketchUp 的应用领域非常广阔，从室内设计、建筑设计、城市规划设计、景观设计到平面设计、工业设计以及动漫设计等，SketchUp 可以满足多种行业从业人员的使用要求。本书将着重介绍 SketchUp 在园林景观设计中的应用。

园林设计的过程，就是对道路、植物、地形、水体、建筑、广场、小品等诸多因素进行综合考虑，然后组织形成一个完整、连续、有秩序的空间的过程。在这个过程中，园林设计常常具有更多的灵活性、随机性以及更大的尺度和场景，在方案阶段又往往需要反复地调整、修改。在以往常用的计算机园林辅助设计软件中，AutoCAD 绘制出的仅是线条图，在规划设计时不具直观性，不能直观反映设计方案的整体效果，一旦设计方案需要修改，又极不方便。而 SketchUp 由于其简洁、直观、方便修改的优点很好地解决了上述问题，可以节省建模和修改模型的时间，使得设计师可以把更多的时间和精力投入到设计本身中去。

此外，依托 Google 强大的 3D Warehouse 模型库，可以极大地丰富景观素材以提高模型绘制效率，还可以启发设计思路。

14.2 界面介绍

当软件安装完成后，会在桌面生成 SketchUp 图标，双击该图标，出现的是 SketchUp 的向导界面（图 14-7）。

图 14-7

在向导界面中单击“选择模板”按钮，可在下拉列表中选择系统设定好的或用户自定义模板。设定好模板之后，单击“开始使用 SketchUp”按钮，即可打开模板进入 SketchUp 的操作界面。

SketchUp 软件的操作界面是由标题栏、菜单栏、工具栏、绘图区、状态栏和数值控制栏组成的（图 14-8）。

14.2.1 标题栏

标题栏位于用户界面的最顶端，最左边是 SketchUp 的图标，往右依次是当前文件名（如果当前文件尚未保存，则显示为“无标题”）、软件版本和标准 Microsoft Windows 控制按钮（最小化、最大化和关闭）。

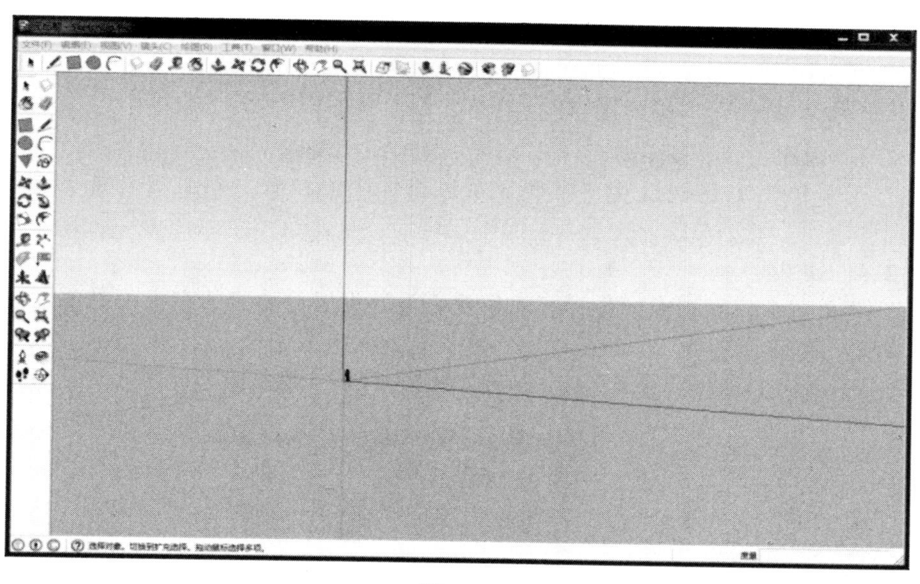

图 14-8

14.2.2　菜单栏

菜单栏位于标题栏的下方，包含“文件”“编辑”“视图”“镜头”“绘图”“工具”“窗口”和“帮助”8个主菜单。

14.2.2.1　文件

“文件”菜单用于管理场景中的文件，包括“新建”“打开”“保存”“打印”“导入”“导出”和“打印”等常用命令（图 14-9）。

文件(F)　编辑(E)　视图(V)　镜头(C)　绘图(R)
新建(N)　Ctrl+N
打开(O)...　Ctrl+O
保存(S)　Ctrl+S
另存为(A)...
副本另存为(Y)...
另存为模板(T)...
还原(R)
发送到 LayOut
在 Google 地球中预览(E)
地理位置(G)
建筑模型制作工具(B)
3D 模型库(3)
导入(I)...
导出(E)
打印设置(R)...
打印预览(V)...
打印(P)...　Ctrl+P
生成报告...
1 Untitled.skp
2 VillaHenny.skp
退出(X)

图 14-9

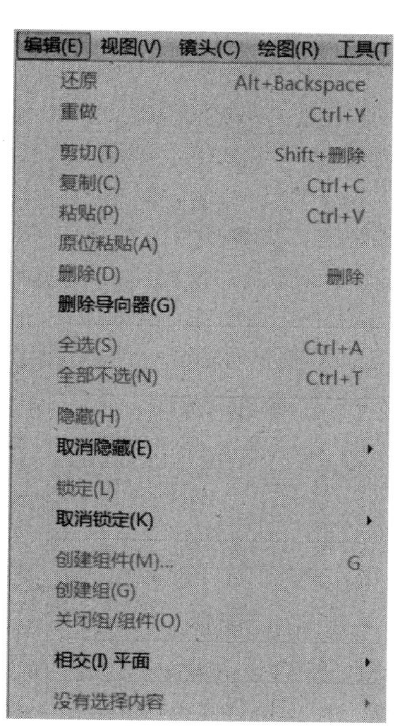

图 14-10

14.2.2.2 编辑

“编辑”菜单用于对场景中的模型进行编辑操作，包括“还原”“剪切”“复制”“粘贴”“隐藏”和“锁定”等常用命令（图 14-10）。

14.2.2.3 视图

“视图”菜单包含工具栏设置、模型显示风格、阴影设置、动画等功能的多个菜单项（图 14-11）。

14.2.2.4 镜头

“镜头”菜单包含模型视点操作、相机设置、漫游设置等功能的多个菜单项（图 14-12）。

14.2.2.5 绘图

“绘图”菜单包含“线条”“圆弧”“徒手画”“矩形”“圆”“多边形”“沙盒”工具（图 14-13）。

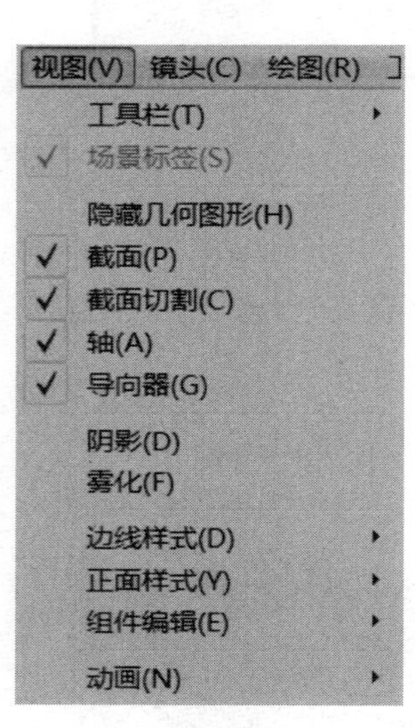

图 14-11

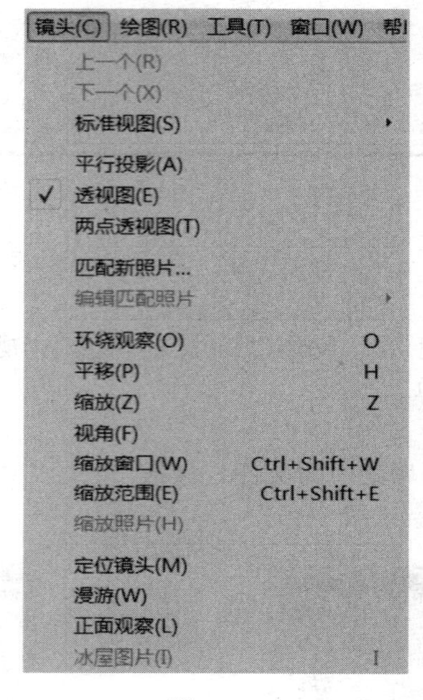

图 14-12

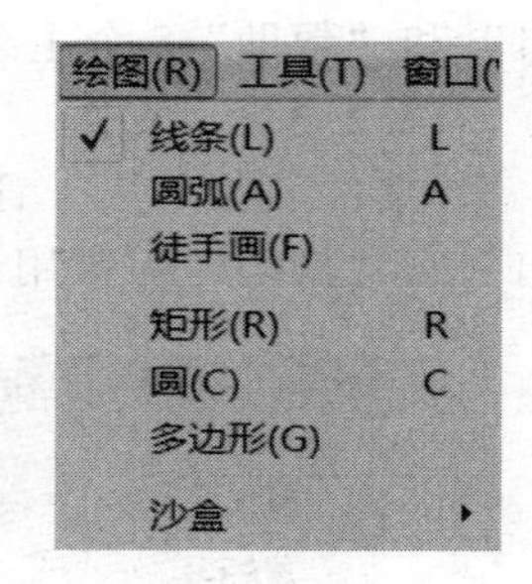

图 14-13

14.2.2.6 工具

“工具”菜单是对模型进行修改编辑的工具集（图 14-14），包含编辑工具如“移动”“旋转”“调整大小”“推/拉”“跟随路径”“偏移”工具以及构造工具如“卷尺”“量角器”“轴”“尺寸标注”“文本标注”和“截平面”等工具。

14.2.2.7 窗口

“窗口”菜单包含场景中所有的编辑器和管理器（图 14-15），单击各个命令可以打开相应的浮动窗口，单击可以隐藏或展开窗口。

14.2.2.8 帮助

“帮助”菜单可以查看软件的帮助、许可证、版本等详细信息（图 14-16）。

14.2.3 工具栏

工具栏默认位于绘图区左侧、菜单下方（图 14-17），包含常用的工具和用户自定义的工具和控件。用户可以执行“视图”→“工具栏”命令，自定义这些工具的显隐状态或显示大小等（图 14-18）。

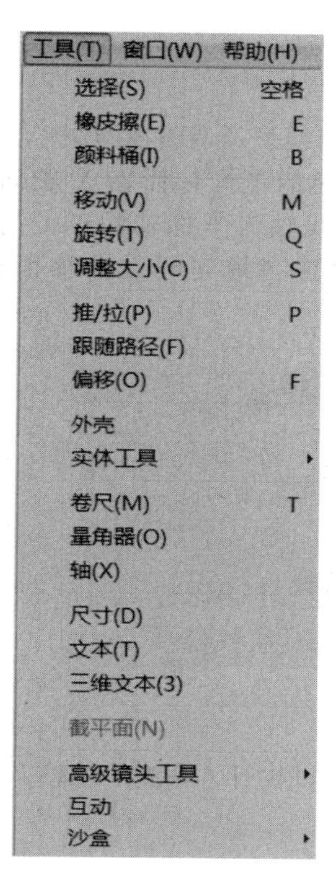

图 14-14

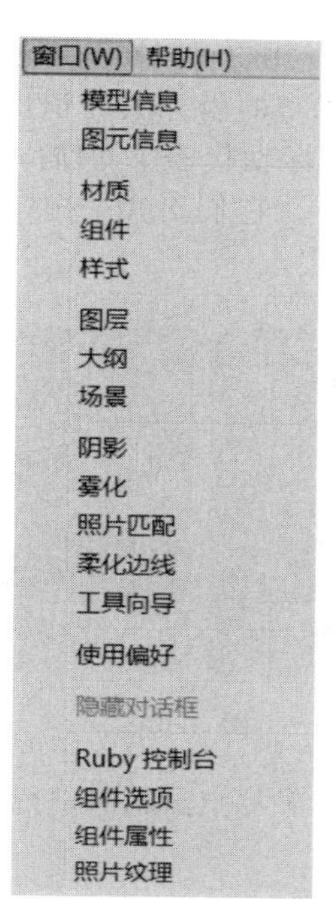

图 14-15

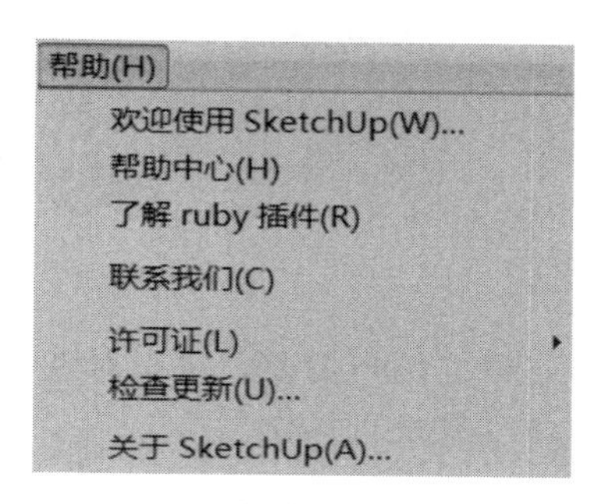

图 14-16

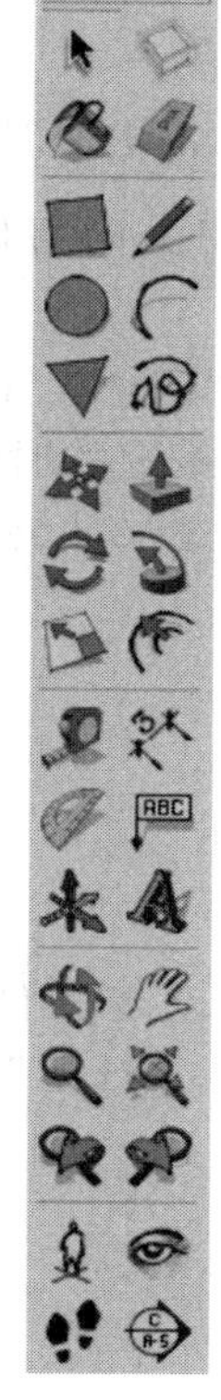

图 14-17

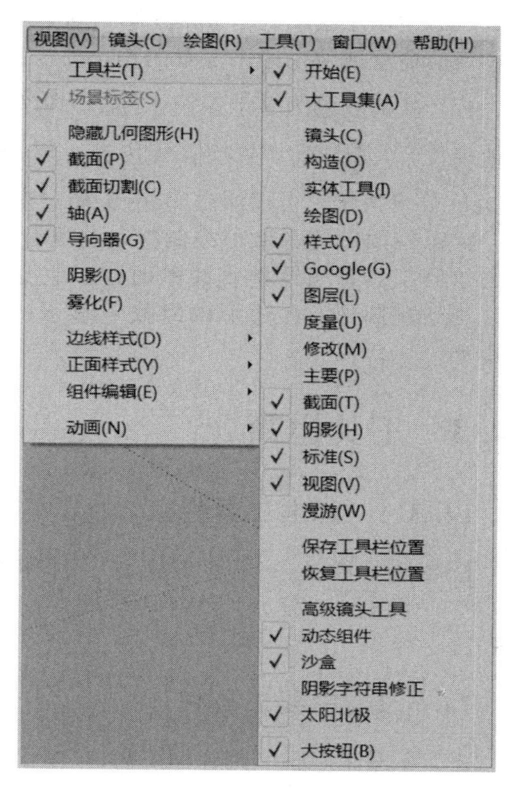

图 14-18

14.2.4 绘图区

SketchUp 的绘图区只有一个视图，用户可以在其中创建、编辑模型及调整视图。

绘图区的 3D 空间通过 3 条互相垂直的坐标轴标识出来，绿色的坐标轴代表 X 轴向，红色的坐标轴代表 Y 方向，蓝色的坐标轴代表 Z 轴向，其中实线轴为坐标轴的正方向，虚线轴为坐标轴的负方向（图 14-19）。它们对用户在工作中保持三维空间方向感很有用处。

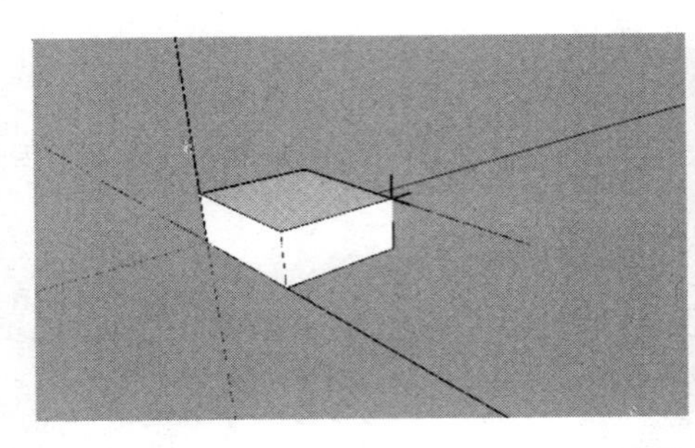
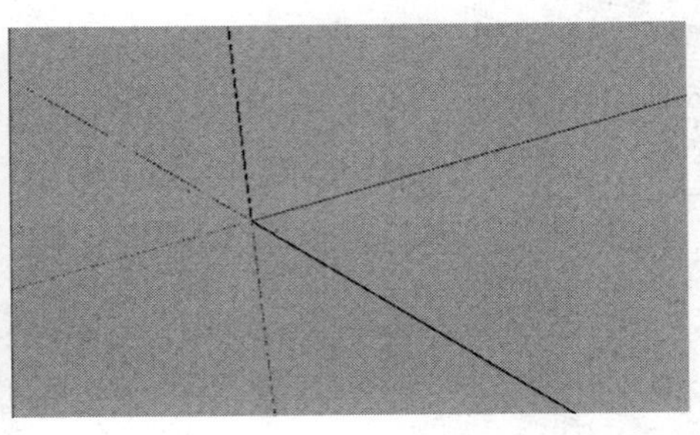

图 14-19

根据用户需要，可以对默认的坐标轴原点、轴向进行更改，可以执行“视图”→“轴”菜单命令来进行操作。

14.2.5 状态栏

状态栏位于绘图区下方的矩形区域，当鼠标在不同的工具按钮上移动的时候，状态栏会显示当前命令或使用绘图工具的相关提示。

状态栏的左侧为 3 个按钮，分别为地理信息参考按钮，单击它的时候可以设置模型的地理位置。组件作者信息按钮，单击它的时候可以看到相关的组件作者信息。Google 账户按钮，可以通过 Google 账户来登录 Google 网站。

状态栏的右侧为数值控制框，这里会显示绘制过程中的尺寸信息。数值控制框支持所有的绘制工具，当绘制直线的时候，它显示的是长度，当绘制矩形的时候它显示的是尺寸，当绘制圆形及多边形的时候它显示的是半径，用户可以通过尺寸的输入来绘制精确的模型。

14.3 工具栏简介

14.3.1 标准工具栏

标准工具栏主要是管理文件、打印和模型帮助，包括“新建文件”“打开文件”“保存”“剪切”“复制”“粘贴”“擦除”“还原删除”“重做”“打印”和“模型信息”（图 14-20）。

14.3.2 主要工具栏

主要工具栏包括“选择”工具、“制作组件”工具、“颜料桶”工具、“擦除”工具，是用户在绘制模型时最主要的工具（图 14-21）。

图 14-20

图 14-21

14.3.3 绘图工具栏

绘图工具栏包括“矩形”工具、“线条”工具、“圆”工具、“圆弧”工具、“多边形”工具和“徒手画”工具（图 14-22）。

14.3.4 修改工具栏

修改工具栏是对模型进行修改编辑的工具集，包括“移动”工具、“推/拉”工具、“旋转”工具、“跟随路径”工具、“拉伸”工具和“偏移”工具（图 14-23）。

14.3.5 构造工具栏

构造工具栏包括“卷尺”工具、“尺寸”工具、“量角器”工具、“文本”工具、“坐标轴”工具和“三维文本”工具（图 14-24）。

图 14-22

图 14-23

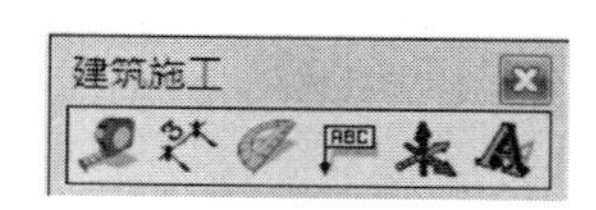

图 14-24

14.3.6 镜头和漫游工具栏

镜头工具栏包括“环绕观察”工具、“平移”工具、“缩放”工具、“缩放窗口”工具、“上一个”工具、“下一个”工具和“缩放范围”工具（图 14-25）。

漫游工具栏包括“定位镜头”工具、“漫游”工具和“正面观察”工具（图 14-26）。

14.3.7 样式工具栏

样式工具栏包括 7 种显示模式，分别为“X 射线”显示模式、“后边线”显示模式、“线框”显示模式、“隐藏线”显示模式、“阴影”显示模式、“阴影纹理”显示模式和“单色”显示模式（图 14-27）。

图 14-25

图 14-26

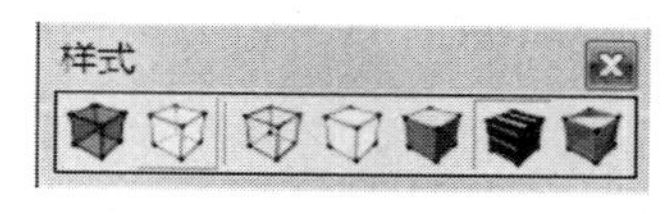

图 14-27

14.3.8 视图工具栏

视图工具栏是切换到标准预设视图的工具，包括“等轴视图”“俯视图”“主视图”“右视图”“后视图”和“左视图”（图 14-28）。

14.3.9 图层工具栏

图层工具栏主要用来管理图形文件（图 14-29），通过图层管理器可以查看和控制模型中的图层，同时显示模型中所有图层及颜色，并指出模型是否可见。

图 14-28

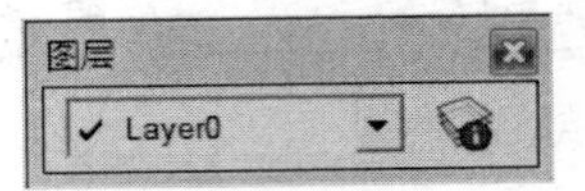

图 14-29

14.3.10　阴影工具栏

阴影工具栏提供简便的阴影控制方法，包括“阴影设置”工具、“显示/隐藏阴影”工具以及太阳光“日期和时间”的控制工具（图 14-30）。

14.3.11　截面工具栏

截面工具栏可以创建各方位的截面切割，以方便用户查看模型内的结合图形，包括“截平面”工具、“显示截平面”工具、“显示截面切割”工具（图 14-31）。

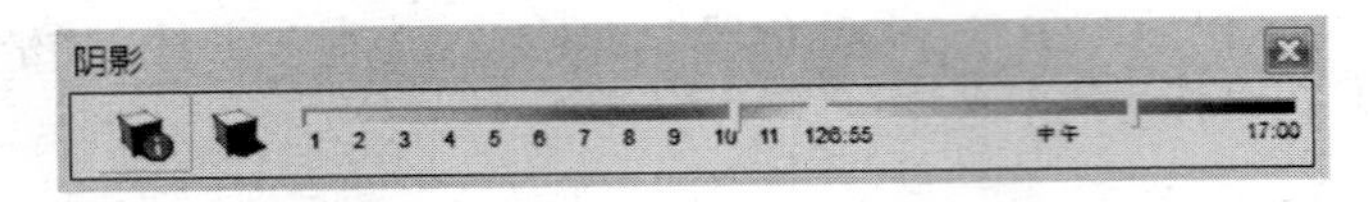

图 14-30

图 14-31

14.3.12　地形工具栏

地形工具栏主要的功能是创建三维地形，共由 7 个工具组成，依次为“根据等高线创建”“根据网格创建”“曲面拉伸”“曲面平整”“曲面投射”“添加细部”和“翻转边线”（图 14-32）。

14.3.13　动态组件

动态组件常用于制作动态互交组件方面，包括“与动态组件互动”“组件选项”和“组件属性”（图 14-33）。

14.3.14　Google 工具栏

SketchUp 软件被 Google 公司收购以后新增的工具，可以使 SketchUp 软件与 Google 旗下的软件进行紧密协作（图 14-34）。

图 14-32

图 14-33

图 14-34

第 15 章　基本操作

15.1　文件操作

SketchUp 中的文件菜单用于管理场景中的文件，主要的文件操作包括新建模型、打开模型、保存模型、文件导入、文件导出、打印等（图 15-1）。

15.1.1　新建模型

新建模型选项将创造一个全新的场景，以替代当前场景。需要注意的是，新建模型时若当前场景已经存在编辑过的图形，则会提示保存。

15.1.2　打开模型

“打开模型”功能可以选定已有的 SketchUp 模型文件，并在新的场景中打开，操作如下。

单击菜单栏中的“文件”→“打开”命令（图 15-2），弹出“打开”对话框，找到所需要的模型文件，选中并打开（图 15-3）。

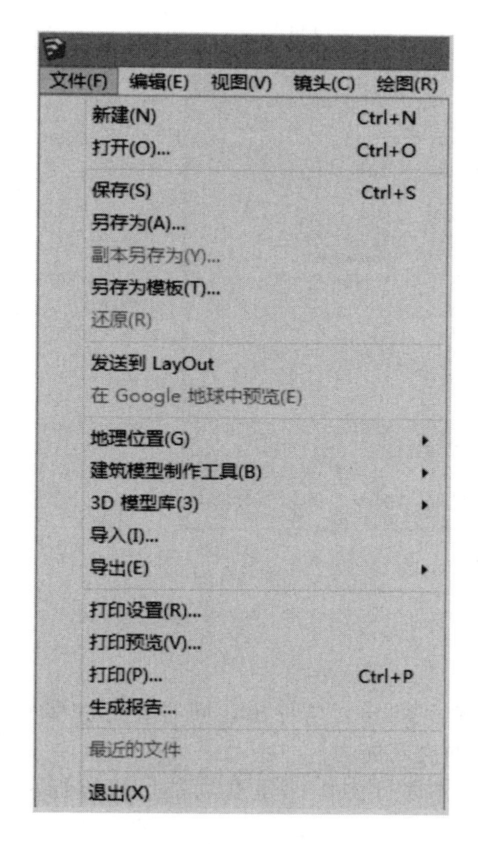

图 15-1

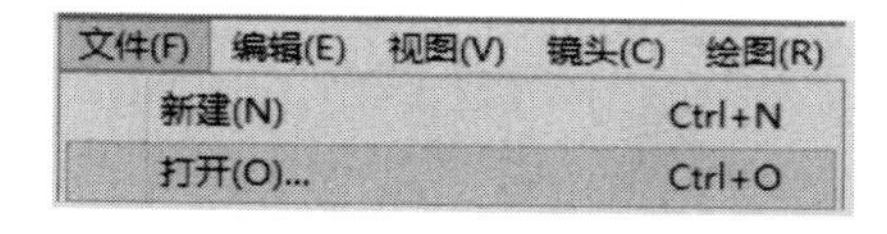

图 15-2

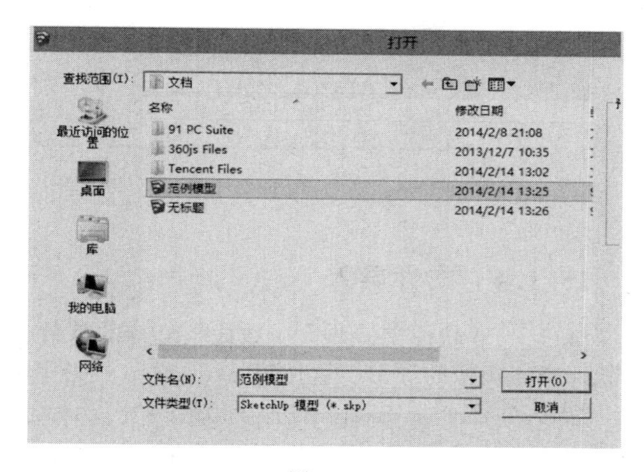

图 15-3

15.1.3　保存模型

SketchUp 的保存功能被分类为 4 种保存方式，分别为“保存”“另存为”“副本另存为”“另存为模板”。其功能各有不同。

①“保存”选项可以为保存当前场景所进行的编辑，快捷键为“Ctrl”+“S”。使用时没有提示出现，会覆盖当前编辑的文件。

②“另存为”选项为另外创建一份当前场景的备份，需要指定新的文件存储路径及新的文件名称，使用时有提示出现，并不会覆盖当前编辑的文件，操作如下。

单击“文件”→“另存为”命令。

弹出“另存为”对话框，选择新的文件保存路径及新的文件名。

单击“保存”按钮，系统会新建备份，并把当前编辑文件转换为新的备份文件，同时标题栏显示新的文件名称。

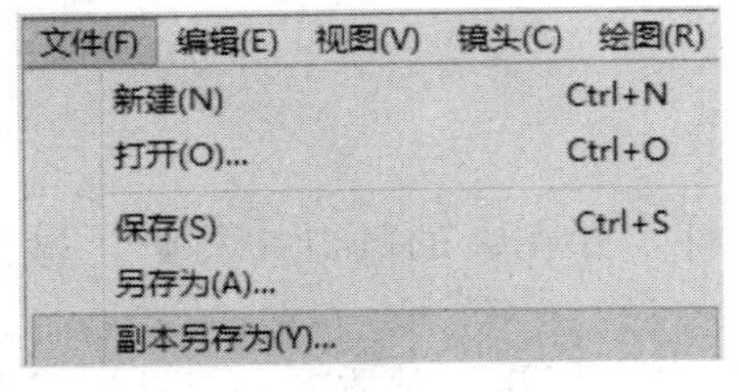

图 15-4

③“副本另存为”命令与“另存为”。

“副本另存为”命令是“另存为”命令的辅助功能，其差异在于“副本另存为”选项也同样创建一个新的备份文件，但当前编辑文件并不发生变化，其操作过程如下。

单击“文件”→“副本另存为”命令（图 15-4），弹出【另存为】对话框，选择新的文件保存路径及新的文件名（图 15-5），然后单击“保存”按钮，系统会自动保存一份新的备份。

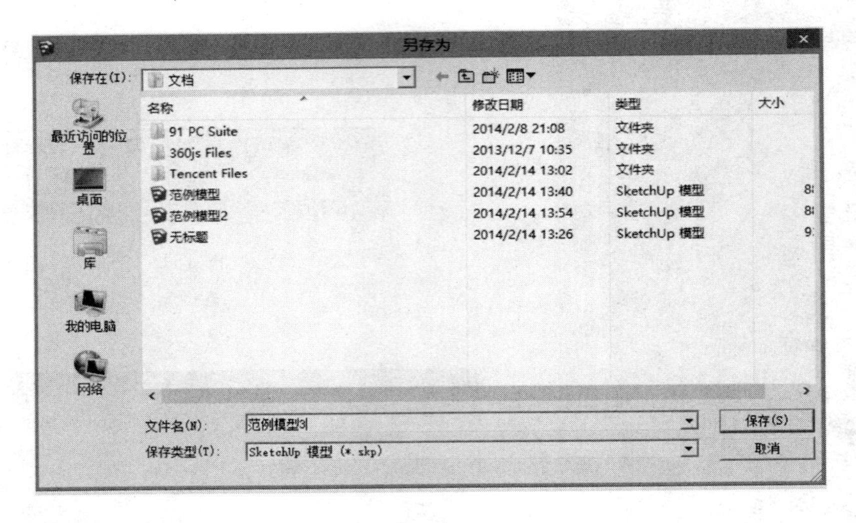

图 15-5

15.1.4　文件导入

SketchUp 软件支持与大多数比较流行的软件文件之间的导入与导出，同时支持许多渲染软件格式图像的导出。这使得 SketchUp 具备了很强的交互能力。

“导入”命令是 SketchUp 与其他多种设计绘图软件进行协作的重要功能，可以导入 3ds、dwg、dxf 等标准工业格式的文件，同时也可以导入 jpeg、png、psd 等多种格式的图像文件，从而实现快速建模。

15.1.4.1 导入二维 dwg、dxf 格式图形文件

AutoCAD 是设计使用主流绘图软件之一，其文件格式主要有 dwg、dxf 两种。SketchUp 8 可支持最高为 AutoCAD 2010 版本的文件导入，更高版本的 CAD 文件需要降低版本保存才可导入。其操作过程如下。

单击菜单栏中的“文件”→“导入”命令。

弹出“打开”对话框，在“文件类型”右侧下拉菜单中选择“AutoCAD 文件”，并单击所要导入的文件（图 15-6）。需要注意的是，在 CAD 文件导入时，要注意通过右侧预览区域下方“选项”按钮，进行细致的设置，调整其尺寸及单位等，并单击“确定”（图 15-7）。

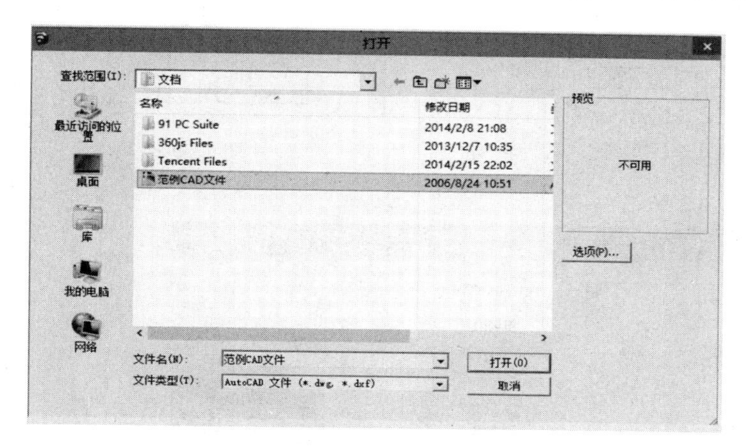

图 15-6

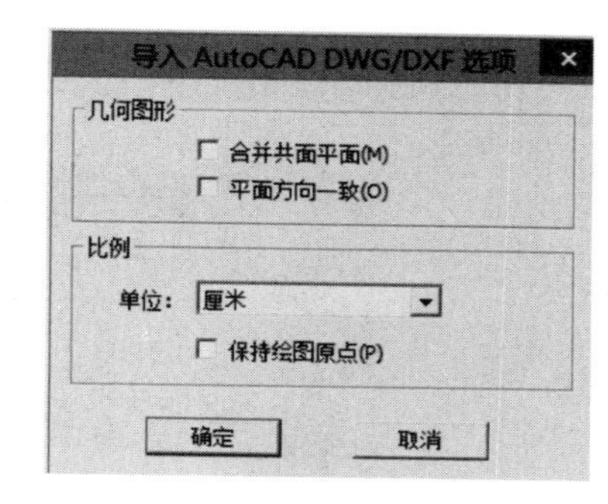

图 15-7

其中，“合并共面平面”命令可将 CAD 文件中一些面上的三角面边线自动删除，减少对建模的干扰。“平面方向一致”命令可统一模型表面的法线方向，避免出现正反面不统一的情况。“保命令可使导入图形保持原有的坐标位置，导入时应将导入文件的单位更改为与当前文件单位相一致。

设置完成后单击“打开”按钮，完成导入。

15.1.4.2 导入三维的 3DS 格式模型文件

3DS Max 软件是设计建模主流软件之一，常用来创建精细的建筑模型。其导出的 3ds 格式模型文件可以导入 SketchUp 中进行场景的创建，操作过程如下。

单击菜单栏中的“文件”→“导入”命令。

弹出“打开”对话框，在“文件类型”右侧下拉菜单中选择“3DS files”，并选择所要导入的文件（图 15-8）。

单击右侧“选项”按钮，弹出“3DS 导入选项”对话框（图 15-9）。

其中“合并共面平面”选项可将所有共面的平面统一成一个整体，建议选择此选项。在比例中将单位设置成统一的单位，确定后打开即可完成导入。

15.1.4.3 导入二维图像文件

SketchUp 可以导入二维图像作为绘图参照或材质使用，可支持 jpeg、tif、png 等多种格式的图像导入。其操作过程如下。

单击菜单栏中的“文件”→“导入”命令。

弹出“打开”对话框，选择所要导入的图像类型，选中要导入的图像文件（图 15-10）。对话框右下角有三个选项，通过选中不同选项，实现将图像导入“用作图像”“用作纹理”“用作新的匹配照片”。

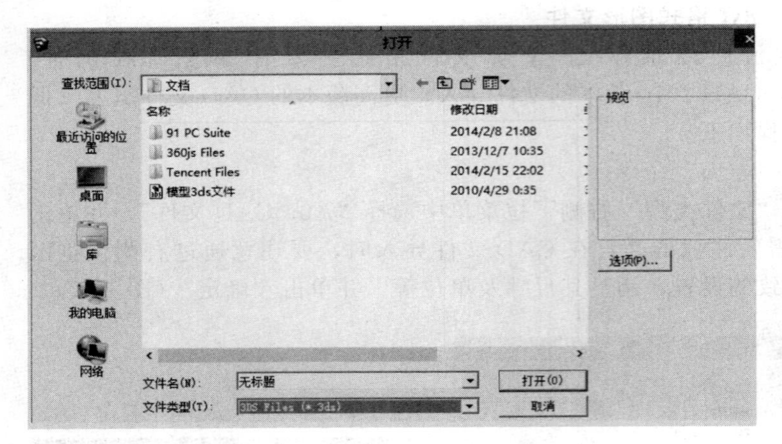

图 15-8

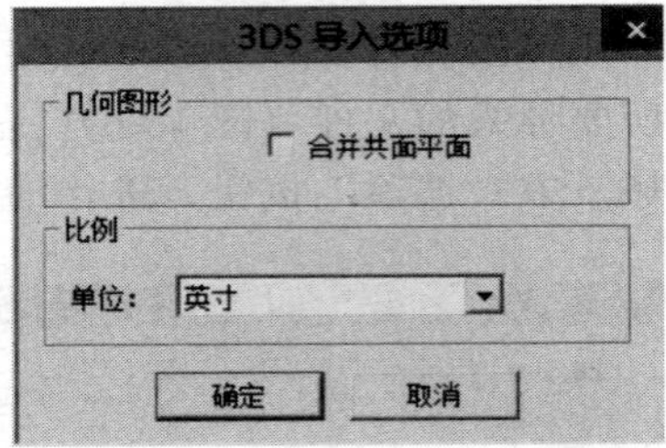

图 15-9

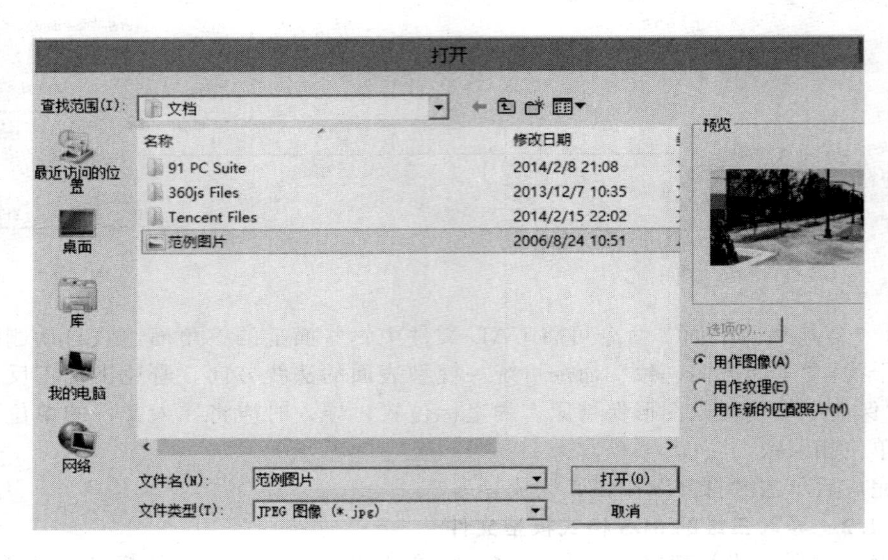

图 15-10

设置完成后单击“打开”按钮，即可完成二维图像的导入。

15.1.5 文件导出

同样的，SketchUp 也可以将已建立的场景和模型进行文件导出，并转化成多种格式。其中较为常用的分别是“导出三维模型”“导出二维图像”“导出动画”功能。

15.1.5.1 导出为 3DS 格式的三维模型

SketchUp 可以将创建的场景或模型导出为 3ds、dwg、dfx 等标准工业格式。以导出 3ds 文件为例，其操作过程如下。

单击菜单栏中的“文件”→“导出”→“三维模型”命令（图 15-11）。

图 15-11

弹出“输出模型”对话框，在“输出类型”选项右侧下拉菜单中，选定 3ds 文件类型（图 15-12）。

单击“输出模型”对话框右下角的“选项”按钮，弹出“3DS 导出选项”对话框，进行详细设置（图 15-13）。将导出选项调整为“单个对象”，单位调整合适后，单击“确定”。

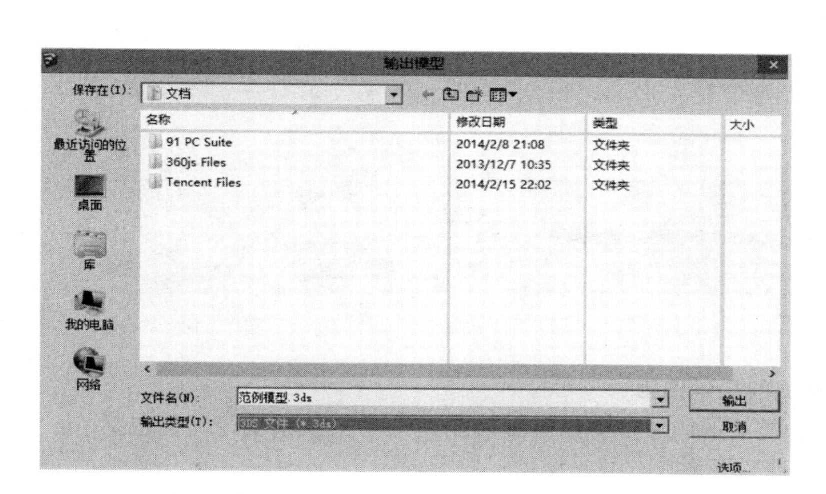

图 15-12

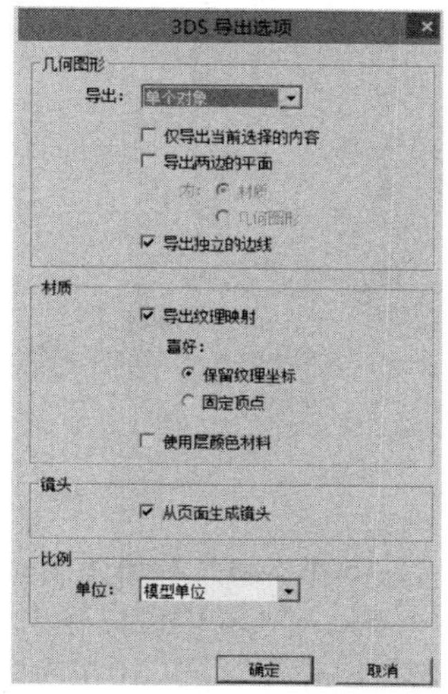

图 15-13

设置完成后，单击“输出”按钮，可以实现三维模型导出。

15.1.5.2　导出为 dwg、dxf 格式的二维图形

此命令可将场景导出 dwg、dxf 等格式的二维图形。其操作过程如下：单击选择菜单栏中的“文件”→“导出”→“二维图形”命令（图 15-14）。

图 15-14

弹出“输出二维图形”对话框，在输出类型中可选择所要输出的图像类型，选择 AutoCAD DWG 文件类型（图 15-15）。

单击“选项”按钮，弹出“DWG/DXF 隐藏线选项”进行进一步设置（图 15-16）。

其中“图纸与比例大小”选项中可以自定义模型导出的尺寸与比例。“AutoCAD 版本”选项可以调整输出的 dwg 或 dxf 文件的版本。

在“轮廓线”“截面线”选项中，导出部分若选择“无”，则可以导出不带样式和风格等显示效果的纯粹线条。若选择“带宽度的折线”时可以自定义折线宽度。若选择“宽图单元”则导出的图纸剖面线为粗体实线。选项“在图层上分离”可将轮廓线或截面线在单独的图层上导出。

“延长线”选项中若选中“显示延长线”，则可以导出 SketchUp 中设置的延长线的实体部分，不选中则导出正常的线条。

设置完成后单击“确认”，并单击“输出”即可完成二维 dwg 或 dxf 文件的输出。

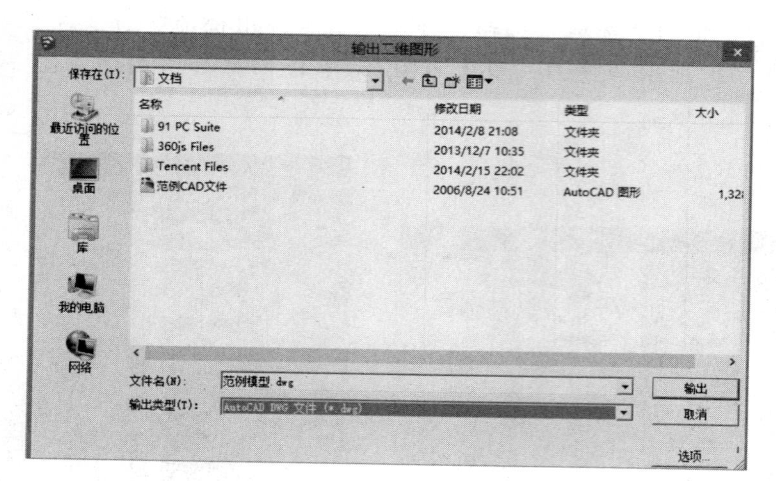

图 15-15

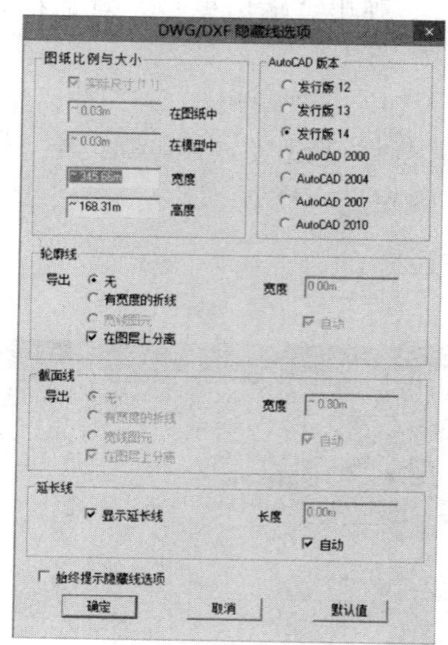

图 15-16

15.1.5.3　导出为 jpg 格式的二维图形

SketchUp 中可以输出多种类型的图像格式来展示所创建的场景及模型，支持包括 jpg、pdf、bmp、png、tif 在内的多种图形格式。其操作过程如下。

选择菜单栏中的“文件”→“导出”→“二维图形”命令，弹出“输出二维图形”对话框，在输出类型中选择“jpeg 图像”文件格式（图 15-17）。

选定后单击选择右下角“选项”按钮，弹出“导出 JPG 选项”对话框，可以进行详细设置（图 15-18）。

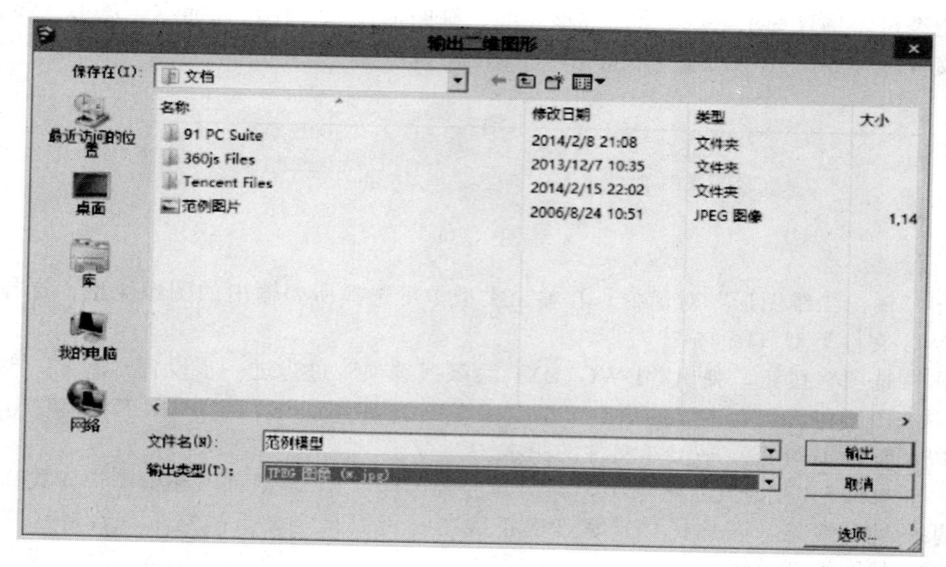

图 15-17

其中“使用视图大小”是按照当前视图尺寸输出图形，取消后可以自定义像素大小，并可以通过下方滑动条调整文件质量。设置完成后单击“确定”，即可完成 jpg 格式图像的导出。

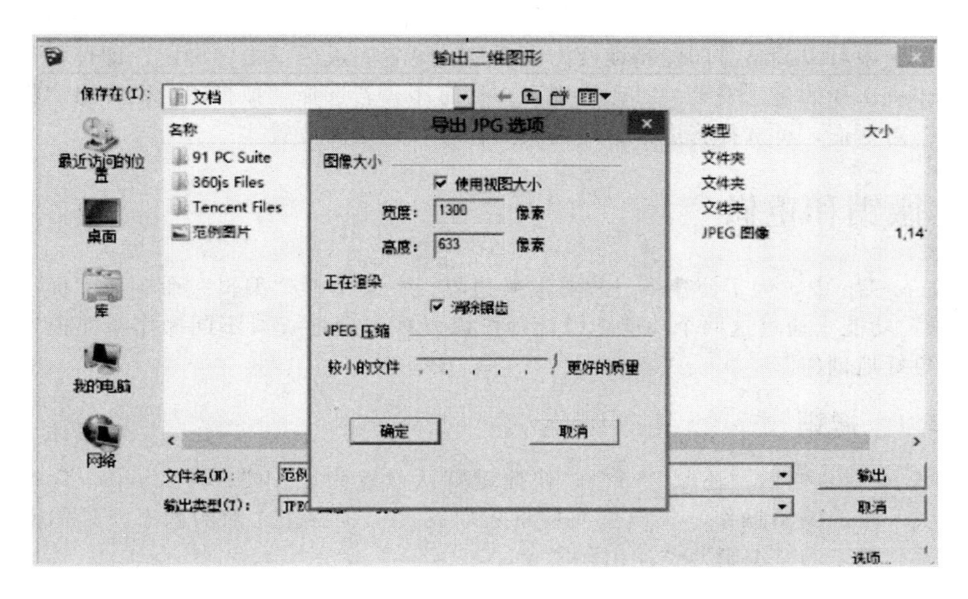

图 15-18

15.1.6 打印设置

SketchUp 可以将创建的场景或模型图像直接打印输出进行分享。在打印前，可先单击菜单栏中的“文件”→“打印设置”，弹出“打印设置”对话框（图 15-19）。对打印机进行设置。

可在“名称”选项后选择打印所需要的打印机；“纸张”选项中可以选择纸张大小及打印图纸方向。设置完成后单击“确定”。

在需要打印时，单击菜单栏中的“文件”→“打印”，弹出“打印”对话框（图 15-20）。

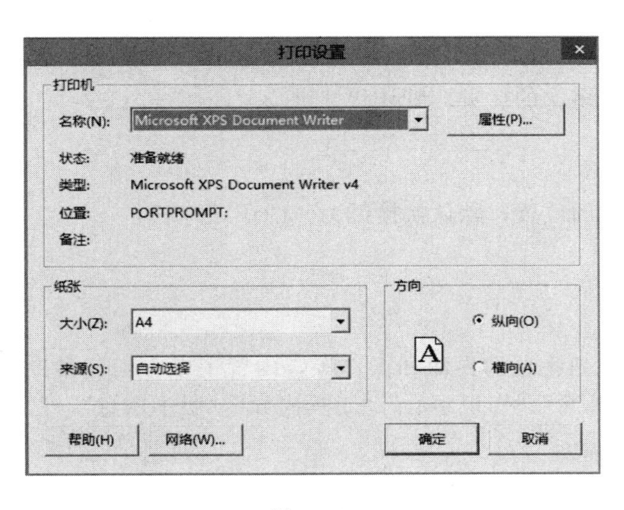

图 15-19

图 15-20

在“打印机”选项中可以选择合适的打印机；“副本”选项中可以调整打印的数量；“打印质量”选项中可以调整打印的精度及图纸质量；设置完成后单击“确定”即可打印。

若打印机选择的是已安装的打印机则可直接打印，若选择虚拟打印机则弹出“将打印输出另存为”对话框，可选择将虚拟打印的文件保存在选定的位置。

15.2 撤销和重做

在 SketchUp 中，为了使建模过程更准确边界，在菜单栏“编辑”命令下，提供了“撤销”“重做”功能。通过这两个功能，设计师可以直观方便地查看不同操作对建模带来的影响，从而更好地创作。

15.2.1 撤销

“撤销”命令也叫做“还原”命令，快捷键默认设置为“Alt”+“Backspace”键，其作用为取消上一步的编辑操作，将模型或场景还原到上一步操作之前的状态，具体操作过程为：单击菜单栏中的“编辑”→“撤销”命令。

15.2.2 重做

“重做”命令与“撤销”命令恰好相反，其作用是重新做一次被撤销的编辑操作。快捷键默认设置为“Crtl”+“Y”键。当执行过“撤销”命令时，“重做”按钮后会自动显示被撤销的操作名。其操作过程为：单击菜单栏中的“编辑”→“重做”命令。

15.3 剪贴板操作

在“编辑”命令下，还可以执行“剪切”“复制”“粘贴”等操作，其原理与 Office 软件类似。

15.3.1 剪切

“剪切”命令可将选中的物体剪切到指定位置，默认快捷键为“Shift”+“Delete”。

15.3.2 复制

“复制”命令可将选中的物体复制，实现多次的拷贝，默认快捷键为“Ctrl”+“C”。

15.3.3 粘贴

“粘贴”命令可将复制的物体拷贝到指定的位置，默认快捷键为“Ctrl”+“V”。

15.4 获得帮助信息

在 SketchUP 8 中，为了让初学者更快地熟悉新的界面和操作等，内置了多方面的帮助信息，其中较为主要的帮助工具包括“欢迎界面”“知识中心”“工具向导”“版本信息”等。

15.4.1 欢迎界面

在菜单栏“帮助”命令下，单击“欢迎使用 SketchUp”命令，弹出欢迎使用 SketchUp

界面。欢迎界面可以提供新功能的学习、许可证使用及替换、界面模板的替换等功能。

15.4.2 知识中心

单击“知识中心”可以转到SketchUp知识库网站页面，网站内建的搜索引擎可以通过关键词快速找到相关的帮助内容。

15.4.3 工具向导

“工具向导”是SketchUp中的一个开放型的学习工具，可以通过单击状态栏中的?按钮来打开。弹出的工具向导界面根据当前所选择的工具不同，会有不同的提示信息。

15.4.4 版本信息

在菜单栏中的帮助信息中，单击“关于SketchUp”命令，可以弹出当前版本软件的各项信息。

第16章　常用工具

16.1　绘图工具详解

16.1.1　直线工具

直线工具可以用来画单段直线、多段连接线，或者闭合的形体，也可以用来分割表面或修复被删除的表面。线条工具能快速准确地画出复杂的三维几何体。

键盘快捷键：L。

16.1.1.1　画一条直线

激活直线工具，单击确定直线段的起点，往画线的方向移动鼠标。此时，在数值控制框中会动态显示线段的长度。可以在确定线段终点之前或者画好线后，从键盘输入一个精确的线段长度，也可以单击线段起点后，按住鼠标不放，拖拽，在线段终点处松开，也能画出一条线来（图16-1）。

图16-1

16.1.1.2　直线段的精确绘制

画线时，绘图窗口右下角的数值控制框中会以默认单位显示线段的长度。此时可以输入数值。输入一个新的长度值，按回车键确定。如果只输入数字，SketchUp会使用当前文件的单位设置。也可以为输入的数值指定单位，例如，英制的（1′16″）或者公制的（3.652m）。SketchUp会自动换算。

输入三维坐标

除了输入长度，SketchUp还可以输入线段终点的准确的空间坐标。

① 绝对坐标：可以用中括号输入一组数字，表示以当前绘图坐标轴为基准的绝对坐标，格式为：[x，y，z]。

② 相对坐标：另外，可以用尖括号输入一组数字，表示相对于线段起点的坐标。格式为：$\langle x, y, z \rangle$，x，y，z 是相对于线段起点的距离。

16.1.1.3 创建表面

三条以上的共面线段首尾相连，可以创建一个表面。必须确定所有的线段都是首尾相连的，在闭合一个表面的时候，会看到“端点”的参考工具提示。创建一个表面后，直线工具就空闲出来了，但还处于激活状态，此时可以开始画别的线段。

16.1.1.4 分割线段

如果在一条线段上开始画线，SketchUp 会自动把原来的线段从交点处断开。例如，要把一条线分为两半，就从该线的中点处画一条新的线，再次选择原来的线段，就会发现它被等分为两段了。线段也可以被分割为任意数量的相等线段：右击直线，在菜单中选择拆分，直线上会出现各个拆分点，向线段端点移动光标会减少拆分点的数量，向线段终点方向移动光标则会增加拆分点的数量；也可以直接在度量栏中输入要拆分的线段数量，按回车键确定（图 16-2）。

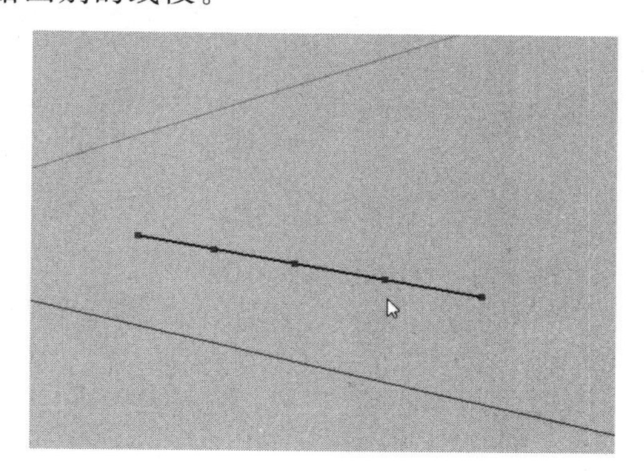

图 16-2

16.1.1.5 分割表面

要分割一个表面，只要画一条端点在表面周长上的线段就可以了。

16.1.1.6 利用参考来绘制直线段

利用 SketchUp 强大的几何体参考引擎，可以在三维空间中绘制直线。

例如，要画的线平行于坐标轴时，线会以坐标轴的颜色亮显，并显示“在轴线上”的参考提示，此时若按住“Shift”键即可将直线锁定在该轴线方向上。在绘制直线时，按住上箭头、左箭头或右箭头，即可将直线锁定到某个特定的轴，其中上箭头代表蓝轴，左箭头代表绿轴，右箭头代表红轴。

16.1.1.7 参考锁定

有时，SketchUp 不能捕捉到需要的对齐参考点。捕捉的参考点可能受到别的几何体的干扰。这时，可以按住“Shift”键来锁定需要的参考点。例如，如果移动鼠标到一个表面上，等显示“在表面上”的参考工具提示后，按住“Shift”键，则以后画的线就锁定在这个表面所在的平面上。

16.1.1.8 编辑直线图元

使用“移动”工具，可以对不围绕成平面的直线图元的长度进行修改。选择“移动”工具，在直线上移动光标选取一个端点，单击拖动端点便可调整直线的长度。

16.1.2 圆弧工具

圆弧工具用于绘制圆弧实体，圆弧是由多个直线段连接而成的，但可以像圆弧曲线那样进行编辑。

键盘快捷键：A。

16.1.2.1 绘制圆弧

激活圆弧工具，单击确定圆弧的起点，再次单击确定圆弧的终点，移动鼠标调整圆弧的凸出距离。也可以输入确切的圆弧的弦长，凸距，半径，片段数（图 16-3）。

图 16-3

16.1.2.2 画半圆

调整圆弧的凸出距离时，圆弧会临时捕捉到半圆的参考点。要注意“半圆”的参考提示。

16.1.2.3 画相切的圆弧

从开放的边线端点开始画圆弧，在选择圆弧的第二点时，圆弧工具会显示一条青色的切线圆弧。单击第二点后，可以移动鼠标打破切线参考并自己设定凸距。如果要保留切线圆弧，只要在单击第二点后不要移动鼠标并再次单击“确定”即可（图 16-4）。

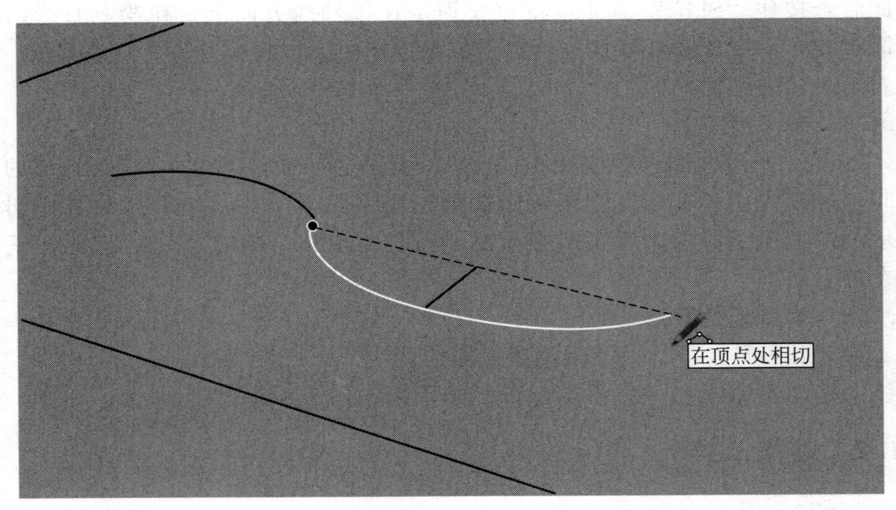

图 16-4

16.1.2.4 挤压圆弧

可以利用推/拉工具，像拉伸普通的表面那样拉伸带有圆弧边线的表面。拉伸的表面成为圆弧曲面系统。虽然曲面系统像真的曲面那样显示和操作，但实际上是一系列平面的集合。

16.1.2.5 指定精确的圆弧数值

当画圆弧时，度量控制框首先显示的是圆弧的弦长，然后是圆弧的凸出距离。可以输入数值来指定弦长和凸距；若输入负数，则表示向当前绘图方向相反的方向创建圆弧。

（1）指定半径

可以指定半径来代替凸距。要指定半径，必须在输入的半径数值后面加上字母“r”，（例如：24r 或 3′6″r 或 5mr），然后按回车键。指定半径可以在绘制圆弧的过程中或画好以后输入。

（2）指定片段数

要指定圆弧的片段数，可以输入一个数字，在后面加上字母“s”，并按回车键。指定片段数可以在绘制圆弧的过程中或画好以后输入。

16.1.2.6 编辑圆弧图元

使用“移动”工具可以编辑圆弧的半径。选择移动工具，在圆弧上移动光标找到圆弧的中点或端点，单击拖动便可改变圆弧的凸距或半径。在变化过程中，半径的长度与弦的长度成正比关系（图 16-5）。

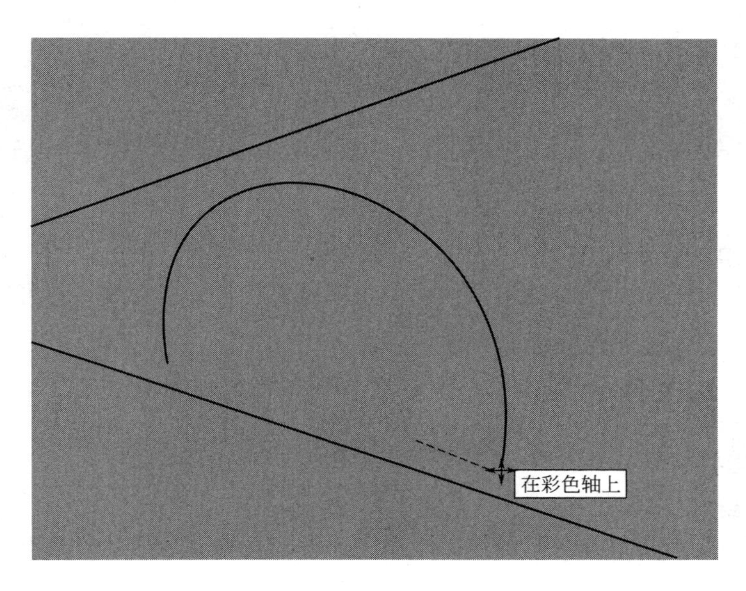

图 16-5

16.1.3 徒手画工具

徒手画工具允许以曲线来绘制不规则的共面或简单的徒手草图物体。其在绘制等高线或有机体时很有用。

16.1.3.1 绘制曲线

激活徒手画工具，在起点处按住鼠标左键，然后拖动鼠标进行绘制，松开鼠标左键结束绘制。用徒手画工具绘制闭合的形体，只要在起点处结束线条绘制 SketchUp 会自动闭合形体（图 16-6）。

16.1.3.2 绘制 3D 折线

3D 折线通常用于对导入的图像进行描图，勾画草图，或者装饰模型。在用徒手画工具进行绘制之前先按住“Shift”键即可。要把徒手草图物体转换为普通的边线物体，只需在它的关联菜单中选择“分解”。

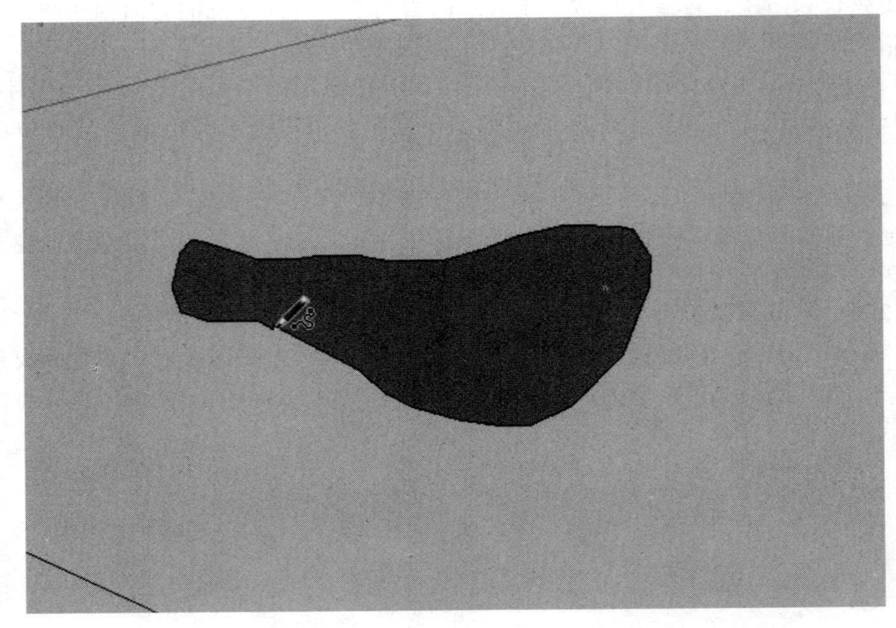

图 16-6

16.1.3.3 编辑曲线图元

使用“移动”工具，用光标选取曲线的一个端点，单击并拖动端点便可以按比例改变曲线的长度。

16.1.4 矩形工具

矩形工具通过指定矩形的对角点来绘制矩形表面。

16.1.4.1 绘制矩形

激活矩形工具，单击确定矩形的第一个角点，移动光标到矩形的对角点，再次单击完成（图 16-7）。

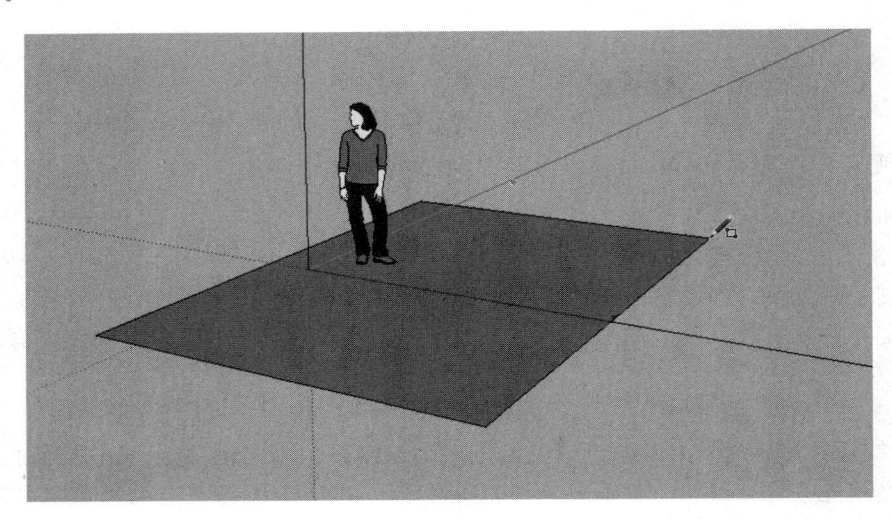

图 16-7

16.1.4.2 绘制方形

激活矩形工具，单击创造第一个对角点，将鼠标移动到对角，将会出现一条有端点的线条和“平方”提示。再次单击“确定”另一个角点将会创建出一个方形。

提示：在创造黄金分割的时候，将会出现一条有端点的线和“黄金分割”的提示。

另外，也可以在第一个角点处按住鼠标左键开始拖拽，在第二个角点处松开。不管用哪种方法，都可以按“Esc”键取消。

提示：如果想画一个不与默认的绘图坐标轴对齐的矩形，可以在绘制矩形之前先用坐标轴工具重新放置坐标轴（图 16-8）。

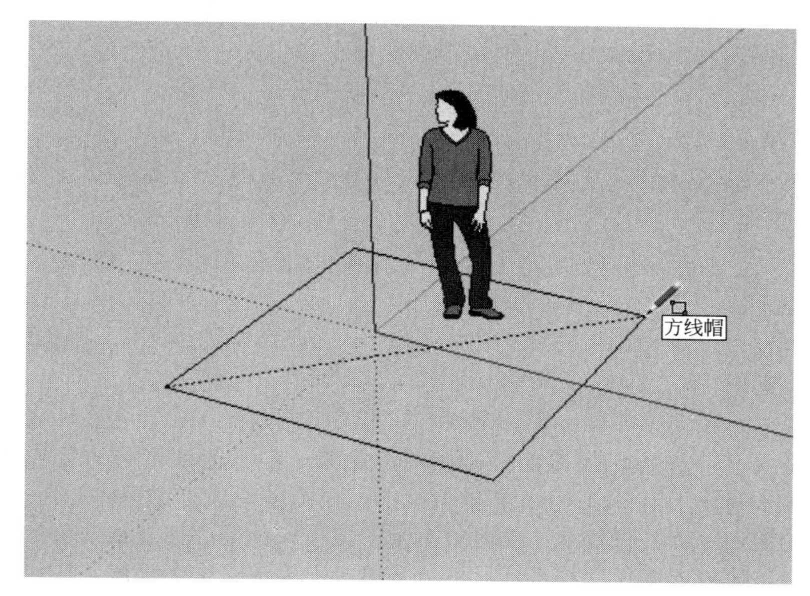

图 16-8

16.1.4.3 输入精确的尺寸

绘制矩形时，它的尺寸在数值控制框中动态显示。可以在确定第一个角点后，或者刚画好矩形之后，通过键盘输入精确的尺寸。如果只是输入数字，如（2，2），SktechUp 会使用当前默认的单位设置。也可以为输入的数值指定单位，例如，英制的（1′6″）或者公制的（3.652m）。如果输入一个数值和一个逗号（3,）表示改变第一个尺寸，第二个尺寸不变。同样，如果输入一个逗号和一个数值（，3）就是只改变第二个尺寸。

16.1.4.4 利用参考来绘制矩形

利用 SketchUp 强大的几何体参考引擎，可以在三维空间中绘制矩形。在绘图窗口中显示的参考点和参考线，显示了要绘制的线段与模型中的几何体的精确对齐关系。例如，移动鼠标到已有边线的端点上，然后再沿坐标轴方向移动，会出现一条点式辅助线，并显示“在点上”的参考提示。这表示正对齐于这个端点。也可以用“在点上”的参考在垂直方向或者非正交平面上绘制矩形（图 16-9）。

16.1.5 画圆工具

圆形工具用于绘制圆实体。圆形工具可以从工具菜单或绘图工具栏中激活。

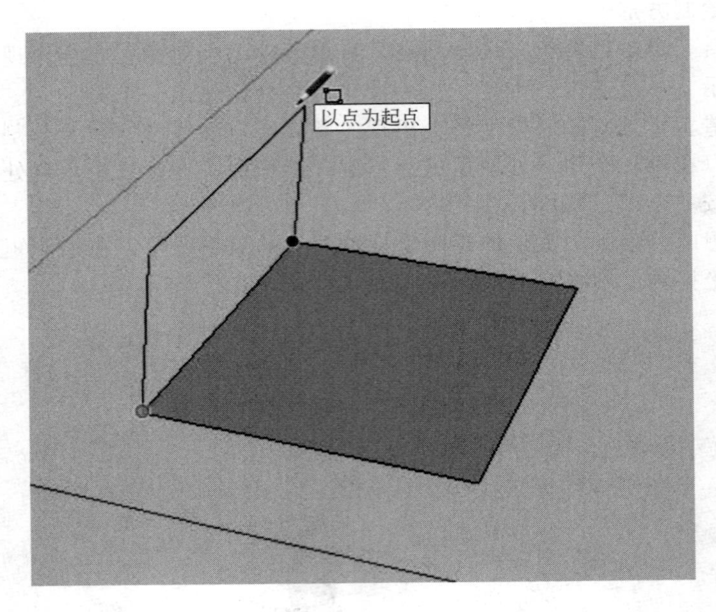

图 16-9

16.1.5.1 画圆

激活圆形工具，在光标处会出现一个圆。如果要把圆放置在已经存在的表面上，可以将光标移动到那个面上，SketchUp 会自动把圆对齐上去，但不能锁定圆的参考平面（如果没有把圆定位到某个表面上，SketchUp 会依据视图，把圆创建到坐标平面上）。移动光标到圆心所在位置，单击确定圆心位置，这也将锁定圆的定位，从圆心往外移动鼠标来定义圆的半径。半径值会在数值控制框中动态显示，可以从键盘上输入一个半径值，按回车键确定。再次单击鼠标左键结束画圆命令（另外，可以单击确定圆心后，按住鼠标不放，拖出需要的半径后再松开即可完成画圆）。刚画好圆，圆的半径和片段数都可以通过数值控制框进行修改（图 16-10）。

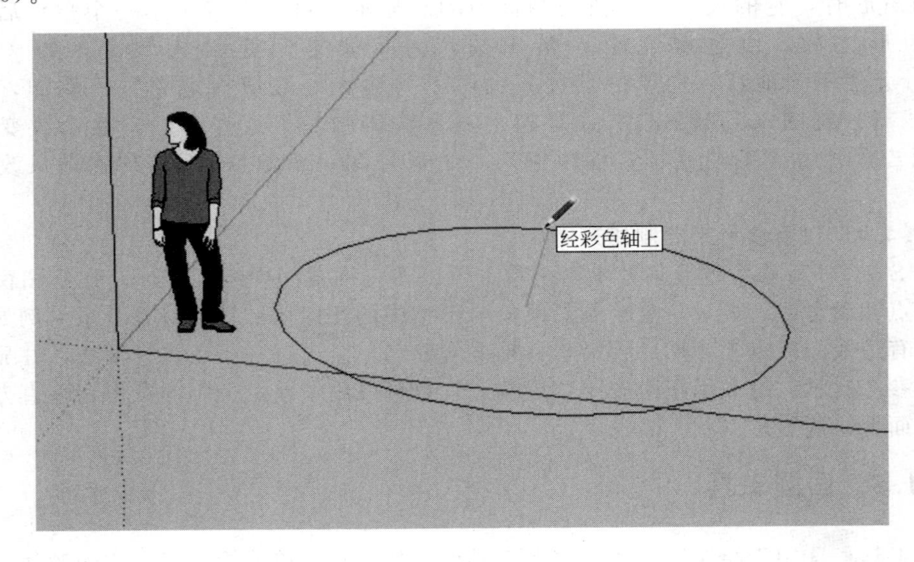

图 16-10

16.1.5.2 圆的片段数

SketchUp 中，所有的曲线，包括圆，都是由许多直线段组成的。用圆形工具绘制的圆，实际上是由直线段围合而成的。虽然圆实体可以像一个圆那样进行修改，挤压的时候也会生成曲面，但本质上还是由许多小平面拼成。所有的参考捕捉技术都是针对片段的。

圆的片段数较多时，曲率看起来就比较平滑。但是，较多的片段数也会使模型变得更大，从而降低系统性能。根据需要，可以指定不同的片段数。较小的片段数值结合柔化边线和平滑表面也可以取得圆润的几何体外观。

16.1.5.3 创建精确的圆

画圆时，它的值在数值控制框中动态显示。数值控制框位于绘图窗口的右下角，可以在这里输入圆的半径和构成圆的片段数。

(1) 指定半径

确定圆心后，可以直接在键盘上输入需要的半径长度并按回车键确定。可以使用不同的单位，[例如，系统默认使用公制单位，而输入英制单位的尺寸：(3′6″) SktechUp 会自动换算] 也可以在画好圆后再输入数值来重新指定半径。

(2) 指定片段数

刚激活圆形工具，还没开始绘制时，数值控制框显示的是“边”。这时可以直接输入一个片段数。一旦确定圆心后，数值控制框显示的是“半径”，这时直接输入的数就是半径。如果要指定圆的片段数，应该在输入的数值后加上字母“s”。画好圆后也可以接着指定圆的片段数。片段数的设定会保留下来，后面再画的圆会继承这个片段数。

16.1.6 多边形工具

多边形工具 可以绘制 3～100 条边的外接圆的正多边形实体。多边形工具可以从工具菜单或绘图工具栏中激活。

16.1.6.1 绘制多边形

激活多边形工具，在光标下出现一个多边形。如果想把多边形放在已有的表面上，可以将光标移动到该面上，SketchUp 会进行捕捉对齐。如果没有把鼠标定位在某个表面上，SketchUp 会根据视图，在坐标轴平面上创建多边形。多边形绘制前，可在数值控制框中指定多边形的边数，平面定位后，移动光标到需要的中心点处，单击确定多边形的中心，同时也锁定了多边形的定位。向外移动鼠标来定义多边形的半径，半径值会在数值控制框中动态显示，可以输入一个准确数值来指定半径，再次单击完成绘制。(也可以在单击确定多边形中心后，按住鼠标左键不放进行拖拽，拖出需要的半径后，松开鼠标完成多边形绘制)。画好多边形后，马上在数值控制框中输入，可以改变多边形的外接圆半径和边数。

16.1.6.2 输入精确的半径和边数

① 输入边数。刚激活多边形工具时，数值控制框显示的是边数，也可以直接输入边数。绘制多边形的过程中或画好之后，数值控制框显示的是半径。此时还想输入边数的话，要在输入的数字后面加上字母“s”(例如“8s”表示八角形)，指定好的边数会保留给下一次绘制。

② 输入半径。确定多边形中心后，可以输入精确的多边形外接圆半径。可以在绘制的过程中和绘制好以后对半径进行修改。

16.2 修改工具详解

16.2.1 选择工具

选择工具 可以给其他工具命令指定操作的实体。可以手工增减选集，选择工具也提供一些自动功能来加快工作流程。

16.2.1.1 选择单个实体

激活选择工具，单击实体。

提示：图层工具栏的列表中，选中的实体所在的图层会以黄色亮显并显示一个小箭头。可以通过图层的下拉列表来快速改变所选实体的图层（如果选中了多个图层中的实体，列表中将显示箭头，但不会显示图层名称）。

16.2.1.2 窗口选择和交叉选择

可以用选择工具拖出一个矩形来快速选择多个元素或物体。

注意：从左往右拖出的矩形选框只选择完全包含在矩形选框中实体，这叫做“窗口选择”；从右往左拖出的矩形选框会选择矩形选框以内的和接触到的所有实体，这叫做“交叉选择”。

① 窗口选择：只选择完全包含在矩形选框中实体。

② 交叉选择：选择矩形选框以内的和接触到的所有实体。

16.2.1.3 选择的修改键

可以用“Ctrl”和“Shift”这两个修改键来进行扩展选择。

按住“Ctrl”键，选择工具变为增加选择，可以将实体添加到选集中。

按住“Shift”键，选择工具变为反选，可以改变几何体的选择状态（已经选中的物体会被取消选择，反之亦然）。

同时按住“Ctrl”键和“Shift”键，选择工具变为减少选择，可以将实体从选集中排除。

16.2.1.4 扩展选择

用选择工具在物体元素上快速单击数次会自动进行扩展选择。例如，在一个表面上单击两次是同时选择表面及其边线。在表面上单击三次会同时选择该表面和所有与之有邻接的几何体。

使用选择工具时，可以右击鼠标弹出关联菜单。然后从“选择”子菜单中进行扩展选择，包括选择轮廓线，相邻的表面，所有的连接物体，同一图层的所有物体，相同材质的所有物体。

16.2.1.5 全部选择或取消选择

要选择模型中的所有可见物体，可以使用菜单命令（编辑→全选），或按组合键“Ctrl”+“A”。

取消当前的所有选择，只要在绘图窗口的任意空白区域单击即可，也可以使用菜单命令（编辑→取消选择），或按组合键“Ctrl”+“T”。

16.2.1.6 创建组和编辑组

创建一个选集后，如果想在以后快速重新选择，可以将其创建为一个群组（图16-11）。“编辑”→“编组”一旦定义了一个组，组中的所有元素就被看作一个整体，选择时会选中整个组。这样可以用来创建诸如车或树的快速选集。创建组的另一个优点是，组内的元素和外部物体分隔开了，这样就不会被直接改变。“编辑”→“炸开/取消组”可以将几何体恢复为正常的线和面。不取消组而对组进行编辑，只要用选择工具在组上双击，或者选中组后再按回车键（图 16-12）。这样就可以进入内部编辑。编辑完后在组的外部单击或者按“Esc”键退出。

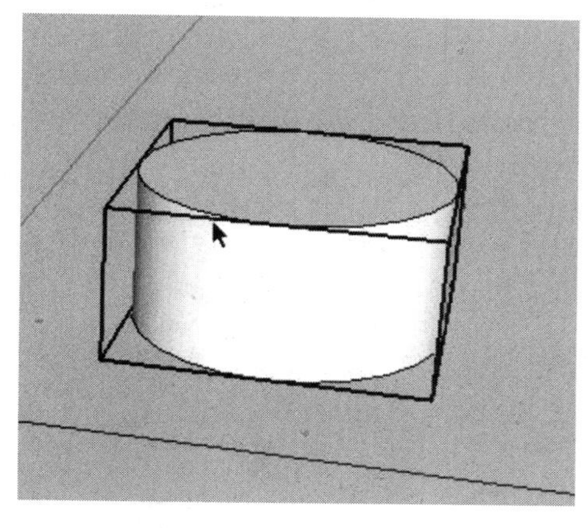

图 16-11

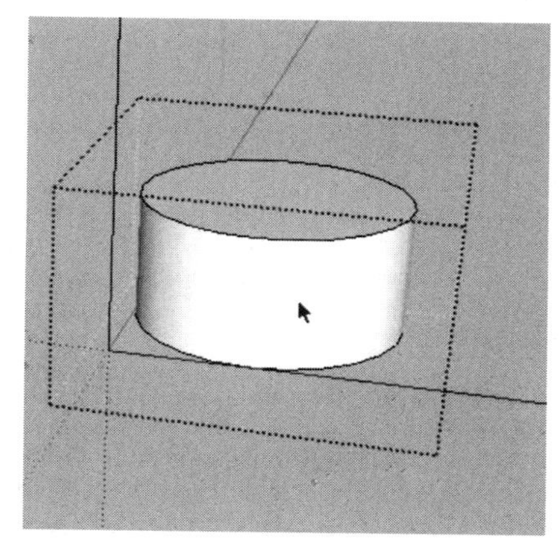

图 16-12

16.2.2 删除工具

删除工具可以直接删除绘图窗口中的边线、辅助线，以及其他的物体。它的另一个功能是隐藏和柔化边线。

键盘快捷键：E。

16.2.2.1 删除几何体

激活删除工具，单击想删除的几何体。也可以按住鼠标不放，然后在那些要删除的物体上拖过，被选中的物体会亮显，再次放开鼠标就可以全部删除。如果偶然选中了不想删除的几何体，可以在删除之前按“Esc”键取消这次的删除操作。如果鼠标移动过快，可能会漏掉一些线，把鼠标移动得慢一点，重复拖拽的操作，就像真的在用橡皮擦那样。

提示：要删除大量的线，更快的做法应该是：先用选择工具进行选择，然后按键盘上的“Delete”键删除；也可以选择编辑菜单中的删除命令来删除选中的物体。

16.2.2.2 隐藏边线

使用删除工具的时候，按住“Shift”键，就不是在删除几何体，而是隐藏边线。

16.2.2.3 柔化边线

使用删除工具的时候，按住“Ctrl”键，就不是在删除几何体，而是柔化边线。同时按住“Ctrl”和“Shift”键，就可以用删除工具取消边线的柔化。更多信息请看柔化边线。

16.2.3 填充工具

填充工具用于给模型中的实体分配材质（颜色和贴图）。可以给单个元素上色，填充一组相连的表面，或者置换模型中的某种材质。

键盘快捷键：B。

16.2.3.1 应用材质

① 激活填充工具，光标将变成一个垃圾桶，并且自动打开材质浏览器。材质选项卡可

以游离或吸附于绘图窗口的任意位置。当前激活的材质显示在选项卡的左上角。

② 单击标签中的材质样本就可以改变当前材质。“材质库”标签显示的是保存在材质库中的材质，可以在下拉框中选择材质库。“模型中”标签显示的是当前模型中的材质。

③ 在选项卡中选好需要的材质后，移动鼠标到绘图窗口中，光标显示为一个油漆桶，在要上色的物体元素上单击就可赋予材质。如果先用选择工具选中多个物体，那就可以同时给所有选中的物体上色（图 16-13）。

图 16-13

16.2.3.2 填充的修改快捷键

利用“Ctrl”“Shift”“Alt”修改键，填充工具可以快速地给多个表面同时分配材质。这些修改键可以加快设计方案的材质推敲过程。

（1）单个填充

填充工具会给出点击的单个边线或表面赋予材质。如果先用选择工具选中多个物体，那就可以同时给所有选中的物体上色。

（2）邻接填充（Ctrl）

填充一个表面时按住“Ctrl”键，会同时填充与所选表面相邻接并且使用相同材质的所有表面。如果先用选择工具选中多个物体，那么邻接填充操作会被限制在选集之内。

（3）替换材质（Shift）

填充一个表面时按住“Shift”键，会用当前材质替换所选表面的材质，模型中所有使用该材质的物体都会同时被替换。如果先用选择工具选中多个物体，那么替换材质操作会被限制在选集之内。

（4）邻接替换（Ctrl+Shift）

填充一个表面时同时按住“Ctrl”和“Shift”键，就会实现上述两种的组合效果。填充工具会替换所选表面的材质，但替换的对象限制在与所选表面有物理连接的几何体中。如果先用选择工具选中多个物体，那么邻接替换操作会被限制在选集之内。

（5）提取材质（Alt）

激活填充工具时，按住“Alt”键，再单击模型中的实体，就能提取该实体的材质，提取的材质会被设置为当前材质，然后就可以用这个材质来填充。

16.2.3.3 给组或组件上色

当给组或组件上色时，是将材质赋予整个组或组件，而不是内部的元素。组或组件中所有分配了默认材质的元素都会继承赋予组件的材质，而那些分配了特定材质的元素，则会保留原来的材质不变。将组或组件分解后，使用默认材质的元素的材质就会固定下来（图 16-14）。

图 16-14

16.2.4 移动工具

移动工具可以移动，拉伸和复制几何体，也可以用来旋转组件。

键盘快捷键：M。

16.2.4.1 移动几何体

首先，用选择工具指定要移动的元素或物体，然后激活移动工具。单击确定移动的起点，移动鼠标选中的物体会跟着移动，再次单击确定。一条参考线会出现在移动的起点和终点之间，数值控制框会动态显示移动的距离，也可以输入一个具体的距离值，具体方法如下。

（1）选择和移动

如果没有选择任何物体的时候激活移动工具。这时移动光标会自动选择光标处的任何点、线、面或物体。但是，用这个方法，一次只能移动一个实体。另外，用这个方法，单击物体的点会成为移动的基点。如果想精确地将物体从一个点移动到另一个点，应该先用选择工具来选中需要移动的物体，然后用移动工具来指定精确的起点和终点。

（2）移动时锁定参考

在进行移动操作之前或移动的过程中，显示某个轴线的颜色时，可以按住“Shift”键将移动锁定在该轴线上，这样可以避免参考捕捉受到别的几何体的干扰。在移动的过程中，若按住上、左或右箭头之一（其中上箭头代表蓝轴，左箭头代表绿轴，右箭头代表红轴），移动将被锁定在特定的轴上。

（3）移动组和组件

移动组件实际上只是移动该组件的一个关联体，不会改变组件的定义，除非直接对组件进行内部编辑。

如果一个组件吸附在一个表面上，移动的时候它会继续保持吸附直到移动出这个表面时才断开连接。吸附组件的副本仍然不变。

（4）精确移动

首先用选择工具指定要移动的元素或物体，然后激活移动工具，最后在右下角的数值控制框中可输入确切坐标或相对坐标来精确控制移动的终点，例如，绝对坐标表达方式 [1m，2m，3m]，相对坐标<1m，2m，3m>。

注意，也可以只定义 3D 坐标中的一个或两个值。例如，要在 x 轴（即红轴方向）将图形移动 2m，可在数值控制框中输入〈2m〉。

16.2.4.2 复制

先用选择工具选中要复制的实体，激活移动工具，进行移动操作之前，按住“Ctrl”

键，进行复制。在结束操作之后，注意新复制的几何体处于选中状态，原物体则取消选择。可以用同样的方法继续复制下一个，或者使用多重复制来创建线性阵列（图 16-15）。

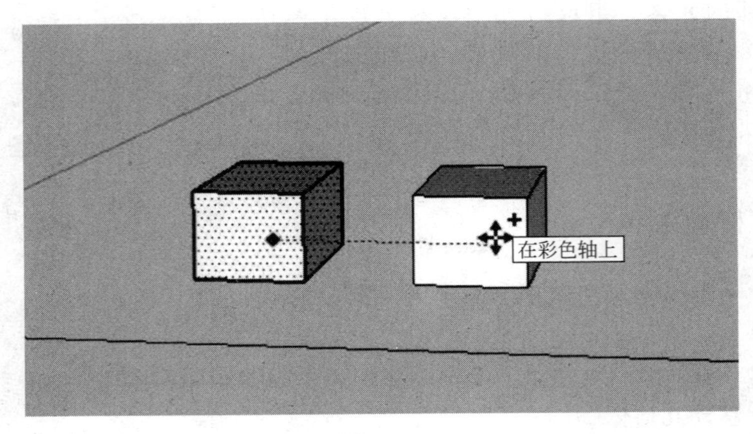

图 16-15

16.2.4.3 创建线性阵列（多重复制）

首先，按上面的方法复制一个副本。复制之后，可以输入复制份数来创建多个副本。例如，输入 2×（或 *2）就会复制两份。另外，也可以输入一个等分值来等分副本到原物体之间的距离。例如，输入 5/（或/5）会在原物体和副本之间创建 5 个副本。在进行其他操作之前，可以持续输入复制的份数，以及复制的距离，如图 16-16 所示。

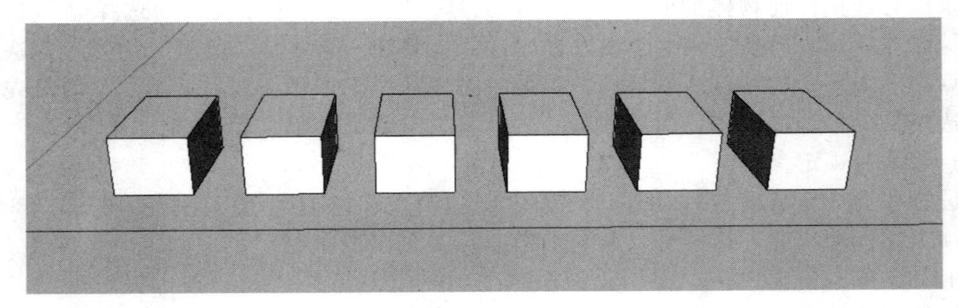

图 16-16

16.2.4.4 拉伸几何体

当移动几何体上的一个元素时，SketchUp 会按需要对几何体进行拉伸。可以用这个方法移动点、边线以及表面。使用自动折叠进行移动/拉伸。如果一个移动或拉伸操作会产生不共面的表面，SketchUp 会将这些表面自动折叠。任何时候都可以按住“Alt”键，强制开启自动折叠功能。

16.2.5 旋转工具

旋转工具可以在同一旋转平面上旋转物体中的元素，也可以旋转单个或多个物体。如果是旋转某个物体的一部分，旋转工具可以将该物体拉伸或扭曲。

键盘快捷键：Q。

16.2.5.1 旋转几何体

用选择工具选中要旋转的元素或物体，激活旋转工具，在模型中移动鼠标时，光标处会出现一个旋转“量角器”，可以对齐到边线和表面上。可以按住“Shift”键来锁定量角器的平面定位。在旋转的轴点上单击放置量角器。可以利用 SketchUp 的参考特性来精确地定位旋转中心。然后，单击旋转的起点，移动鼠标开始旋转。如果开启了参数设置中的角度捕捉功能，在量角器范围内移动鼠标时有角度捕捉的效果，光标远离量角器时就可以自由旋转了。旋转到需要的角度后，再次单击“确定”，可以输入精确的角度和环形阵列值（图 16-17）。

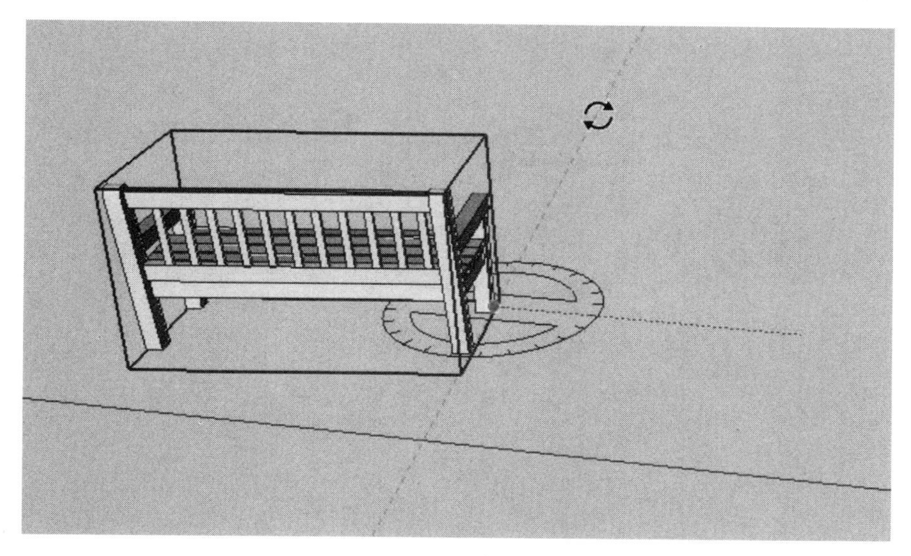

图 16-17

提示：也可以在没有选择物体的情况下激活旋转工具。此时，旋转工具按钮显示为灰色，并提示选择要旋转的物体。选好以后，可以按“Esc”键或旋转工具按钮重新激活旋转工具。

16.2.5.2 旋转复制

和移动工具一样，旋转前按住“Ctrl”键可以开始旋转复制（图 16-18）。

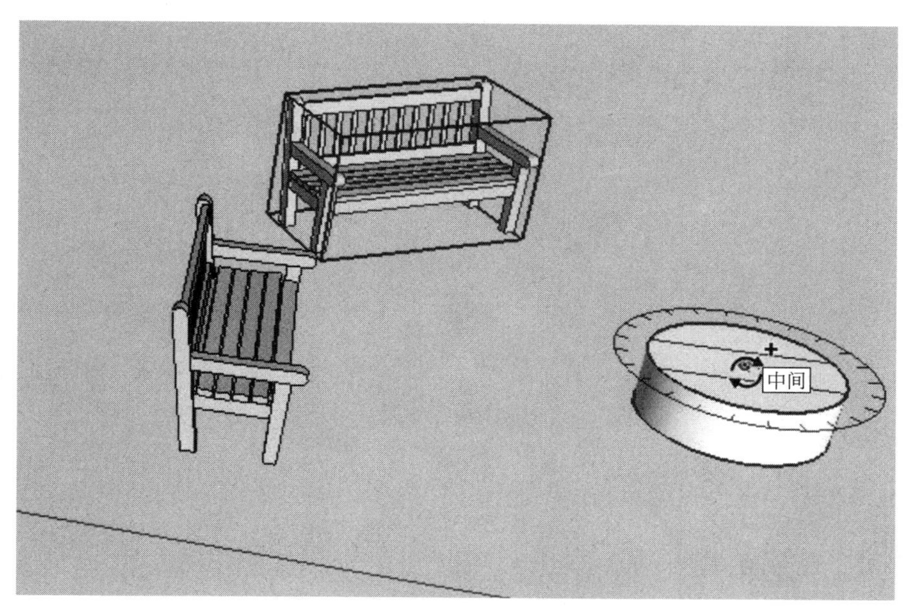

图 16-18

16.2.5.3 利用多重复制创建环形阵列

用旋转工具复制好一个副本后，还可以用多重复制来创建环形阵列。和线性阵列一样，可以在数值控制框中输入复制份数或等分数。例如，旋转复制后输入 5×（*5）表示复制 5 份。使用等分符号 5/，也可以复制 5 份，但他们将等分源物体和第一个副本之间的旋转角度。在进行其他操作之前，可以持续输入复制的份数，以及复制的角度（图 16-19）。

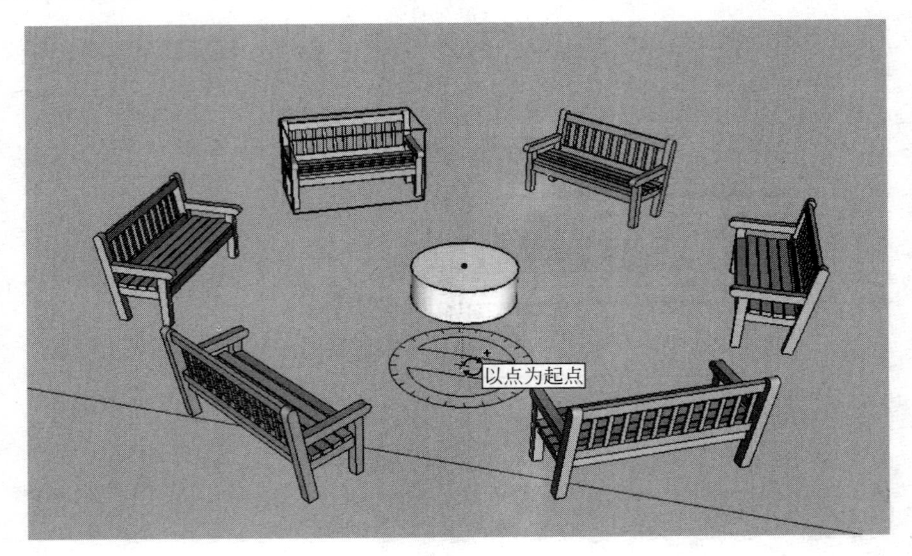

图 16-19

16.2.5.4 输入精确的旋转值

进行旋转操作时，旋转的角度会在数值控制框中显示。在旋转的过程中或旋转之后，可以输入一个数值来指定角度，也可以输入负值表示往当前指定方向的反方向旋转（图 16-20）。

图 16-20

16.2.6 比例工具

比例工具可以缩放或拉伸选中的物体。

键盘快捷键：S。

16.2.6.1 缩放几何体

首先，使用选择工具选中要缩放的几何体元素，激活比例工具，单击缩放夹点并移动鼠标来调整所选几何体的大小。不同的夹点支持不同的操作（图 16-21）。注意，鼠标拖拽会捕捉整倍缩放比例（1.0，2.0，等）也会捕捉 5 倍的增量（0.5，1.5，等）。数值控制框会显示缩放比例。可以在缩放之后输入一个需要的缩放比例值或缩放尺寸。详见下面。

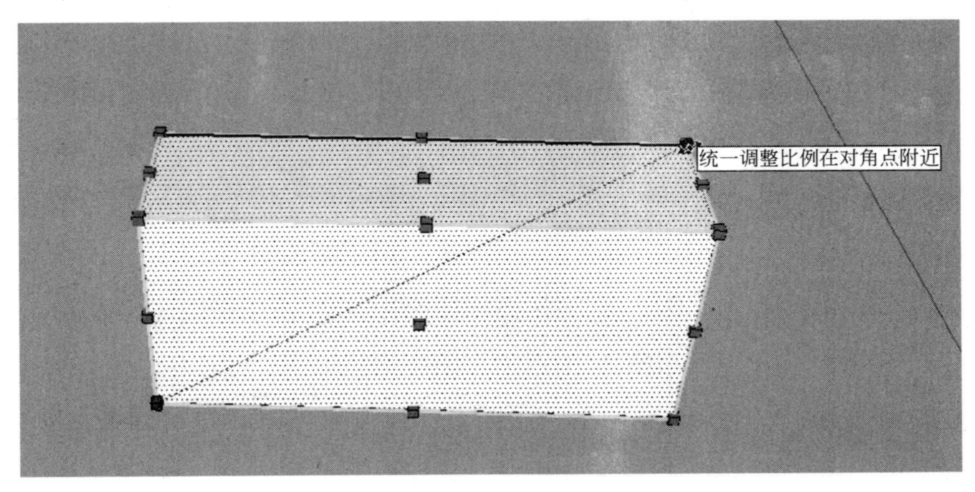

图 16-21

（1）缩放可自动折叠的几何体

SketchUp 的自动折叠功能会在所有的缩放操作中自动起作用。SketchUp 会根据需要创建折叠线来保持平面的表面。

（2）缩放二维表面或图像

二维的表面和图像可以像三维几何体那样进行缩放。缩放一个表面时，比例工具的边界盒只有 8 个夹点。可以结合"Ctrl"键和"Shift"键来操作这些夹点，用法和三维边界盒类似。

缩放处于红绿轴平面上的一个表面时，边界盒只是一个二维的矩形。如果缩放的表面不在当前的红绿轴平面上，边界盒就是一个三维的几何体。要对表面进行二维的缩放，可以在缩放之前先对齐绘图坐标轴到表面上。

16.2.6.2 缩放组件和组

缩放组件和群组与缩放普通的几何体是不同的。在组件外对整个组件进行外部缩放并不会改变它的属性定义，只是缩放了该组件的一个关联组件而已。该组件的其他关联组件保持不变。这样就可以得到模型中的同一组件的不同缩放比例的版本。如果在组件内部进行缩放，就会修改组件的定义，从而所有的关联组件都会相应地进行缩放。

缩放/拉伸选项

除了等比缩放，还可以进行非等比缩放，即一个或多个维度上的尺寸以不同的比例缩放。非等比缩放也可以看作拉伸，可以选择相应的夹点来指定缩放的类型。

① 对角夹点：对角夹点可以沿所选几何体的对角方向缩放。默认行为是等比缩放，在数值控制框中显示一个缩放比例或尺寸（图 16-22）。

② 边线夹点：边线夹点同时在所选几何体的对边的两个方向上进行缩放。默认行为是非等比缩放，物体将变形。数值控制框中显示两个用逗号隔开的数值（图 16-23）。

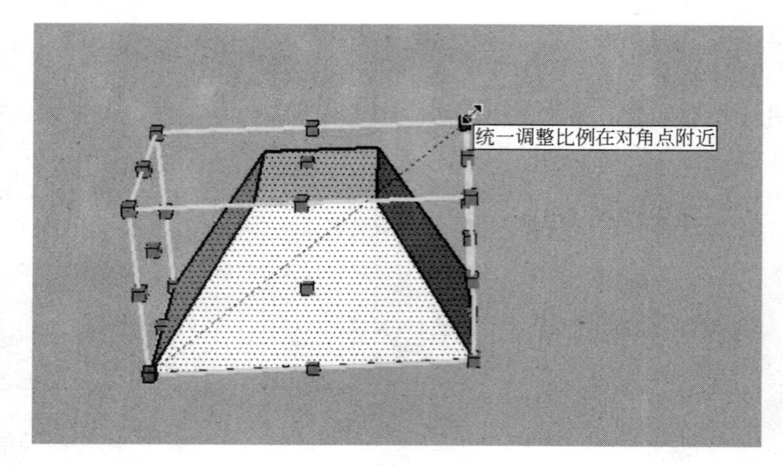

图 16-22

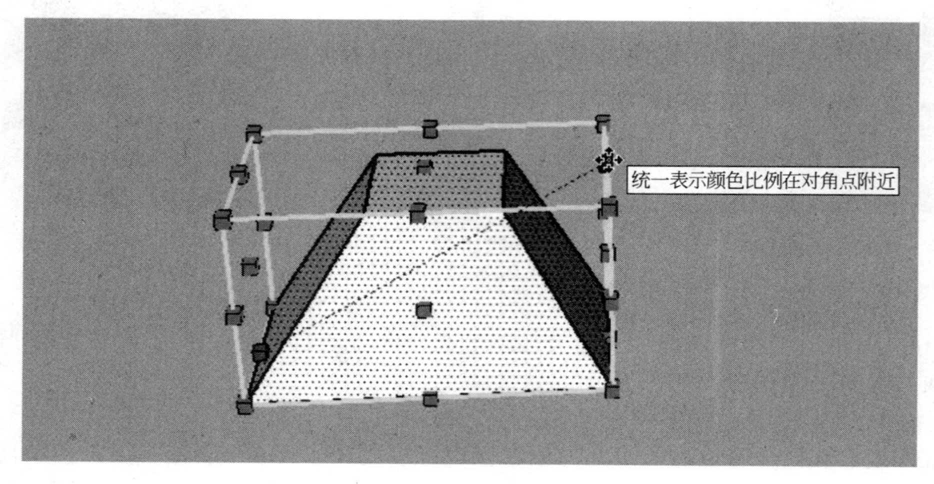

图 16-23

③ 表面夹点：表面夹点沿着垂直面的方向在一个方向上进行缩放。默认行为是非等比缩放，物体将变形。数值控制框中显示和接受输入一个数值（图 16-24）。

16.2.6.3 缩放修改键

（1）“Ctrl” 键：中心缩放

夹点缩放的默认行为是以所选夹点的对角夹点作为缩放的基点。但是，可以在缩放的时候按住 “Ctrl” 键来进行中心缩放。

（2）“Shift” 键：等比/非等比缩放

“Shift” 键可以切换等比缩放。虽然在推敲形体的比例关系时，边线和表面上的夹点的非等比缩放功能是很有用的。但有时候保持几何体的等比例缩放也是很有必要的。在非等比缩放操作中，可以按住 “Shift” 键，这时就会对整个几何体进行等比缩放而不是拉伸变形。同样的，在使用对角夹点进行等比缩放时，可以按住 “Shift” 键切换到非等比缩放。

（3）“Ctrl”+“Shift” 键

同时按住 “Ctrl” 键和 “Shift” 键，可以切换到所选几何体的等比/非等比的中心缩放。

↘使用坐标轴工具控制缩放的方向

可以先用坐标轴工具重新放置绘图坐标轴，然后就可以在各个方向进行精确地缩放控

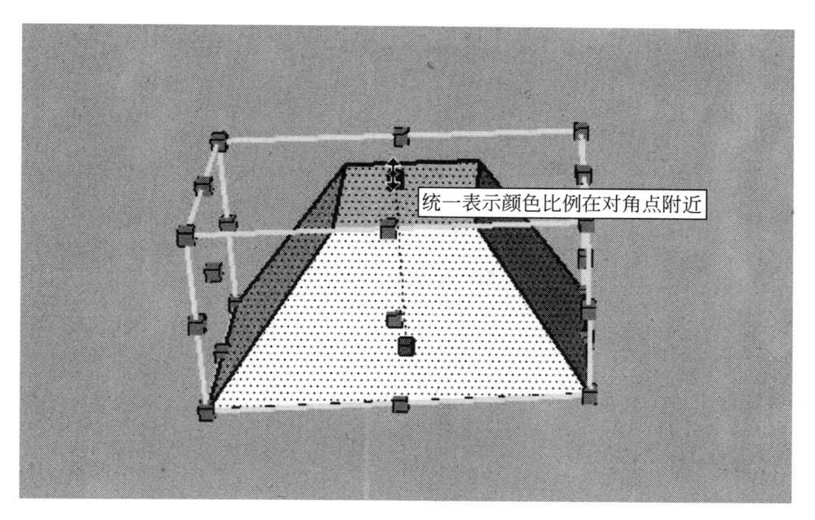

图 16-24

制。重新放置坐标轴后，比例工具就可以在新的红/绿/蓝轴方向进行定位和控制夹点方向。

↘输入精确的缩放值

要制定精确的缩放值，可以在缩放的过程中或缩放以后，通过键盘输入数值。

↘输入缩放比例

直接输入不带单位的数字即可。2.5 表示缩放 2.5 倍。—2.5 也是缩放 2.5 倍，但会往夹点操作方向的反方向缩放。这也可以用来创建镜像物体。缩放比例不能为 0。

↘输入尺寸长度

除了缩放比例，SketchUp 可以按指定的尺寸长度来缩放。输入一个数值并指定单位即可。例如，输入 2′6″表示将长度缩放到 2 英尺 6 英寸，2m 表示缩放到 2 米。

镜像：反向缩放几何体通过往负方向拖拽缩放夹点，比例工具可以用来创建几何体镜像。注意，缩放比例会显示为负值（－1，－1.5，－2），还可以输入负值的缩放比例和尺寸长度来强制物体镜像。

↘输入多重缩放比例

数值控制框会根据不同的缩放操作来显示相应的缩放比例。一维缩放需要一个数值；二维缩放需要两个数值，用逗号隔开；等比例的三维缩放只要一个数值就可以，但非等比的 3 维缩放需要 3 个数值，分别用逗号隔开。在缩放的时候，在选择的夹点和缩放的点之间会出现一条虚线，这时不管当前处于何种比例模式（一维、二维或三维），输入单个缩放比例或尺寸就可以调整这条虚线方向的缩放比例或尺寸。

要在多个方向进行不同的缩放，可以输入用逗号隔开的数值，缩放尺寸是基于整个边界盒的，而不是基于单个物体（要基于特定的边线或已知距离来缩放物体，可以使用测量工具）。

16.2.7 推/拉工具

推/拉工具可以用来扭曲和调整模型中的表面，可以用来移动、挤压、结合和减去表面。

注意：推/拉工具只能作用于表面，因此不能在线框显示模式下工作。

键盘快捷键：P。

16.2.7.1 使用推/拉

激活推/拉工具后，有两种使用方法可以选择。

① 在表面上按住鼠标左键，拖拽，松开。

② 在表面上单击，移动鼠标，再单击确定（图 16-25、图 16-26）。

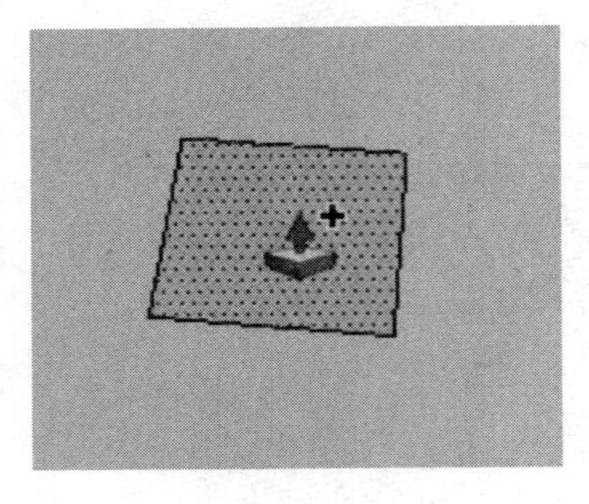

图 16-25

图 16-26

根据几何体的不同，SketchUp 会进行相应的几何变换，包括移动、挤压或挖空。推/拉工具可以完全配合 SketchUp 的捕捉参考进行使用。

推/输入精确的推/拉值。

推/拉值会在数值控制框中显示。可以在推拉的过程中或推拉之后，输入精确的推拉值进行修改。在进行其他操作之前可以一直更新数值，也可以输入负值，表示往当前的反方向推/拉。

16.2.7.2 用推/拉来挤压表面

推/拉工具的挤压功能可以用来创建新的几何体。可以用推/拉工具对几乎所有的表面进行挤压（不能挤压曲面）。

16.2.7.3 重复推/拉操作

完成一个推/拉操作后，可以通过鼠标双击对其他物体自动应用同样的推/拉操作数值。

16.2.7.4 用推/拉来挖空

如果在一面墙或一个长方体上画了一个闭合形体，用推/拉工具往实体内部推拉，可以挖出凹洞，如果前后表面相互平行的话，可以将其完全挖空，SketchUp 会减去挖掉的部分，重新整理三维物体，从而挖出一个空洞（图 16-27）。

16.2.7.5 使用推/拉工具垂直移动表面

使用推/拉工具时，可以按住“Ctrl”键强制表面在垂直方向上移动。这样可以使物体变形，或者避免不需要的挤压。同时，会屏蔽自动折叠功能（图 16-28）。

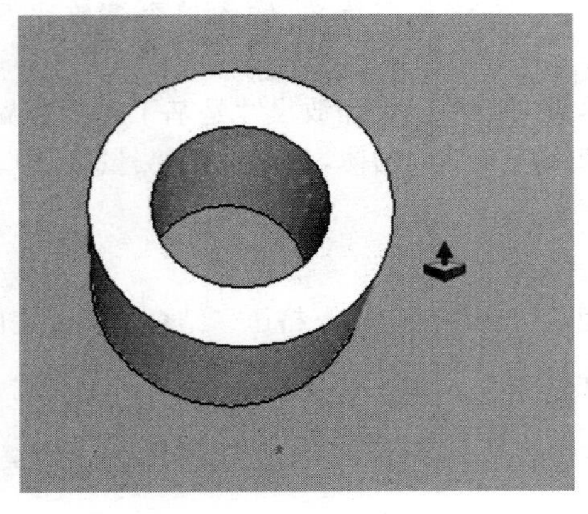

图 16-27

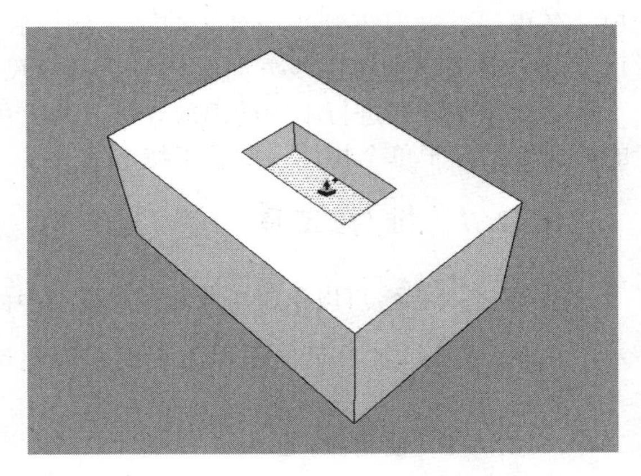

图 16-28

16.2.8 偏移工具

偏移工具可以对表面或一组共面的线进行偏移复制，可以将表面边线偏移复制到源表面的内侧或外侧。偏移之后会产生新的表面。

键盘快捷键：F。

16.2.8.1 面的偏移

① 用选择工具选中要偏移的表面（一次只能给偏移工具选择一个面）。

② 激活偏移工具。

③ 单击所选表面的一条边，光标会自动捕捉最近的边线。

④ 拖拽光标来定义偏移距离。偏移距离会显示在数值控制框中。

⑤ 单击确定，创建出偏移多边形。

提示：可以在选择几何体之前就激活偏移工具，但这时先会自动切换到选择工具。选好几何体后，单击“偏移”按钮或按“Esc”键或回车键，可以回到偏移命令。

16.2.8.2 线的偏移

可以选择一组相连的共面的线来进行偏移，具体操作如下。

① 用选择工具选中要偏移的线。必须选择两条以上的相连的线，而且所有的线必须处于同一平面上。可以用“Ctrl”键和/或“Shift”键来进行扩展选择。

② 激活偏移工具。

③ 在所选的任一条线上单击，光标会自动捕捉最近的线段。拖拽光标来定义偏移距离。

④ 点击确定，创建出一组偏移线。

提示：可以在线上单击并按住鼠标进行拖拽，然后需要的偏移距离处松开鼠标。

注意：当对圆弧进行偏移时，偏移的圆弧会降级为曲线，将不能按圆弧的定义对其进行编辑。

16.2.8.3 输入准确的偏移值

进行偏移操作时，绘图窗口右下角的数值控制框会以默认单位来显示偏移距离。可以在偏移过程中或偏移之后输入数值来指定偏移距离。当用鼠标来指定偏移距离时，数值控制框是以默认单位来显示长度。也可以输入公制单位或英制单位的数值，SketchUp 会自动进行换算。负值表示往当前的反方向偏移。

16.2.9 跟随路径工具

用随手画工具绘制一条边线/线条，然后使用跟随路径工具沿此路径挤压成面。尤其是在细化模型时，在模型的一端画一条不规则或者特殊的线，然后沿此路径放样，就更加有用了。

提示：在使用跟随路径工具时，路径和面必须在同一个环境中。

16.2.9.1 沿路径手动挤压成面

(1) 使用放样工具手动挤压成面

① 确定需要修改的几何体的边线，这个边线就叫“路径”。

② 绘制一个沿路径跟随的剖面，确定此剖面与路径垂直相交。

③ 选择跟随路径工具，单击剖面。

④ 沿路径移动鼠标，边线会变成红色。为了使路径跟随在正确的位置开始，在放样开始时，必须单击邻近剖面的路径。否则，路径跟随工具会在边线上挤压，而不是从剖面到边线。

⑤ 到达路径的尽头时，单击鼠标，完成命令。

（2）预先选择路径

使用选择工具预先选择路径，可以帮助放样工具沿正确的路径放样。

① 选择一系列连续的边线。

② 激活跟随路径工具。

③ 单击剖面。该面将会一直沿预先选定的路径拉伸。

16.2.9.2 自动沿某个表面路径拉伸另一个面

最简单和最精确的跟随路径方法，就是自动沿某个面路径拉伸成另一个面。

① 确定需要修改的几何体的边线，这个边线将作为“路径”。

② 绘制一个要跟随路径的平面轮廓，确定此平面与路径垂直相交。

③ 在工具菜单中选择跟随路径工具，按住“Alt”键，点击平面。

④ 从平面上把指针移到将要修改的表面，路径将会自动闭合。

注意：如果路径是由某个面的边线组成，可以选择该面，然后跟随路径工具自动沿面的边线放样（图 16-29）。

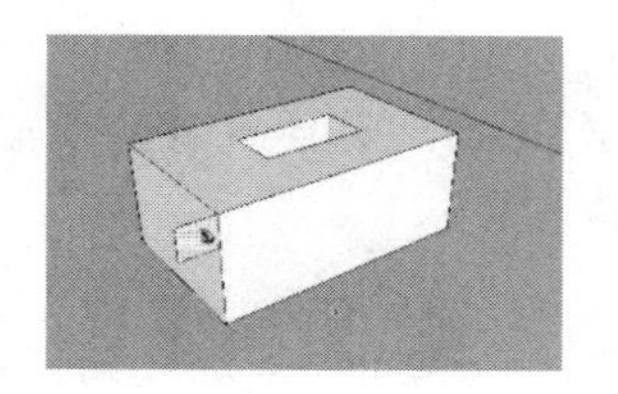
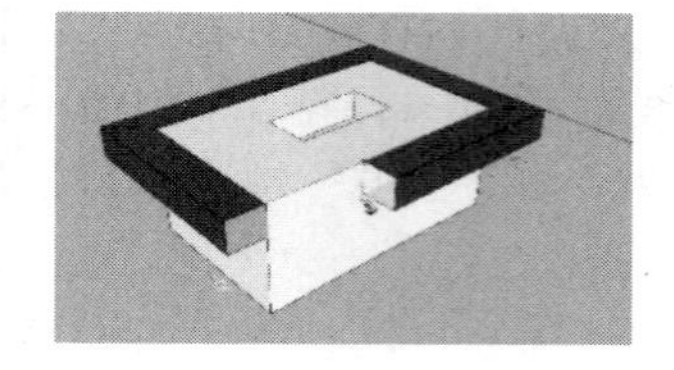
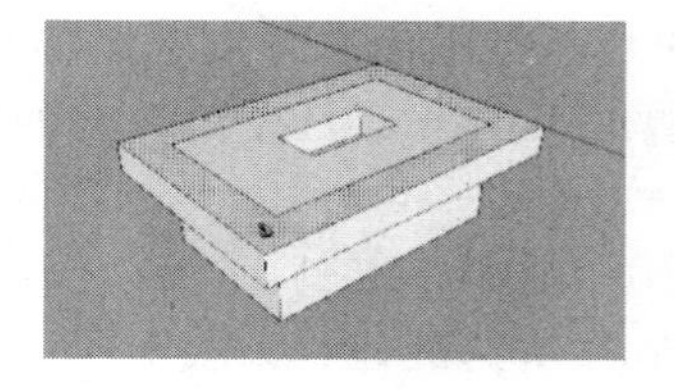

图 16-29

16.2.9.3 创造旋转面

使用放样工具沿圆路径创造旋转面（图 16-30）。

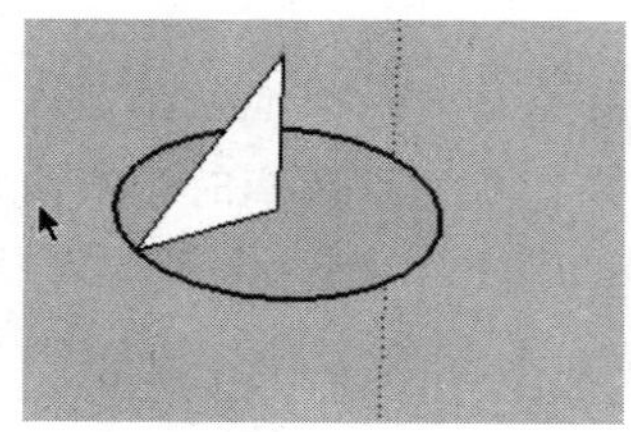
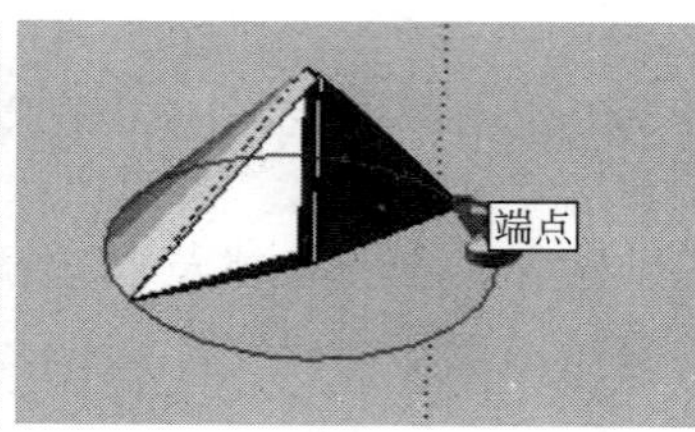

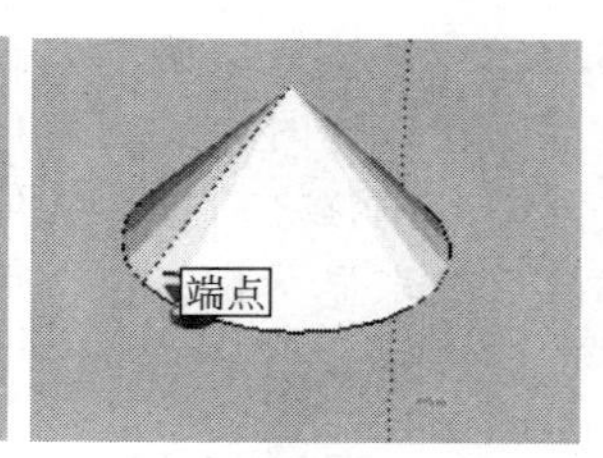

图 16-30

① 绘制一个圆，圆的边线作为路径。

② 绘制一个垂直圆的平面。该面不需要与圆路径相交。

③ 使用以上方法沿圆路径放样。

16.3 辅助工具使用

16.3.1 测量工具

测量工具可以执行一系列与尺寸相关的操作，包括测量两点间的距离，创建辅助线，缩放整个模型。

键盘快捷键：T。

16.3.1.1 测量距离

① 激活测量工具。

② 单击测量距离的起点。可以用参考提示确认选择了正确的点，也可以在起点处按住鼠标，然后往测量方向拖动。

③ 鼠标会拖出一条临时的“测量带”线。测量带类似于参考线，当平行于坐标轴时会改变颜色。当移动鼠标时，数值控制框会动态显示“测量带”的长度。

④ 再次单击确定测量的终点。最后测得的距离会显示在数值控制框中。

提示：不需要一定在某个特定的平面上测量，测量工具会测出模型中任意两点的准确距离（图 16-31）。

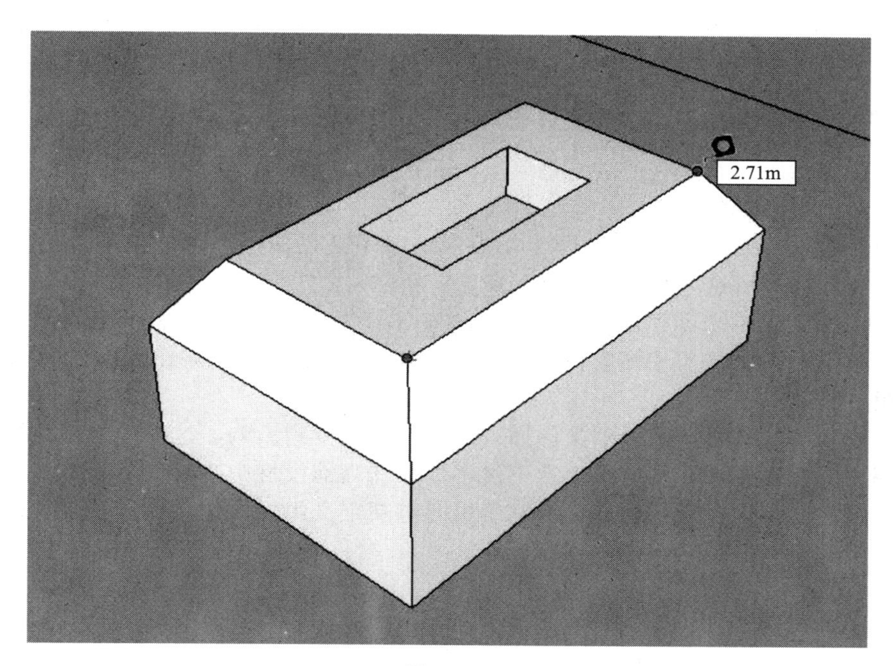

图 16-31

16.3.1.2 创建辅助线和辅助点

辅助线在绘图时非常有用。可以用工具在参考元素上单击，然后拖出辅助线。例如，从“在边线上”的参考开始，可以创建一条平行于该边线的无限长的辅助线。从端点或中点开始，会创建一条端点带有十字符号的辅助线段。

① 激活测量工具。

② 在要放置平行辅助线的线段上单击。

③ 然后移动鼠标到放置辅助线的位置。

④ 再次单击，创建辅助线（图 16-32）。

16.3.1.3 缩放整个模型

这个功能非常方便。可以在粗略的模型上研究方案，当需要更精确的模型比例时，只要重新精确制定模型中两点的距离即可。不同于 CAD，SketchUp 可以专注于体块和比例的研究，而不用担心精确性，直到需要的时候再调整精度。

（1）缩放模型

① 激活测量工具。

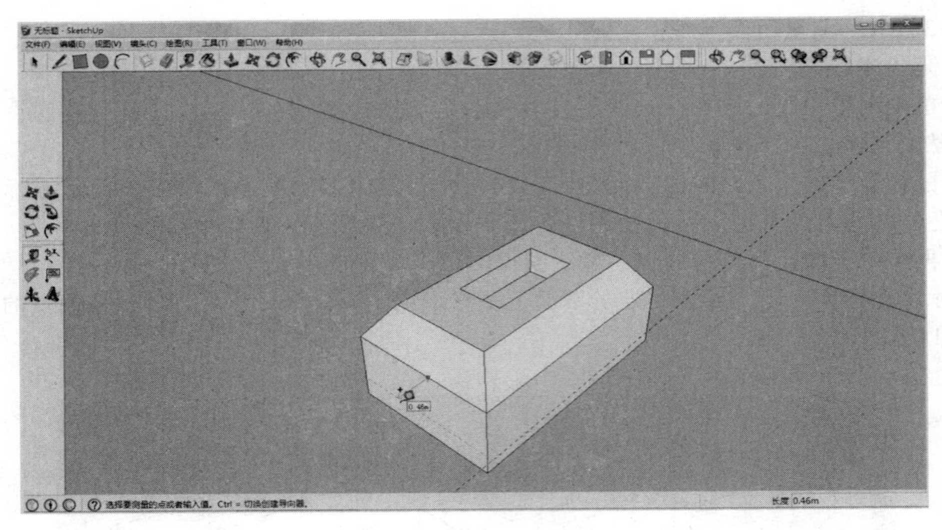

图 16-32

② 单击作为缩放依据的线段的两个端点。这时不会创建出辅助线，它会对缩放产生干扰。数值控制框会显示这条线段的当前长度。

③ 通过键盘输入一个调整比例后的长度，按回车键，即出现一个询问是否调整模型尺寸的对话框。选择“是”，模型中所有的物体都按指定的调整长度和当前长度的比值进行缩放。

（2）组件的全局缩放

缩放模型的时候，所有从外部文件插入的组件不会受到影响。这些“外部”组件拥有独立于当前模型的缩放比例和几何约束。不过，那些在当前模型中直接创建和定义的内部组件会随着模型缩放。可以在对组件进行内部编辑时重新定义组件的全局比例。由于改变的是组件的定义，因此所有的关联组件会跟着改变。

16.3.2 量角器工具

：量角器工具，可以测量角度和创建辅助线。

16.3.2.1 测量角度

测量角度的步骤如图 16-33 所示。

① 激活量角器工具，出现一个量角器（默认对齐红/绿轴平面），中心位于光标处。

② 在模型中移动光标时，会发现量角器会根据旁边的坐标轴和几何体而改变自身的定位方向。可以按住“Shift”键来锁定自己需要的量角器定位方向。

③ 把量角器的中心设在要测量的角的顶点上。根据参考提示确认是否制定了正确的点，

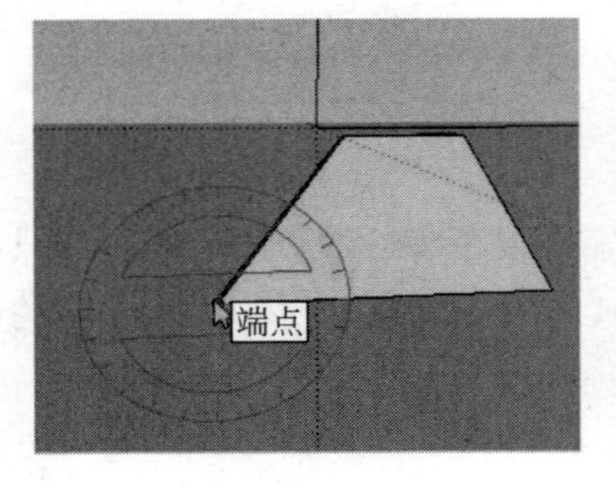

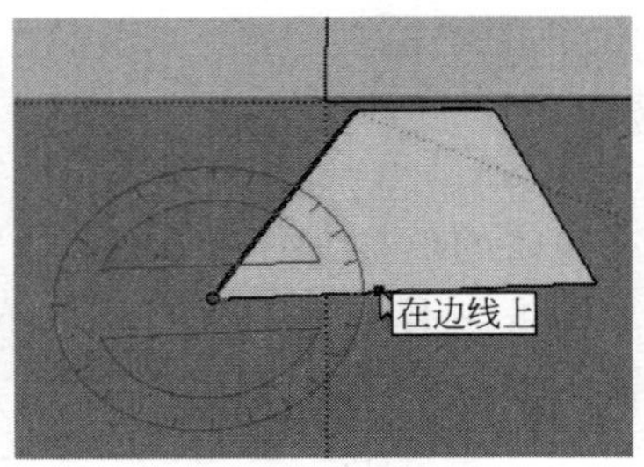

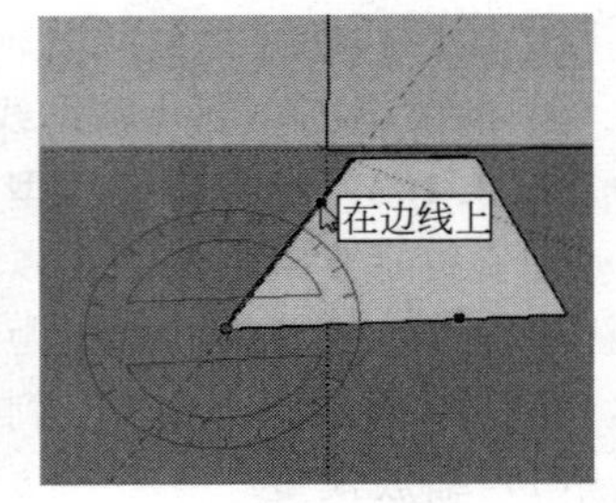

图 16-33

单击“确定”按钮。

④ 将量角器的基线对齐到测量角的起始边上，根据参考提示确认是否对齐到适当的线上单击“确定”。

⑤ 拖动鼠标旋转量角器，捕捉要测量的角的第二条边。光标处会出现一条绕量角器旋转的点式辅助线。再次单击完成角度测量。角度值会显示在数值控制框中。

16.3.2.2　创建角度辅助线

① 激活量角器工具。

② 捕捉辅助线将经过的角的顶点，单击放置量角器的中心。

③ 在已有的线段或边线上单击，将量角器的基线对齐到已有的线上。

④ 出现一条新的辅助线，移动光标到相应的位置。角度值会在数值控制框中动态显示。

量角器有捕捉角度，可以在参数设置的单位标签中进行设置。当光标位于量角器图标之内时，会按预测的捕捉角度来捕捉辅助线的位置。如果要创建非预设角度的辅助线，只要让光标离远一点就可以了。

⑤ 再次单击放置辅助线。角度可以通过数值控制框输入。输入的值可以是角度（例如34.1）也可以是斜率（例如1∶6）。在进行其他操作之前可以持续输入修改。

16.3.2.3　锁定旋转的量角器

按住“Shift”键可以将量角器锁定在当前的平面定位上。这可以结合参考锁定同时使用。

16.3.2.4　输入精确的角度值

用量角器工具创建辅助线的时候，旋转的角度会在数值控制框中显示。可以在旋转的过程中或完成旋转操作后输入一个旋转角度。

① 输入角度：直接输入十进制数就可以了。输入负值表示往当前鼠标指定方向的反方向旋转。可以在旋转的过程中或完成旋转操作后输入一个旋转角度。

② 输入斜率：用冒号隔开两个数来输入斜率（角的正切），例如8∶12。输入负的斜率表示往当前鼠标指定方向的反方向旋转。

16.3.3　坐标轴工具

：坐标轴工具允许在模型中移动绘图坐标轴。使用这个工具可以在斜面上方便地建构起矩形物体，也可以更准确地缩放那些不在坐标轴平面的物体。

重新定位坐标轴

① 激活坐标轴工具。这时光标处会附着一个红/绿/蓝坐标符号。它会在模型中捕捉参考对齐点。

② 移动光标到要放置新坐标系的原点。通过参考工具提示来确认是否放置在正确的点上。单击“确定”。

③ 移动光标来对齐红轴的新位置。利用参考提示来确认是否正确对齐。单击“确定”。

④ 移动光标来对齐绿轴的新位置。利用参考提示来确认是否正确对齐。单击“确定”。

这样就重新定位好坐标轴了。蓝轴垂直于红/绿轴平面（图16-34）。

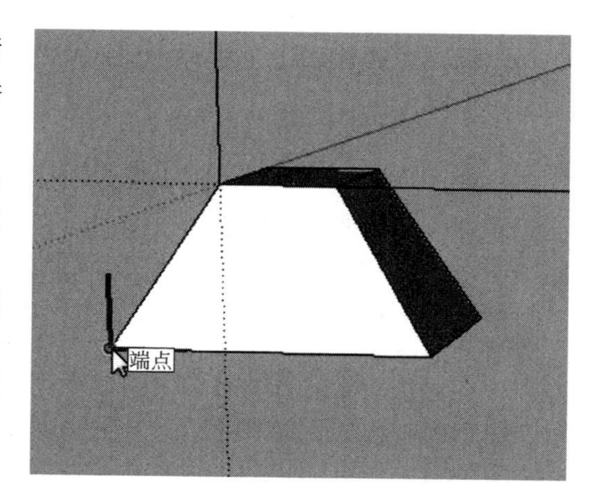

图16-34

16.3.4 尺寸标注工具

尺寸标注工具可以对模型进行尺寸标注。

SketchUp 中的尺寸标注是基于 3D 模型的。边线和点都可用于放置标注。适合的标注点包括端点、中点、边线上的点、交点以及圆或圆弧的圆心。进行标注时，有时可能需要旋转模型以让标注处于需要表达的平面上。

标注设置：所有标注的全局设置可以在参数设置对话框中的尺寸标注标签中进行。

16.3.4.1 放置线性标注

（1）在模型中放置线性标注

① 激活尺寸标注工具，单击要标注的两个端点。

② 然后移动光标拖出标注。

③ 再次单击鼠标确定标注的位置。要对一条边线进行标注，可以直接单击这条边线。

（2）标注平面

可以将线性标注放在某个空间平面上，包括当前的坐标平面（红/绿轴，红/蓝轴，蓝/绿轴）或者对齐到标注的边线上。半径和直径的标注则被限制在圆或圆弧所在的平面上，只能在这个平面上移动。

16.3.4.2 放置半径标注

① 激活尺寸标注工具，单击要标注的圆弧实体。

② 移动光标拖出标注，再次单击确定位置。

16.3.4.3 放置直径标注

（1）在模型中放置直径标注

① 激活尺寸标注工具，单击要标注的圆实体。

② 移动光标拖出标注，再次单击确定位置。

（2）直径转为半径，半径转为直径

要让直径标注和半径标注互换，可以在标注上右击鼠标，选择“类型”→“半径”或“直径”。

16.3.5 文字工具

文字工具用来插入文字物体到模型中。SketchUp 中主要有两类文字：引注文字和屏幕文字。

16.3.5.1 放置引注文字

具体步骤如下。

① 激活文字工具，并在实体上（表面，边线，顶点，组件，群组，等等）单击，指定引线所指的点。

② 然后，单击放置文字。

③ 最后，在文字输入框中输入注释文字。按两次回车键或单击文字输入框的外侧完成输入。任何时候按“Esc”键都可以取消操作。

附着的引注文字：文字可以不需要引线而直接放置在 SketchUp 的实体上，使用文字工具在需要的点上双击鼠标就可以。引线将被自动隐藏。

文字引线：引线有两种主要的样式：基于视图和三维固定。基于视图的引线会保持与屏幕的对齐关系；三维固定的引线会随着视图的改变而和模型一起旋转。可以在参数设置对话框的文字标签中指定引线类型。

在文本工具下，双击任一平面即可在文本图元中显示该平面的面积。

16.3.5.2 放置屏幕文字

放置屏幕文字的具体步骤如下。

① 激活文字工具，并在屏幕的空白处单击。

② 在出现的文字输入框中输入注释文字。

③ 按两次回车键或单击文字输入框的外侧完成输入。屏幕文字在屏幕上的位置是固定的，不受视图改变的影响。

16.3.5.3 编辑文字

用文字工具或选择工具在文字上双击即可编辑。也可以在文字上右击鼠标弹出关联菜单，再选择“编辑文字”。

16.3.5.4 文字设置

用文字工具创建的文字物体都是使用窗口菜单栏中的模型信息对话框的文字标签中的设置。这里包括引线类型、引线端点符号、字体类型和颜色等，如图 16-35 所示。

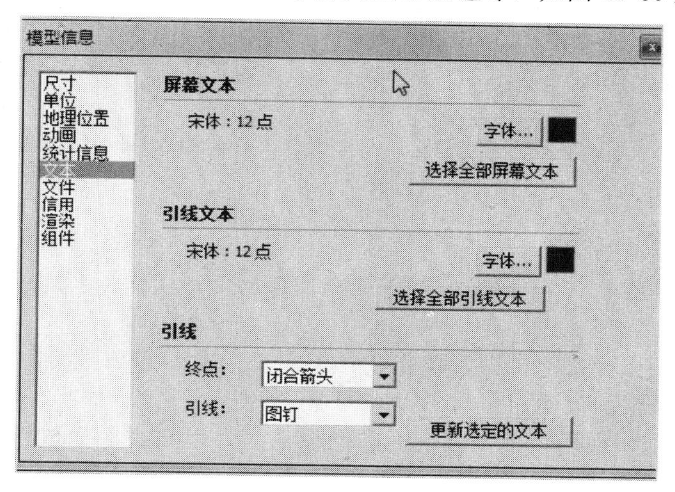

图 16-35

16.3.6 三维文本工具

三维文本是一种由普通的 Sketch Up 几何图形组成的文本。

选择三维文本工具，会显示放置三维文本对话框，在文本字段中键入文本。同时，在对话框中可对字体样式、大小、对齐方式等进行修改。选中“填充”复选框即可创建 3D 文本平面，取消选中“填充”即可创建 2D 文本轮廓线（仅边线）。选中“拉伸”复选框即可创建（推/拉）3D 文本，取消选中“拉伸”复选框即可创建 2D 文本。

16.4 视图工具使用

16.4.1 剖面工具

此工具用来创造剖切效果。它们在空间的位置以及与组和组件的关系决定了剖切效果的本质。可以给剖切面赋材质，这能控制剖面线的颜色，或者将剖面线创建为组。

16.4.1.1 增加剖切面

① 要增加剖切面，可以用工具菜单（工具→剖面→增加）或者使用剖面工具栏的“增加剖切面”按钮。

② 光标处出现一个新的剖切面。移动光标到几何体上，剖切面会对齐到每个表面上。这时可以按住“Shift”键来锁定剖面的平面定位（图 16-36）。

③ 在合适的位置单击鼠标左键放置。

注意：添加的剖切面默认为无限大，会整体剖切建立的整个模型（图 16-37）。

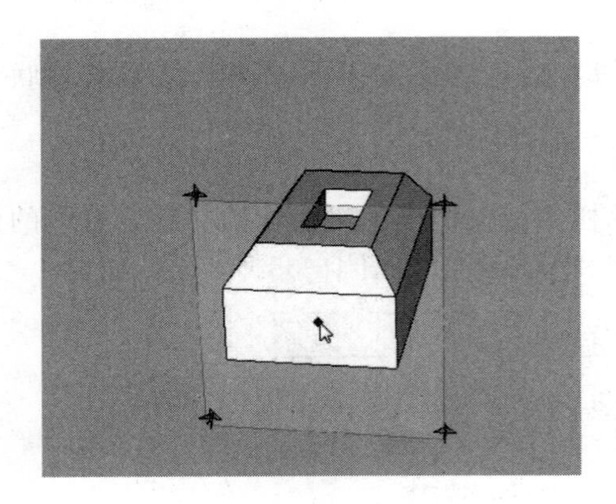

图 16-36

图 16-37

16.4.1.2 重新放剖切面

剖切面可以和其他的 SketchUp 实体一样，用移动工具和旋转工具来操作和重新放置。

（1）翻转剖切方向

在剖切面上单击鼠标右键，在关联菜单中选择“反向”，可以翻转剖切的方向。

（2）改变当前激活的剖面

放置一个新的剖切面后，该剖切面会自动激活。可以在视图中放置多个剖切面，但一次只能激活一个剖切面。激活一个剖切面的同时会自动呆化其他剖切面。有两种激活的方法：用选择工具在剖切面上双击鼠标；或者在剖切面上单击鼠标右键，在关联菜单中选择“激活”。

16.4.1.3 隐藏剖切面

剖面工具栏可以控制全局的剖切面和剖面的显示与隐藏，也可以使用工具菜单（工具→剖面→显示剖切面/剖面）来执行这些操作。

16.4.1.4 组和组件中的剖面

虽然一次只能激活一个剖切面，但是群组和组件相当于“模型中的模型”，在它们内部还可以有各自的激活剖切面。例如，一个组里还嵌套了两个带剖切面的组，分别有不同的剖切方向，再加上这个组的一个剖切面，那么在这个模型中就能对该组同时进行 4 个方向的剖切。剖切面能作用于它所在的模型等级（整个模型、组、嵌套组等）中的所有几何体。

用选择工具双击组或组件，就能进入组或组件的内部编辑状态，从而能编辑组或组件内部的物体。

16.4.1.5 创建剖面切片的组

① 在剖切面上右击鼠标，在关联菜单中选择“剖面创建组”。

② 这会在剖切面与模型表面相交的位置产生新的边线，并封装在一个组中。

这个组可以移动，也可以马上炸开，使边线和模型合并。这个技术能快速创建复杂模型的剖切面的线框图（图 16-38）。

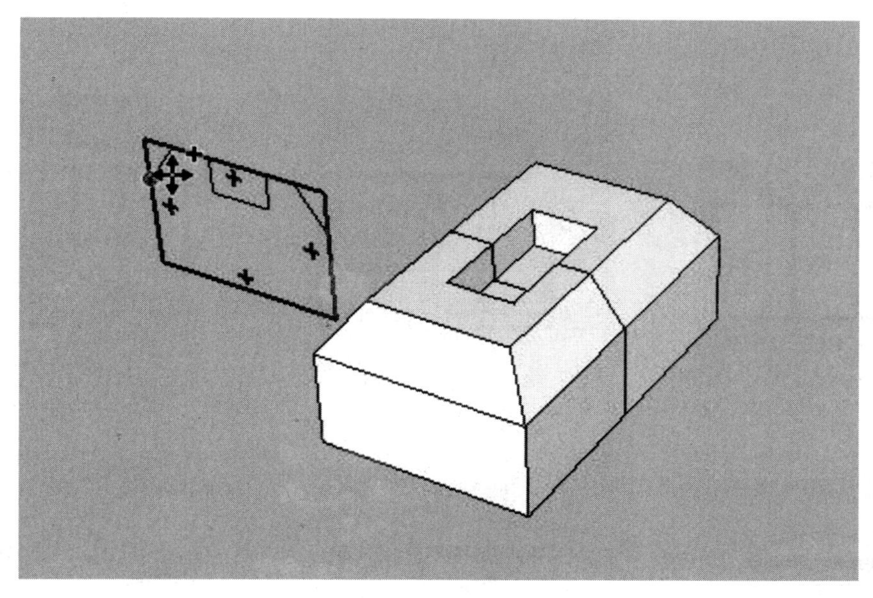

图 16-38

16.4.1.6 导出剖面

SketchUp 的剖面可以用以下几种方法导出。

（1）二维光栅图像

将剖切视图导出为光栅图像文件。只要模型视图中有激活的剖切面，任何光栅图像导出都会包括剖切效果。

（2）二维矢量剖面切片

SketchUp 也可以将激活的剖面切片导出为二维矢量图。DWG 和 DXF 导出的二维矢量剖面是能够进行准确的缩放和测量。

16.4.1.7 使用页面

和渲染显示信息、照相机位置信息一样，激活的剖切面信息可以保存在页面中。当切换页面的时候，剖切效果会进行动画演示。

16.4.1.8 对齐视图

在剖切面的关联菜单中选择“对齐视图”命令，可以把模型视图对齐到剖切面的正交视图上。结合等角轴测/透视模式，可以快速生成剖立面或一点剖透视。

16.4.2 相机工具

SketchUp 的工作窗口相当于一个相机镜头，通过调整镜头的各项参数可以改变我们观察模型的方式。

16.4.2.1 镜头记录

转换一次模型的观察角度后，这个角度的视图会作为一个镜头记录下来。SketchUp 能够保留最后的 5 个镜头进行回放切换。“上一次”和“下一次”不能撤销和重复编辑过程，只能回放之前的镜头。

16.4.2.2 标准视图

SketchUp 提供了一些预设的标准角度的视图：等轴视图［图 16-39(f)］、顶视图［图 16-39(a)］、前视图［图 16-39(b)］、右视图［图 16-39(d)］、左视图［图 16-39(e)］和后视图［图 16-39(c)］。

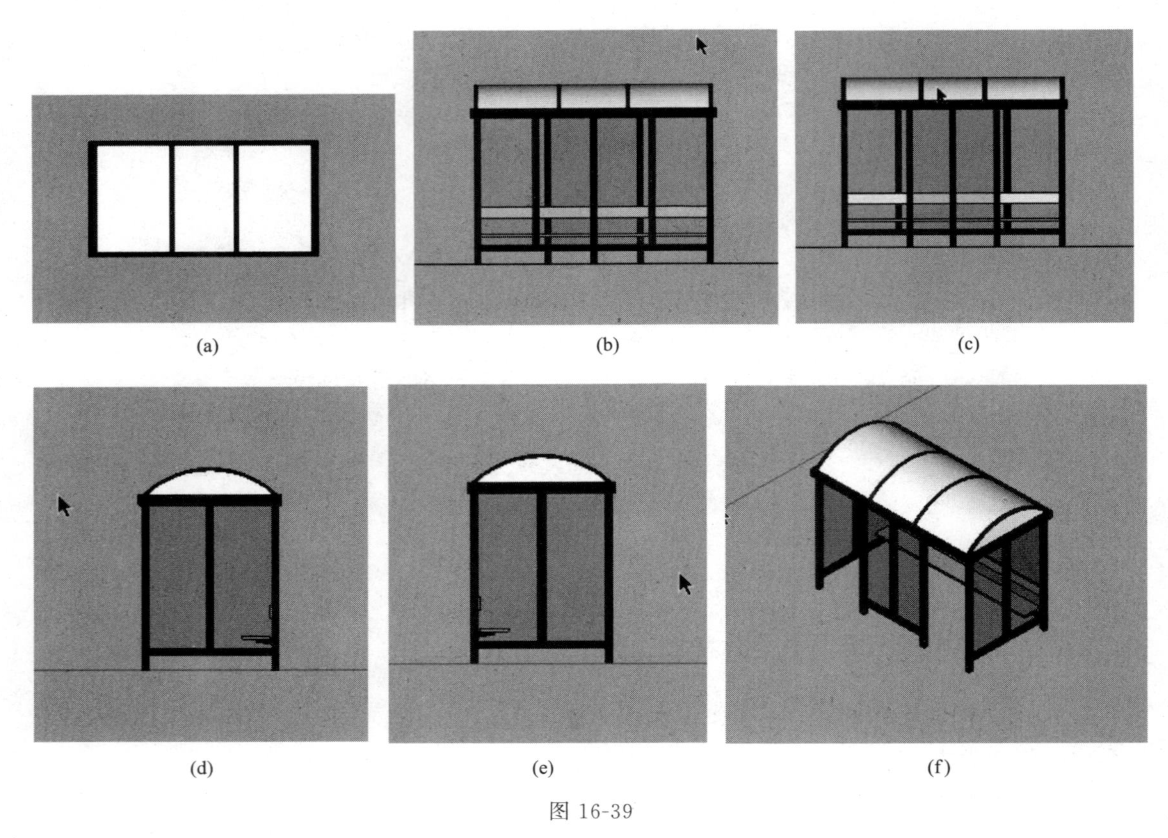

图 16-39

第 17 章　透视和轴测

SketchUp 中有透视和轴测这两种模型空间展示模式，可以通过显示菜单在两者之间切换。

17.1　透视模式

总的来说，透视模式模拟眼睛观察物体和空间的三维尺度的效果。切换到透视模式时，就相当于从三维空间的某一点来观察模型。所有的平行线会相交于屏幕上的同一个点（消失点），物体沿一定的入射角度收缩和变短。

虽然图纸上的透视是无法精确测量的，但 SketchUp 却可以在三维空间里跟踪模型，并保证高精度。即使在透视模式下，线条被透视缩短，它们仍然可以在三维绘图窗口中被准确地绘制和测量。然而，当要回到二维媒介时，例如打印或将模型导出为二维矢量图，传统的透视法则就起作用了，输出的图像是没有比例的。

17.2　两点透视和三点透视

SketchUp 的透视模式可以提供三点透视和两点透视。通过“相机”菜单中的“两点透视”可以将三点透视切换为两点透视显示。在两点透视模式下，所有与 Z 轴平行的线都会呈垂直显示而不会像三点透视（图 17-1）那样相交为一点。建议在选择两点透视模式前将视线调整到接近水平的位置，以降低两点透视模式下图形的失真（图 17-2）。

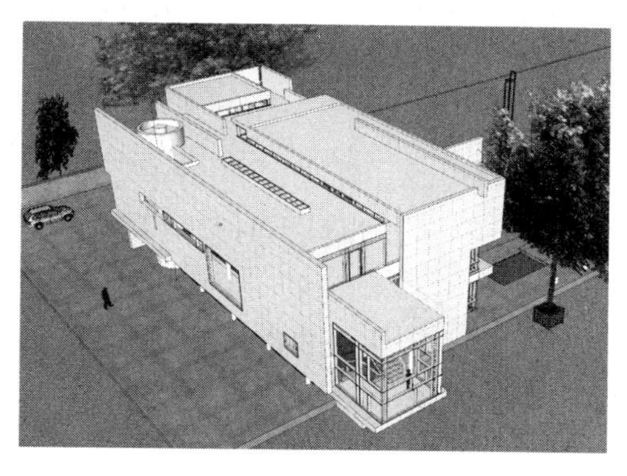

图 17-1

图 17-2

轴测模式相当于三向投影图。在轴测模式中，所有的平行线在屏幕上仍显示为平行。要想按比例打印，SketchUp 必须采用轴测模式。

注意：只有和视图平面平行的表面才能被测量。

17.2.1　旋转工具

旋转工具可以让照相机绕着模型旋转，观察模型外观时特别方便。旋转工具可以从照相机工具栏或显示菜单中的照相机工具子菜单中激活。

17.2.1.1 旋转视图

首先，激活旋转工具，在绘图窗口中按住鼠标拖拽。在任何位置按住鼠标都没有关系，旋转工具会自动围绕模型视图的大致中心旋转。用旋转工具双击鼠标，可以将单击位置在视图窗口里居中，有助于更准确地旋转视图。

17.2.1.2 快捷键

在创建和编辑模型的过程中，会发现旋转工具十分常用。因此，我们提供了一些快捷键。

（1）鼠标中键

如果有三键鼠标/滚轮鼠标，在使用其他工具（漫游除外）的同时，按住鼠标中键，可以临时激活旋转工具。

（2）平移

使用旋转工具时，按住“Shift”键可以临时激活平移工具。

（3）摇晃

正常情况下，旋转工具开启了重力设置，可以保持竖直边线的垂直状态。按住“Ctrl”键可以屏蔽重力设置，从而允许照相机摇晃。

（4）页面

利用页面保存常用视图，可以减少旋转工具的使用。

17.2.2 平移工具

平移工具可以相对于视图平面水平或垂直地移动照相机。平移工具可以从照相机工具栏或显示菜单中的照相机工具子菜单中被激活。先激活平移工具，然后在绘图窗口中按住鼠标并拖拽即可。

提示：如果有三键鼠标或滚轮鼠标，可以在使用任何工具的同时，临时切换到平移工具中来，同时按住“Shift”键和鼠标中键/滚轮。

17.2.3 缩放工具

缩放工具可以动态地放大和缩小当前视图。它可以在照相机工具栏或显示菜单中的缩放子菜单中被激活。

首先激活缩放工具，然后在绘图窗口的任意位置按住鼠标，并上下拖动即可。向上拖动鼠标是放大视图；向下拖动鼠标是缩小视图。缩放的中心是光标所在的位置。

（1）使用鼠标滚轮

若鼠标带有滚轮，在任何时候都可以用滚轮来缩放视图。向前滚动是放大，向后滚动是缩小。光标所在的位置是缩放的中心点。

（2）视图居中

缩放工具的另一个扩展功能就是鼠标双击。这样可以直接将双击的位置在视图里居中，有些时候可以省去使用平移工具的步骤。

（3）调整透视图（视野）

当激活缩放工具的时候，可以输入一个准确的值来设置透视或照相机的焦距，也可以指定使用哪种系统。例如，输入“45 deg”表示设置一个45°的视野，输入“35mm”表示设置一个 35mm 的照相机镜头。也可以在缩放的时候按住“Shift”键，来进行动态调整。注意，改变视野的时候，照相机仍然留在原来的三维空间位置上。

17.2.4　窗选缩放工具

窗选缩放工具允许选择一个矩形区域来放大至全屏。它可以在照相机工具栏或显示菜单中的缩放子菜单中被激活。

首先激活窗选缩放工具，然后按住鼠标，拖拽出一个窗口。再放开鼠标时，选区就被放大，充满整个绘图窗口了。

17.2.5　全屏缩放工具

全屏缩放工具可以缩放整个模型区域，使整个模型在绘图窗口中居中，并充满全屏。它可以从照相机工具栏或显示菜单中的缩放子菜单中激活。

17.2.6　定位镜头工具

使用照相机位置工具，在设计过程的任何阶段，都可以得到精确且可以量度的透视图。

照相机位置工具有两种不同的使用方法。如果只需要大致的人眼视角的视图，用鼠标单击的方法就可以。如果要比较精确地放置照相机，可以用鼠标单击并拖拽的方法。

单击鼠标使用的是当前的视点方向，仅仅是把照相机放置在点取的位置上，并设置照相机高度为通常的视点高度。

如果在平面上放置照相机，默认的视点方向是向上，就是一般情况下的北向。

单击并拖拽可以准确地定位照相机的位置和视线。先单击并确定照相机（人眼）所在的位置，然后拖动光标到要观察的点，再松开鼠标即可。

提示：可以先使用测量工具和数值控制框来放置辅助线，这样有助于更精确地放置照相机。放置好照相机后，也可以再次输入不同的视点高度来进行调整。

17.2.7　漫游工具

漫游工具可以让使用者像散步一样地观察模型。漫游工具还可以固定视线高度，然后在模型中漫步。只有在激活透视模式的情况下，漫游工具才有效。

漫游工具可以从照相机工具栏或显示菜单中的照相机工具子菜单中激活。

17.2.7.1　使用漫游工具

首先激活漫游工具，然后在绘图窗口的任意位置单击鼠标左键，随即出现一个十字符号，这是光标参考点的位置。继续按住鼠标不放，向上移动是前进，向下移动是后退，左右移动是左转和右转。距离光标参考点越远，移动速度越快。

移动鼠标的同时按住“Shift”键，可以进行垂直或水平移动。

按住“Ctrl”键可以移动得更快。“奔跑”功能在大的场景中是很有用的。

激活漫游工具后，也可以利用键盘上的方向键进行操作。

17.2.7.2　使用广角视野

在模型中漫游时通常需要调整视野。要改变视野，可以激活缩放工具，按住“Shift”键，再上下拖拽鼠标即可。

17.2.7.3 环视快捷键

在使用漫游工具的同时，按住鼠标中键可以快速旋转视点。其实就是临时切换到环视工具。

注意：在漫游过程中，按住“Alt”键可暂时关闭冲突检测（穿墙行走）。

17.2.8 正面观察

正面观察可以围绕固定的点移动镜头，类似于让一个人站立不动然后观察四周，即上下移动鼠标可倾斜视图，左右移动鼠标可平移视图。可从“漫游”工具栏、“工具选项卡”或“镜头”菜单激活正面观察工具。

17.3 地形工具

SketchUp 中的地形工具原为 Sketchup 中的一个插件，现已经结合入 SketchUp 软件之中。SketchUp 地形工具可以采用使用等高线或者使用栅格生成地形，并能够方便地对创建的地形进行拉伸、平整、细分等操作。SketchUp 地形工具工具栏中存在 7 个命令（图 17-3)，下面将逐一进行详解。

图 17-3

17.3.1 根据等高线创建地形

此工具可以通过在多条曲线间创造曲面连接的方式生成地形。曲线间使用三角面连接，并采用平滑显示模式呈现出曲面地形的效果。使用此工具创建地形时有以下两种方法。

（1）在 AutoCAD 中导入

在原始 AutoCAD 文件中将除登高线外的其他元素删除，然后另存为 Dwg 文件（图 17-4)，在 Sketchup 中将 Dwg 文件导入。此方式要求在 AutoCAD 文件中的地形等高线带有独立的标高属性，此时导入 SketchUp 中的线条应分布于三维空间中（图 17-5)。

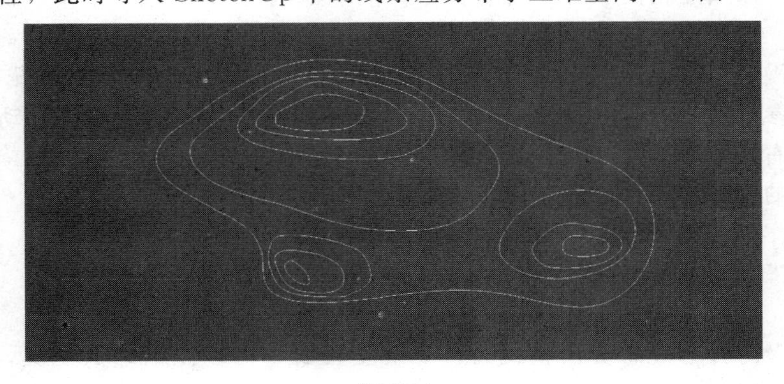

图 17-4

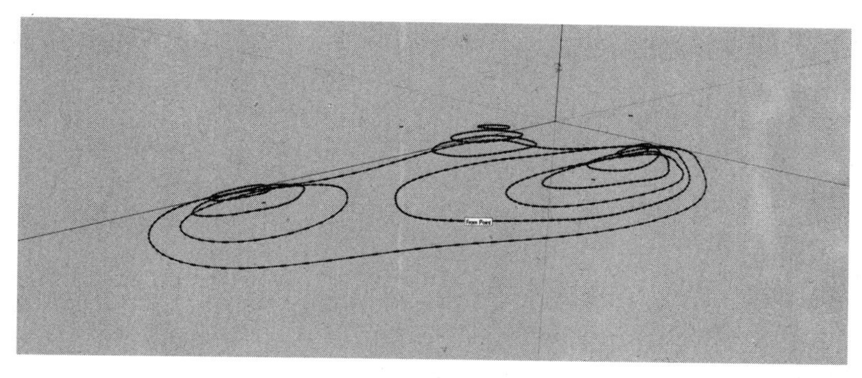

图 17-5

（2）直接在 SketchUp 文件中绘制

如果缺乏原始的地形数据，可以在 SketchUp 中直接绘制。绘制可以使用直线、圆弧、徒手线条、曲线等工具，然后调整曲线到相应的高度。

以上两种方法的后续步骤相同。

① 选取需要建立地形的相关全部曲线。

② 单击“根据登高线创建地形”按钮。

③ 等待命令执行完成，结果会形成一个组，此时可以通过将组进行隐藏，选取之前的等高线进行删除，就可以留下生成的地形（图 17-6）。

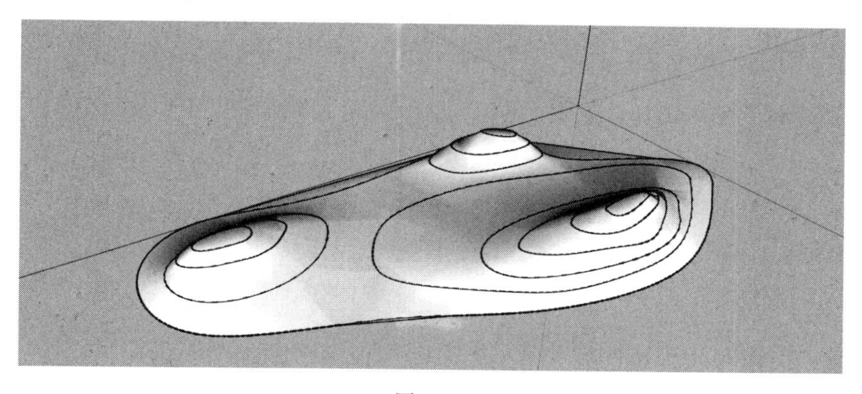

图 17-6

17.3.2 根据方格网创建地形

使用该命令可以建立一个可以进一步推拉调整的方格网曲面。

单击命令后，在尺寸输入框中输入相应的间距数值。随后在绘图窗口中单击鼠标选定起点和终点范围，也可以单击起始点后在尺寸输入框中输入相应的数值完成操作（图 17-7）。

17.3.3 曲面拉伸工具

此工具可以对使用上述方法建立的地形进行修改，它可以沿着模型 Z 轴推拉地形而形成抛物面凸起或凹陷。单击此工具，然后在右下角的尺寸输入框内输入拉伸的范围半

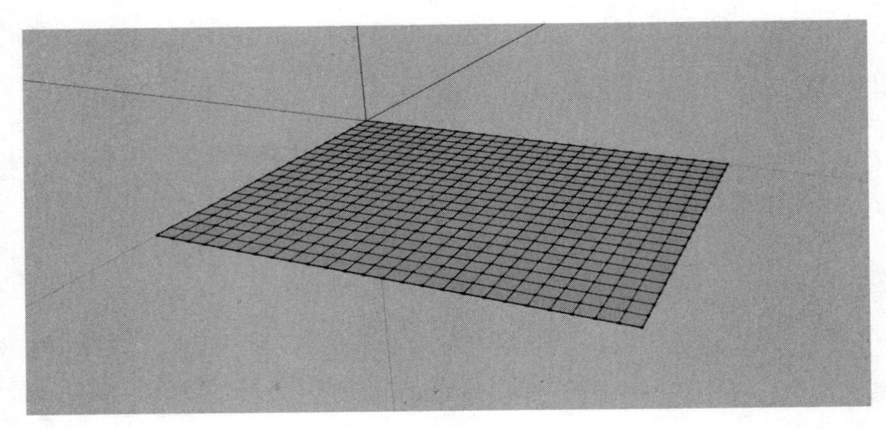

图 17-7

径，用鼠标单击需要拉伸的基点，即剖物面的最高点。随后通过移动鼠标或者在尺寸框内输入拉伸高度确定 Z 向高度（图 17-8）。

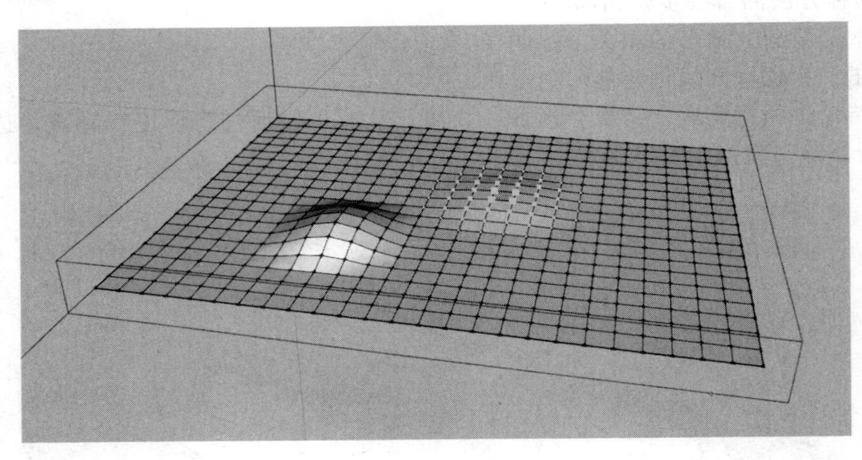

图 17-8

此命令可以通过多次细致的调整，以形成理想的地形效果。

17.3.4　曲面平整工具

此工具可以将凸凹的地形按照地形旁边的一个面的垂直投影范围进行平整化。

首先选择平整地形范围内的参考面，然后在输入框中输入距离并按回车键确认，之后将鼠标箭头移动到地形上，出现图标时单击鼠标左键，然后通过上下移动鼠标将调整至合适的高度（图 17-9）。

17.3.5　曲面投射工具

此工具可以将地形曲面之外的物体轮廓线投影到曲面之上。

首先选择需要投射的物体，然后单击此工具，将鼠标移动到地形之上单击鼠标即可完成命令。此工具可以用来绘制起伏地形上的地界、道路等元素（图 17-10）。

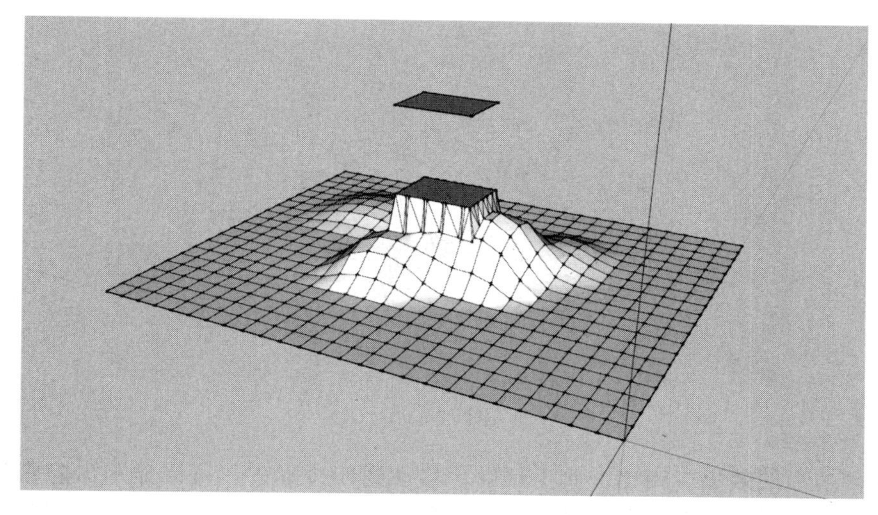

图 17-9

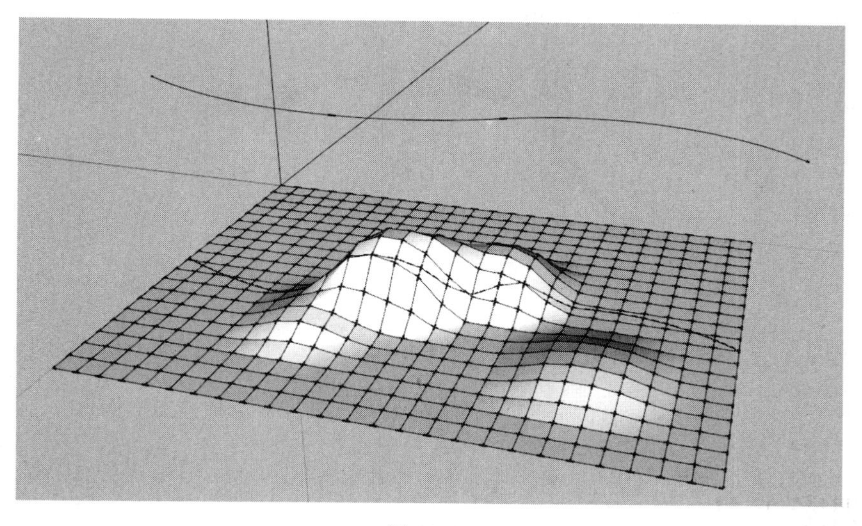

图 17-10

17.3.6 添加细部工具

对于之前地形形成的栅格效果，可以通过进一步的细分过程形成更为细致的网格，实现精确地形的建模需求。

选择需要细分的网格面，随后单击此工具，可以将选中的每个网格面四边形分成四块，中间对角线两两分开，形成 8 个三角面。可以多次重复操作，以满足局部地形建模的精细化要求（图 17-11）。

17.3.7 翻转边线工具

在 SketchUp 中的地形工具生成的平面均为三角面，只不过通常是隐藏的，所以

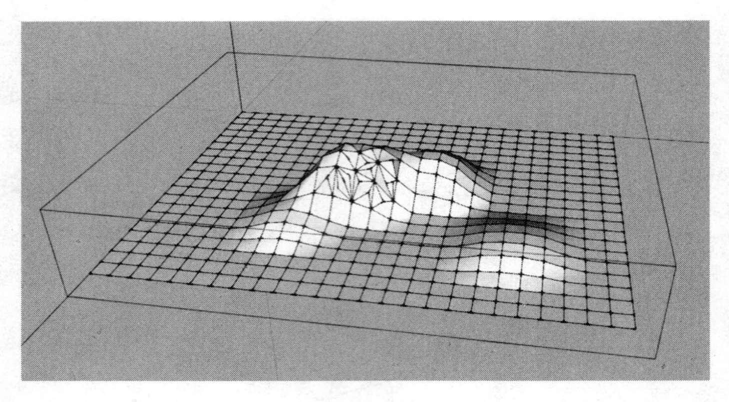

图 17-11

我们会看到四边形的效果。当单击此工具后，移动到四边形内，可以显示出隐藏的四边形。单击此工具，则会对当前四边形的对角线进行变换，从而改变四边形三角面的划分方式。

在使用此工具进行调整过程中，我们可以通过选择菜单内“查看”中“虚显隐藏物体”命令，此命令可以将地形四边形的对角线显示为虚线（图 17-12）。

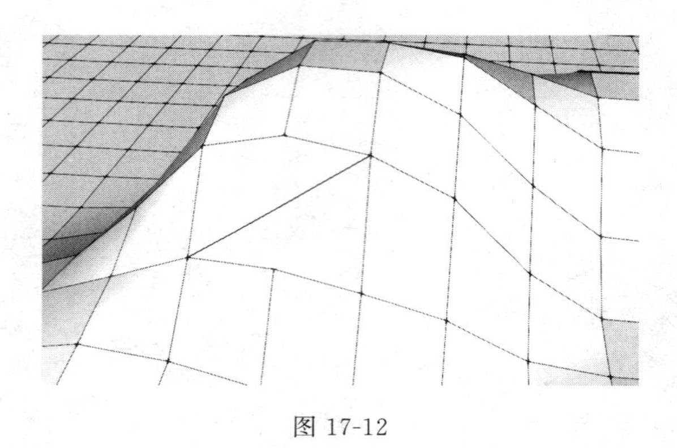

图 17-12

17.4 阴影工具

SketchUp 具有较强的阴影渲染功能，通过光照可见性将光线无法直接投射到的部分用阴影表示出来，开启阴影后可以增加模型的真实性，同时可以进行模型的光照分析（图 17-13）。

17.4.1 阴影工具条

阴影工具条中包含有两个按钮和两个滑块，可以对模型阴影进行简单的参数调整（图 17-14）。

此标志为“显示阴影设置对话框”按钮。单击此按钮可以切换阴影设置对话框的显示与隐藏。在该对话框中具有更为详细的阴影参数选项。

此标志为“显示阴影”按钮。单击此按钮可以让模型在是否显示阴影之间进行切换。

图 17-13

图 17-14

：时间滑块。使用时间滑块调整一天中的不同时间来定义不同的太阳位置。滑块可以从太阳升起到太阳落下的时间过程中进行调整，也可以在其旁边的文本框中输入一个精确的时间。

：日期滑块。使用日期滑块可以调整一年之中不同的日期来定义太阳的位置，滑块的调节范围是从 1 月 1 日到 12 月 31 日；同时也可以在其旁边的文本框内输入一个精确的日期数值。

17.4.2　阴影设置对话框

阴影设置对话框可以设置 SketchUp 阴影的相关详细选项，包括显示切换、日期和时间、场地位置等选项；还可以使用阴影工具条来控制阴影的显示。从“窗口”菜单中可以激活阴影选项对话框（图 17-15）。

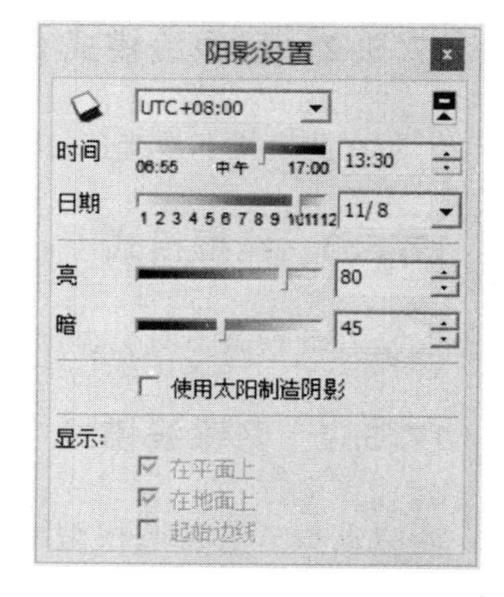

图 17-15

阴影设置对话框中主要包含以下选项。

①“显示阴影”按钮。时间滑块和日期滑块的功能与工具条中的相关工具功能相同，滑块右侧的文本框中可以输入一个精确的时间或者日期来对阴影进行设置。

②“时区”下拉列表。在此下拉列表当中选择一个时区可以识别当前的位置以显示更为精确的阴影。

③ 亮度滑块和暗度滑块。使用这两个滑块可以控制模型中光照强度。亮度滑块可以对光线可以照到的表面的明暗进行调整，暗度滑块则可以对不能被光线照到的表面和阴影区域的明暗进行调整。

④“使用太阳制造阴影”复选框。选择此选项可以在阴影显示关闭时使用太阳光照来渲染模型表面。

⑤“在平面上”。选择此选项可以切换显示投射在模型的表面上的阴影。

⑥“在地面上”。选择此选项可以切换显示投射在地平面之上的阴影。

⑦“起始边线”。选择此选项可以显示没有在一个面上的线条所形成的阴影。

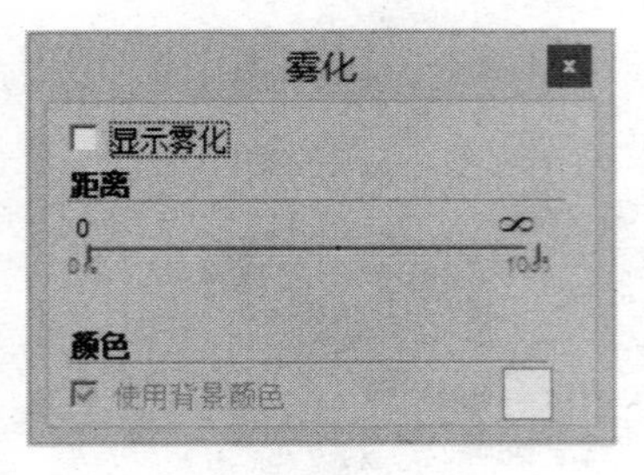

图 17-16

17.4.3 雾化工具

雾化工具可以单击菜单栏“窗口”中的“雾化”选项打开（图 17-16）。

雾化设置对话框中包括以下选项。

①“显示雾化”复选框。单击选择此选项可以打开雾化效果。

② 雾化效果距离滑块。拖动此滑块上的按钮可以调整雾化效果的深度。

③“使用背景颜色”复选框。使用此复选框可以切换是否显示雾化效果的背景颜色。

17.5 样式工具

使用样式工具可以对模型样式进行多种预设的不同样式的调整，详细参数调整可以在样式对话框中进行。样式工具栏所包含工具如图 17-17 所示。

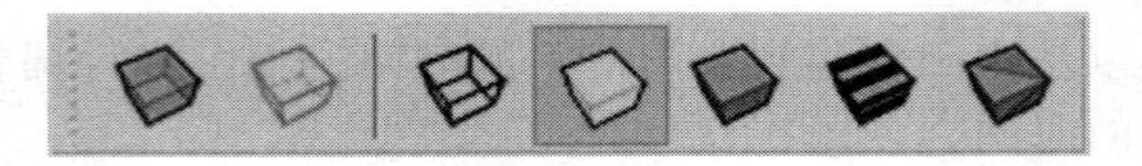

图 17-17

17.5.1 X 射线模式

可以透明显示整个模型，清楚地看到普通模式下模型中所遮挡住的边线［图 17-18(a)］。

17.5.2 后边线模式

在此模式下被遮挡的模型边线将以虚线显示［图 17-18(b)］。

17.5.3 线框模式

在此模式下只会显示出模型的边线，而不会显示模型中的面［图 17-18(c)］。

17.5.4 隐藏线模式

此模式会隐藏模型中所看不到的线，同时模型中所有的面会以单色显示［图 17-18(d)］。

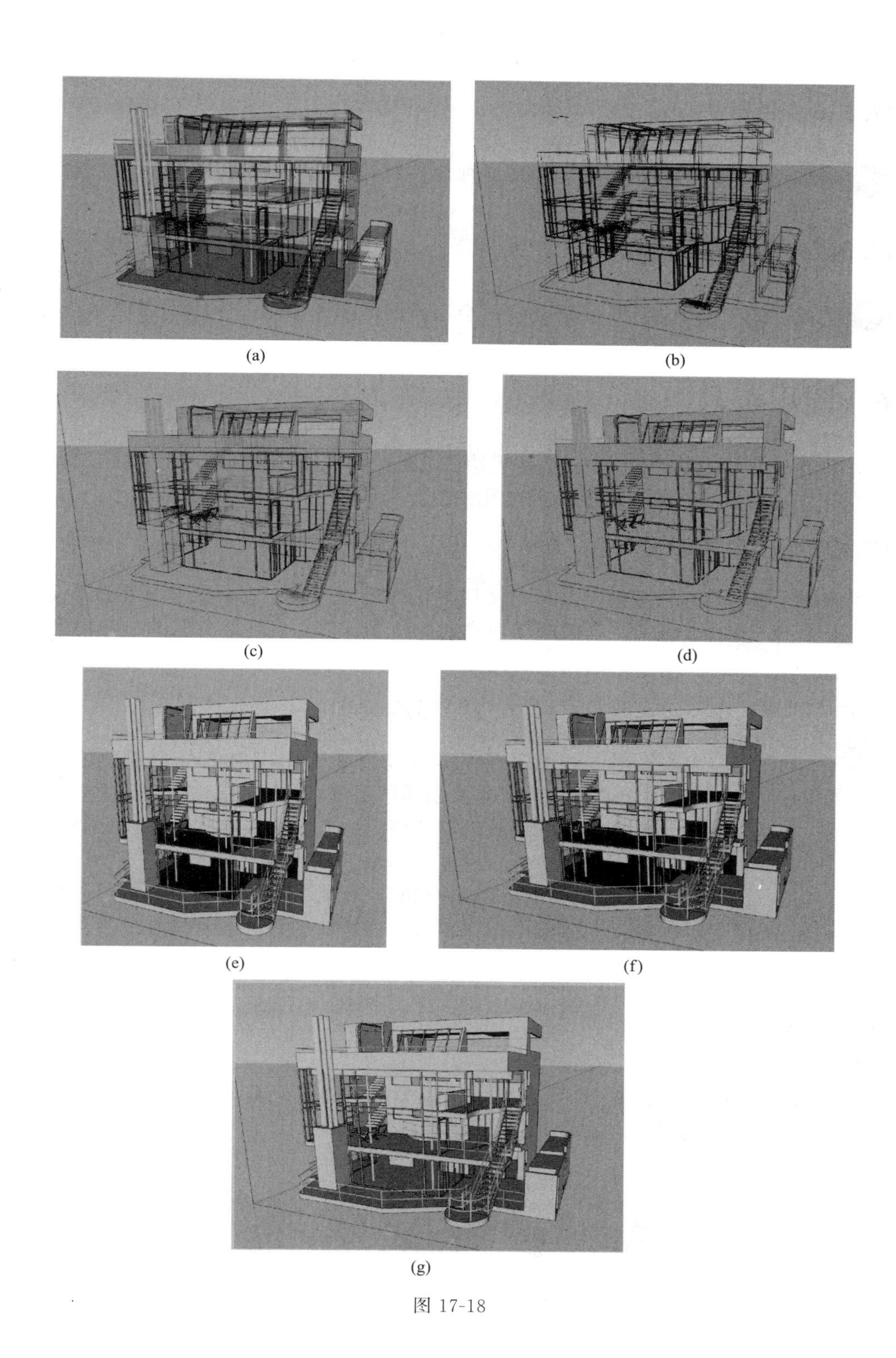
(a) (b) (c) (d) (e) (f) (g)

图 17-18

17.5.5 阴影模式

选择此模式会用单色对模型表面进行渲染，显示出不同表面的明暗关系［图 17-18(e)］。

17.5.6 阴影纹理模式

选择此模式会显示出模型表面的纹理和材质［图 17-18(f)］。

17.5.7 单色模式

在此模式下模型表面的正面和反面会用不同的颜色加以区分［图 17-18(g)］。

17.6 图层工具

类似于 AutoCAD 或 Photoshop 等建模绘图软件，Sketchup 中也引入了图层的概念，不同类型的模型元素可以分类放置于不同的图层之上，方便进行管理和编辑。

17.6.1 图层工具栏

使用图层工具栏可以切换图层。单击图层下拉列表，选择相应的图层，就会将模型中的当前图层切换到此图层。单击工具栏右侧的按钮则可以显示出图层管理器。

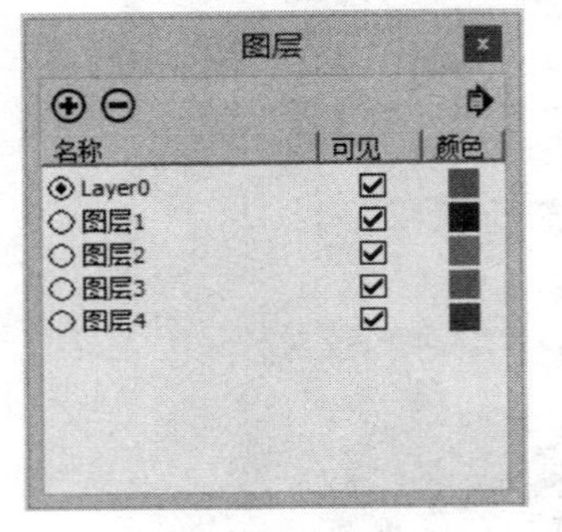

图 17-19

17.6.2 图层管理器

图层管理器可以用来管理当前模型中的图层。可以在“窗口”菜单中激活图层管理器（图 17-19）。

图层管理器会列出所有的图层和它们在模型当中的可见性。每一个模型中都至少含有一个被称为“图层 0”的图层。该图层不能够被删除，在此图层上的图元，其可见性继承与包含它们的组或者组件所在的图层的可见性。当图层 0 被隐藏时，包含在其他图层组或组件之内的图元并不会被隐藏，这是这个图层的特殊之处。

17.7 实体工具

SketchUp 新版中引入了实体工具，可以对模型进行布尔运算。实体工具可以在菜单栏“工具”→“实体工具”的选项中进行选择，也可以在实体工具栏（图 17-20）中进行直接选取。

图 17-20

17.7.1 外壳

此工具会将相交错的实体形成一个统一的外壳。

17.7.2 相交

此工具会保留实体的交错部分而删除其他部分。

17.7.3 联合

此工具会将相交错的实体联合在一起。

17.7.4 减去

此工具会将实体的部分与另一个实体重合的部分去除，并仅留下第一个实体。

17.7.5 剪辑

此工具会将相交的第二个实体去除与第一个实体重合的部分形成新的实体。

17.7.6 拆分

此工具会将两个或多个实体相互交错的部分形成一个新的实体，并与之前的实体分离开来。

第 18 章　常用绘图设置

使用 SketchUp 进行建模操作或者过程中需要进行一些基本的参数设置，主要包括使用偏好、模型信息等，以设置好建模环境，方便进行建模操作。

使用偏好设置的内容一般在安装好 SketchUp 软件之后，根据需要进行设置，以方便之后进行的绘图建模操作。其选项包括对系统性能、绘图单位、工作区、快捷键等信息的设置。其对话框在菜单栏“窗口”中的下拉菜单“使用偏好”中可以找到。

18.1　OpenGL 设置

OpenGL 的全称是“开放的图形程序接口（Open Graphics Library）”，最新版本为 OpenGL 4.4，它是绘图行业中所广泛接纳的 2D/3D 图形 API。OpenGL 是一个跨平台、跨编程语言的图形接口，在 CAD、内容创作、能源、娱乐、游戏开发、制造业、制药业及虚拟现实等专业行业领域中，OpenGL 具有非常广泛的应用。

SketchUp 的 3D 绘图基于 OpenGL 开发，合理的设置 OpenGL 选项有利于提高 SketchUp 的绘图性能，发挥显卡的硬件加速作用，让模型的显示更为细腻和流畅。

OpenGL 设置对话框如图 18-1 所示，在显示卡工作正常情况下，一般推荐选择“使用硬件加速”功能，选择此选项之后系统会通过 OpenGL 接口直接调用系统显卡进行绘图过程，有效地加速了三维图形的显示性能。较陈旧的显卡可能无法正常支持完整的 OpenGL 接口调用，在显示过程中可能会出现三维图形的线、面不能正常显示的情况。在这种情况下，需要将此选项取消，完全使用软件模拟即 CPU 进行图形绘制。这种情况下一般显示不会出现错误，但是性能较差，在模型较为复杂的情况下会出现较为明显的性能下降。

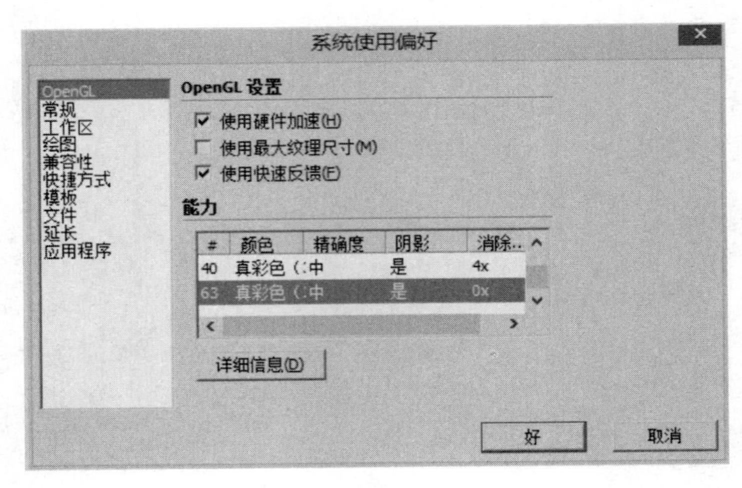

图 18-1

“使用最大纹理尺寸”不推荐勾选，选择后会出现较为明显的性能下降。

“快速反馈”建议选择，有助于提高性能。快速回馈是显卡显像的一种机制，将其启用可以快速显示图像，这个功能一般默认选择启用。虽然启用这个功能会耗用 GPU 的运算资源，但是停用快速回馈将会明显降低成像显示的速度。

下方的“能力”表格中列出了 SketchUp 所支持的显示模式，不同显卡下该表格内容会有所区别，此选项根据自身显卡性能进行调整，如果显示卡为专业显卡（例如 Nvidia NVS 系列）或者较高性能的游戏显卡，可以适当调高抗锯齿级别，开启四倍抗锯齿（4×）或双倍抗锯齿（2×）显示。抗锯齿显示会令模型边线显示更为平滑［图 18-2(b)］，但是较为影响系统性能，因此集成显卡或低端独立显卡下建议关闭抗锯齿（0×），关闭抗锯齿的模型显示效果如图 18-2(a) 所示。

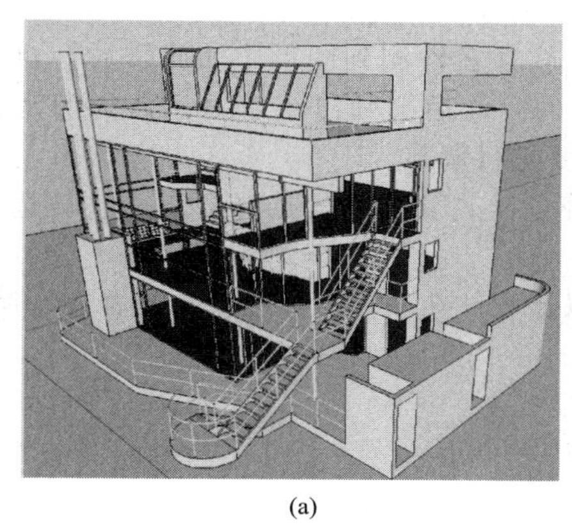

(a)

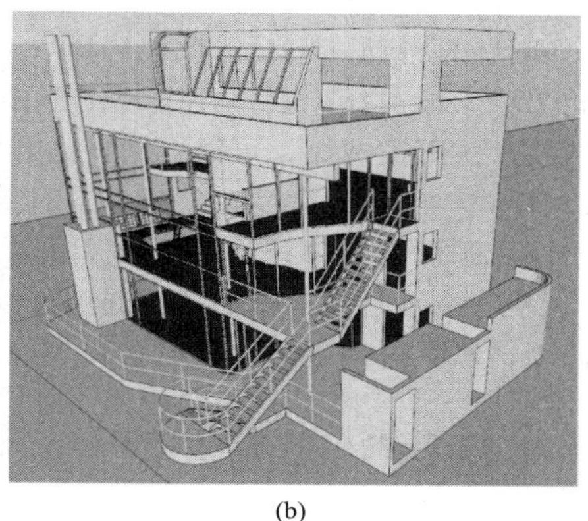

(b)

图 18-2

18.2 “常规”选项卡

“常规”选项卡中包含“保存”“检查模型的问题”“场景和样式”“软件更新”4 个选项（图 18-3）。

“保存”选项中“创建备份”选项可以在保存文件时自动创建一个扩展名为“.skb”的文件，这个文件是修改之前保存的文件的一个备份，它与这次保存的文件位于同一个文件夹

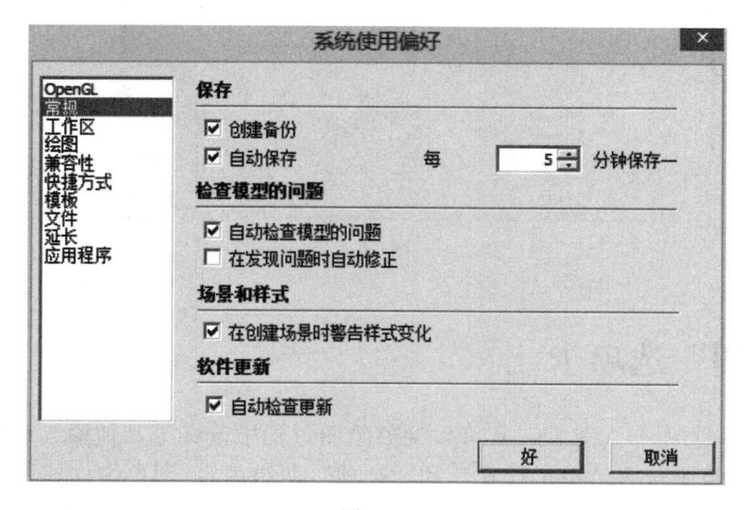

图 18-3

下面。“自动保存”选项可以每隔一段时间后自动将修改的文件保存至一个临时的文件夹，自动保存的文件在SketchUp未能正常退出时依然可用，在后面的时间栏中可以输出保存的间隔时间。

在实际建模工作中，建议选择以上两个选项，保证文件在发生意外时能够通过备份的文件找回。

“检查模型中的问题”可以让程序对模型中的错误进行检查，它包含两个选项“自动检查模型的问题”和“在发现问题时自动修正”。

“自动检查模型的问题”选项建议选择，选择之后软件会在文件打开和保存时自动检查其中的错误，以保证三维模型能够正常显示。如果不选择此选项，则必须使用“模型信息”对话框中“统计信息”选项卡的“修正问题”选项进行修复。

“在发现问题时自动修正”选项被选择后，软件在检测到图形中的问题后会自动进行修复。如果此选项未被选择，软件在发现图形中的问题后会弹出一个对话框询问是否进行修复。这个选项默认不被选择，可以根据自己需要进行调整。

“场景和样式”组中包含“在创建场景时警告样式变化”的选择框，当它被选择时，在图形样式改变后添加场景时会有对话框提示。

“软件更新”中“自动检查更新”选项可以让软件在联网时自动检查是否有新版本出现。建议选择此项，以获得最新的软件更新和支持。

18.3 “工作区”选项卡

“工作区”选项卡（图18-4）包含“使用大按钮”选择框和“重置工作区”按钮。“使用大按钮”选项可以在较大的工具按钮和较小的工具按钮之间进行切换。“重置工作区”按钮则可以将SketchUp的工作区恢复到最初的默认状态。

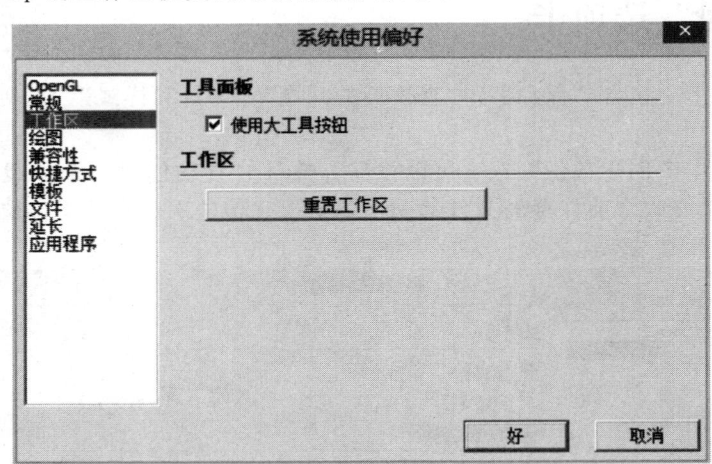

图18-4

18.4 “绘图”选项卡

使用“绘图”选项卡（图18-5）可以调整绘图过程中鼠标等其他输入设备的操作形式。

“绘图”选项板中包含“单击样式”和“杂项”两组内容。“单击样式”可以调整单击鼠标的操作反应，包括“单击-拖拽-释放”“自动检测”和“单击-移动-单击”3个选项。“单

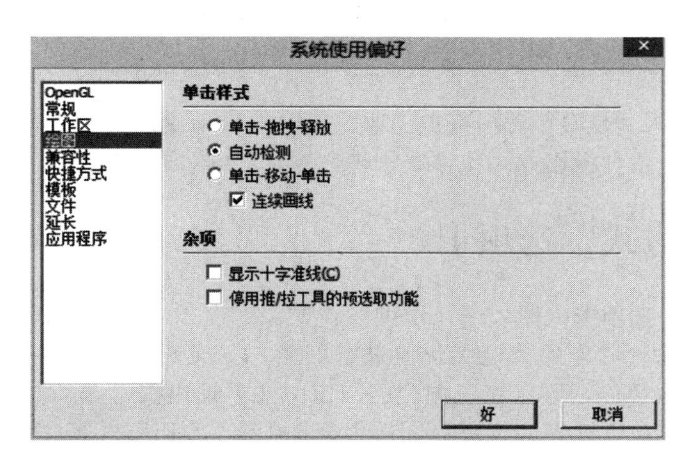

图 18-5

击-拖拽-释放”模式下需要按下鼠标不放直到终点再放开进行绘图，“单击-移动-单击”模式下需要在起点单击一次，然后松开鼠标，再移动到终点，再次单击鼠标后完成绘图。“自动检测”模式下两种方式都可以使用。

“杂项”组包含两个选项，分别是“显示十字准线”和“停用推/拉工具的预选取功能”。“显示十字准线”可以在绘图过程中显示与坐标轴颜色相近的十字光标辅助绘图。

推拉工具的预选取功能是指我们可以先用选择工具选取一个面，然后对模型进行旋转，再单击推拉工具会自动对之前选择的面进行推拉，即使之前选取的面此时看不到也可以进行。这个功能可以将某些选取比较困难的面方便进行推拉。

18.5 “兼容性”选项卡

“兼容性”选项卡（图 18-6）设置可以识别组件和组的高亮显示方式更改鼠标滚轮的设置。

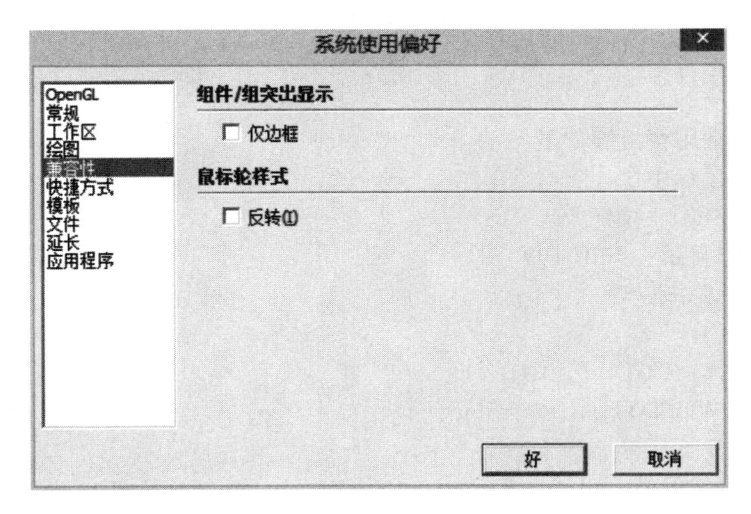

图 18-6

“组件/组突出显示”中的“仅边框”选择框，可以切换组件被选择时的显示样式，“仅边框”表示仅显示一个组件立方体边框，取消该选项的会显示一个边界立方体边框和它们各自相匹配的边界。

“鼠标轮样式”中“反转”选项框被选取时，向上滚动鼠标滚轮进行缩小，向下滚动鼠标滚轮时进行放大，这种操作方式和谷歌地球中的滚轮操作是一致的。

18.6 “快捷方式”选项卡

在“快捷方式”选项卡（图 18-7）中可以查看和更改 SketchUp 的快捷键。顶部“过滤器”输入框，可以输入功能的关键字快速进行搜索。下面则列出了 SketchUp 中的功能列表。单击其中的一项功能，可以在右侧“已指定”文本框内查看该功能所定义的快捷键设置；如果文本框为空白，则表示该功能尚未设置快捷键。我们可以通过右上角“添加快捷方式”标签右侧的加号按钮进行快捷键的添加，或者在“已指定”文本框右侧的减号按钮对快捷键进行删除，下方“全部重置”按钮可以将修改过的快捷键设置恢复到软件的默认状态。同时快捷键设置还可以通过“导入”“导出”按钮以文件的形式进行保存或者读取，方便快捷键设置在不同版本或者不同电脑之间的迁移。

图 18-7

SketchUp 的常用快捷键如下。

显示/旋转：鼠标中键

显示/平移：Shift＋中键

编辑/辅助线/显示：Shift＋Q

编辑/辅助线/隐藏：Q

编辑/撤销：Ctrl＋z

编辑/放弃选择：Ctrl＋T；Ctrl＋D

文件/导出/DWG/DXF：Ctrl＋Shift＋D

编辑/群组：G

编辑/炸开/解除群组：Shift＋G

编辑/删除：Delete

编辑/隐藏：H

编辑/显示/选择物体：Shift＋H

编辑/显示/全部：Shift+A
编辑/制作组建：Alt+G
编辑/重复：Ctrl+Y
查看/虚显隐藏物体：Alt+H
查看/坐标轴：Alt+Q
查看/阴影：Alt+S
窗口/系统属性：Shift+P
窗口/显示设置：Shift+V
工具/材质：X
工具/测量/辅助线：Alt+M
工具/尺寸标注：D
工具/量角器/辅助线：Alt+P
工具/偏移：O
工具/剖面：Alt+D
工具/删除：E
工具/设置坐标轴：Y
工具/缩放：S
工具/推拉：U
工具/文字标注：Alt+T
工具/旋转：Alt+R
工具/选择：Space
工具/移动：M
绘制/多边形：P
绘制/矩形：R
绘制/徒手画：F
绘制/圆弧：A
绘制/圆形：C
绘制/直线：L
文件/保存：Ctrl+S
文件/新建：Ctrl+N
物体内编辑/隐藏剩余模型：I
物体内编辑/隐藏相似组建：J
相机/标准视图/等角透视：F8
相机/标准视图/顶视图：F2
相机/标准视图/前视图：F4
相机/标准视图/左视图：F6
相机/充满视图：Shift+Z
相机/窗口：Z
相机/上一次：TAB
相机/透视显示：V
渲染/线框：Alt+1
渲染/消影：Alt+2

18.7 绘制模板

SketchUp 预设了多个不同的绘图模板（图 18-8），每个模板中包含有不同样式和单位设置，在景观设计中通常采用以米作为单位的简单模板，或者以毫米为单位的建筑设计模板。我们还可以单击右侧的“浏览…”按钮选择更多的模板。更换模板后需要重新启动 SketchUp 来应用新选择的模板。

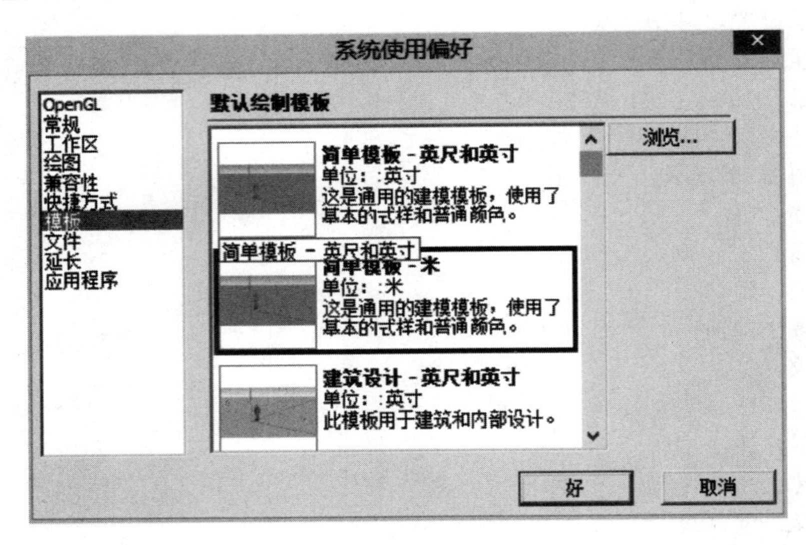

图 18-8

18.8 文件位置

文件位置包括模型、组件、材质、样式、纹理图像、水印图像、导出模型的默认位置（图 18-9）。可以通过文本框右侧的“浏览”按钮对默认位置进行修改，此处路径一般保持默认设置即可。

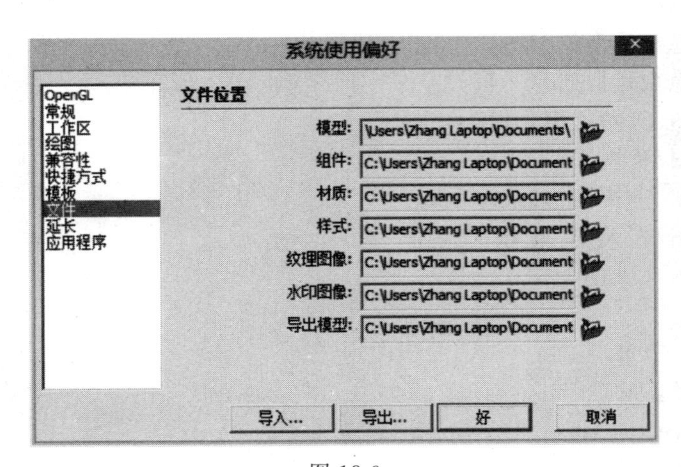

图 18-9

18.9 延长

“延长”选项卡（图 18-10）包括 SketchUp 程序中加载的插件，默认的插件包括高级镜头工具、动态组件、沙盒工具以及照片纹理工具。如果另外安装了其他插件，也会显示在这里。可以通过选择前面的选择框，启用或者禁用相关的插件。

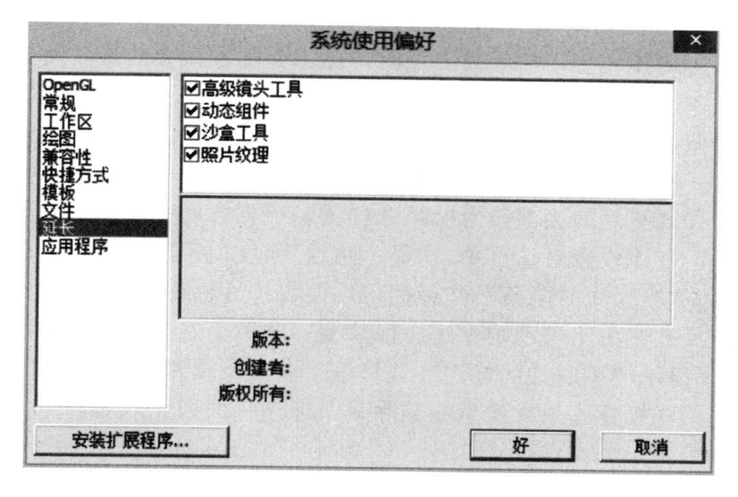

图 18-10

18.10 应用程序

“应用程序”选项卡可以更改默认的图像编辑器，通过右侧的“浏览”按钮按照程序路径指定用于图像编辑的外部程序。

18.11 尺寸

“尺寸”选项板（图 18-11）表示在使用 SketchUp 尺寸工具进行尺寸标注时，标注文字

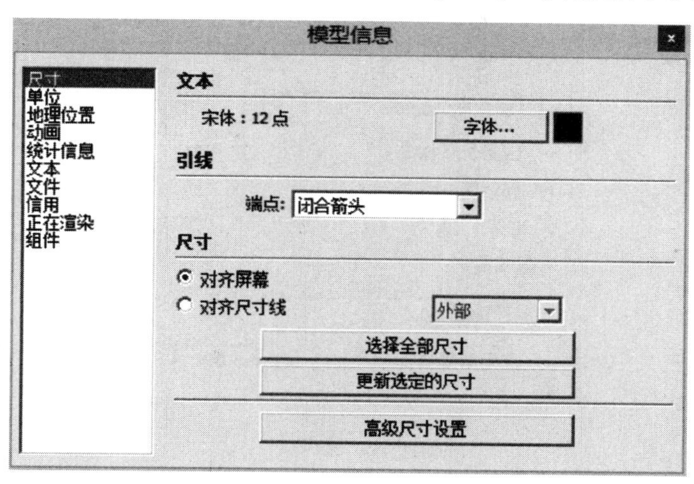

图 18-11

和引线的样式和大小。

“文本”可以更改标注文字的字体文字字体样式和颜色，字体设置可以单击“字体…”按钮进行进一步设置，包括字体类型、字体样式以及尺寸的选择。右侧色块可以更改字体颜色，单击后可以选择不同类型的拾色器，包括“色轮”“HLS”“HSB”“RGB”进行选择。

“尺寸线”中的“端点样式”下拉框中可以调整尺寸线尽端样式，包括无样式、斜线、点、闭合箭头和开放箭头5种形式。

“标注”中可以选择尺寸的对齐方式，选择“与屏幕对齐”时，标注不会随着模型旋转，而会一直面向镜头；选择“与尺寸线对齐”时，标注会随着模型的旋转而旋转，始终保持与尺寸线的平行。

下面还有3个按钮：选择所有尺寸、更新所选择的尺寸样式、导出尺寸设置。单击“选择所有尺寸”将会一次性将模型中的所有尺寸图元选中，单击“更新所选择的尺寸样式”会将当前选中的尺寸样式更新为当前设置的尺寸样式。最下方的“导出尺寸设置”会显示出导出尺寸设置对话框。在该设置对话框中，“显示角度/弧度前缀”复选框可以切换是否在角度标注前面显示前缀。“当太短时隐藏”选择框可以使得尺寸标注在过短时隐藏，“当太小时隐藏”选择框可以使尺寸在由于移动的太远时而隐藏，这两个选择框后面的滑块可以调整临界范围的大小。“高亮显示非关联性的标注”选择框会将没有关联到模型的尺寸标注更换一个颜色进行显示，非关联性标注通常发生在删除一个标注过的图元后而产生。

18.12 单位

“单位”选项板（图18-12）包括“长度单位”和“角度单位”。“长度单位”设置包括单位格式和精确度。格式包括十进制、分数、工程、建筑几种类型，其中十进制单位为公制单位，另外3种类型均为英制单位。在“精确度”选择框中，可以选择SketchUp的绘图精度，绘图精度越高，SketchUp绘制图形的精确度越高，超过绘图精确度的尺寸将无法绘制出来。“启用长度捕捉”，开启时，其右边文本框内的单位长度将成为图形绘制中的最小捕捉范围。“显示单位格式”开启时，将在度量工具条内显示当前绘制的尺寸后面标明单位。

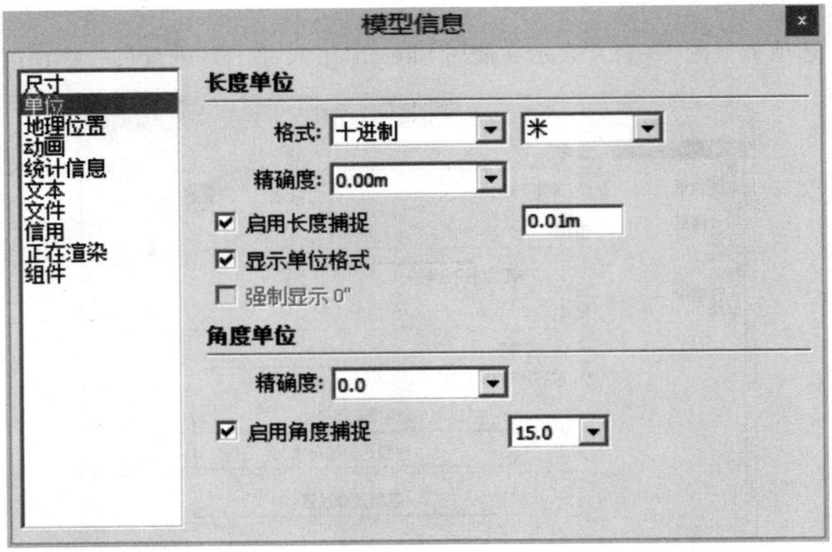

图 18-12

"角度单位"设置中也可以选择精确度和角度捕捉大小，工作方式与长度单位总的格式和精确度相类似。

18.13 地理位置

通过"地理位置"选项卡可以对当前绘制的模型进行精确的地理定位，以正确显示模型阴影。通过"添加位置"按钮对模型进行定位。单击"添加位置"后，将会显示出一幅GoogleMaps提供的世界地图，在地图中通过放大和平移定位到模型所在的地理位置，将其放置于地图中心的白色线框之内（白色线框在图形放大到一定范围后可以看到），位置选定后单击右上角的"选择区域"按钮，单击此按钮后白色线框的边框四角将会显示出4个别针，用鼠标拖动别针可以对选定区域进行裁剪调整，调整理想后单击"捕捉"按钮，地图图像便会作为底图添加到SketchUp工作空间中；同时，其地理坐标也会同时被设置好。如果无法找到合适的地理位置对应的卫星图形，或者计算机无法连接互联网，则可以通过"高级设置"里人工输入地名和经纬度进行添加。

18.14 动画

"动画"选项卡可以设置动画的相关属性，包括"场景转换"和"场景延迟"。"场景转换"相关设置可以设定从一个场景到另外一个场景的转换时间。选择"开启场景转换"，选择框可以对场景转换进行开启。下面的选择框可以设置一个场景转换为另一个场景的间隔时间。

"场景延迟"可以设置一个场景开始向下一个场景转换前的等待时间。在其下面的文本框中可以输入具体的时间进行设置。

18.15 统计信息

"统计信息"选项卡（图18-13）会显示当前模型绘图元素的一些统计信息，通过这些信息可以检查模型的性能问题，同时可以进行模型清理和错误修复等操作。下拉框可以切换

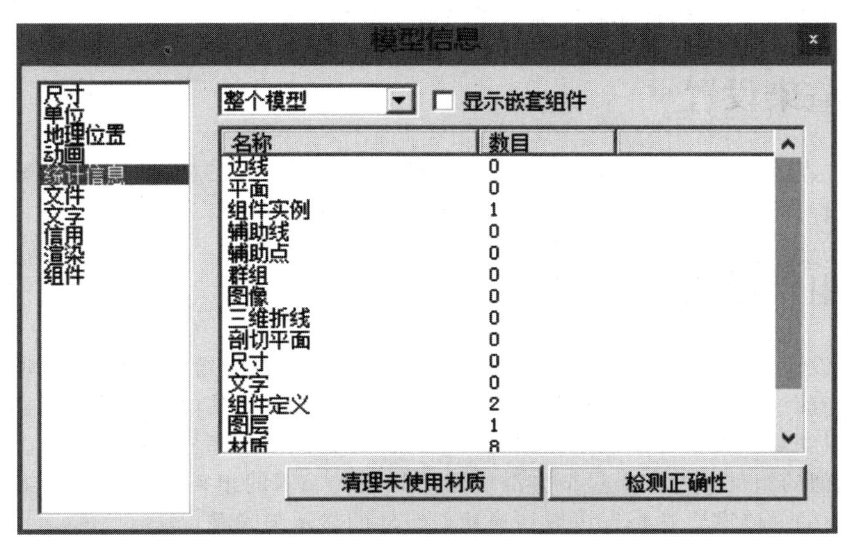

图18-13

"整个模型"或者"仅在组件中"以确定下面显示的统计数据是在整个模型中的数据还是仅仅与组件有关的数据。"显示嵌套组件"可以在统计数据中显示组件之中嵌套的组件数据进行一并显示。"清理未使用材质"按钮可以将图形中未被使用的组件、材质、贴图、图层和其他无关的信息进行清除。"检测正确性"按钮则会检查并修复图形中的错误。

18.16 文本

"文本"选项卡可以改变文字工具生成的文字的显示样式。

"屏幕文字"是指没有被附着于模型上的文字。"标注文字"标注文字指的是使用引出线箭头进行标注的文字。这两种文字可以通过旁边的字体设置按钮和色板调整字体的格式和颜色,"选择所有屏幕文字",或者"选择所有标注文字"按钮可以一次性全部选择模型中的同种类型的文字。

"标注线"组中的选项可以更改同标注文字一起的标注线的样式。"终点样式"可以切换标注线的终点样式,包括 4 种类型:无样式,端点、闭合箭头和开放箭头。

"标注"可以在下拉框更改标注显示类型,显示类型包括"基于视图的标注线"和"图钉式标注线"。"基于视图的标注线"会维持它的二维显示模式,始终朝向于观察者,"图钉式标注线"则会将标注在三维空间中对齐,并且随着模型的旋转而旋转。

18.17 文件

"文件"选项卡中可以设置一些与模型文件相关的参数,包括文件在系统中的路径、大小、最后修改日期以及最后一次修改时所使用的 SketchUp 的版本信息等。

18.18 信用

"信用"选项卡中可以看到当前模型的贡献者的相关信息,也可以让当前的模型使用者声明此模型的作者。"模型作者"显示出当前登录的用户,用户必须在登录谷歌账户之后才能声明为模型的作者。"组件作者"显示了当前模型的相关贡献者。

18.19 渲染设置

通过"正在渲染"选项卡中"使用抗锯齿贴图"选择框可以对模型中的贴图进行抗锯齿处理以优化显示质量。

18.20 组件设置

"组件"设置选项卡(图 18-14)可以对模型中正在编辑的组和组件的视觉效果进行设置。在编辑当前组件的同时可以将其他相似的组件或者模型的其他部分进行淡显或者隐藏。

"组件/组编辑"设置可以设定在编辑一个组件时其他模型部分的显示情况。

"淡化相似的组件"可以通过下方滑块调整与正在编辑的组件相似的其他组件的显示淡入程度,后面的"隐藏"选择框可以切换相似组件的显示与隐藏。

拖动"淡化模型的其余部分"滑块可以控制当前编辑组件或者组所无关的模型的显示淡

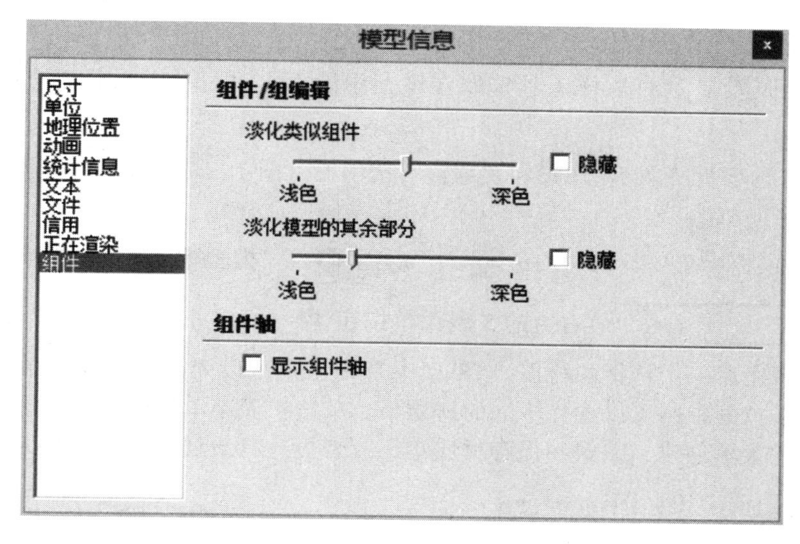

图 18-14

入程度，后面的“隐藏”选择框可以切换无关模型的显示与隐藏。

每个组件拥有自己的坐标轴系统，“显示组件坐标轴”选择框被选择时可以显示每个组件自身的坐标轴。

18.21 材质管理器设置

SketchUp包含多种预定义的材质，可以直接在模型中进行应用，模型管理器可以通过集合组织材质和颜色并将其应用到模型中。

单击颜料桶工具或者在菜单栏选择“窗口”菜单中的“材质管理器”选项，可以打开材质管理器（图 18-15）。

① 材质管理器可以浏览材质集中的不同材质。

a. 材质缩略图：表现所选择的材质名称。

b. 材质名称文本框 Derrick_Sweater ：显示了当前使用的材质名称。

c. 显示第二选择选项卡按钮：单击此按钮后会在当前的材质选项卡下面再显示出一个选择选项卡。这个选择选项卡的布局和上部的选择选项卡是一样的，但是这两个选择选项卡可以同时显示不同的内容。这样就可以使用一个选项卡显示模型中所使用的材质，另一个用来显示材质集中的材质，以方便使用。

d. 创建材质按钮：单击此按钮可以创建一个当前使用的材质的副本，油漆桶使用的材质恢复为默认按钮，单击此按钮会将现在使用的材质恢复为默认

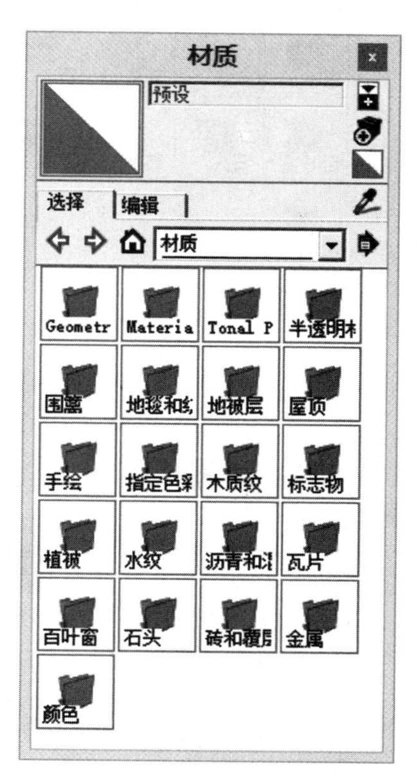

图 18-15

材质。

e. 取样工具：通过取样工具选取在模型中的面上进行单击，此面上的材质将作为当前材质。

②“选择”选项板（图 18-16）和“编辑”选项板（图 18-17）用以切换这两个选项卡的显示。

“选择”选项板中第一行有“前进”“后退”“模型中”3 个按钮，材质集下拉框 材质 和最右边的扩展菜单按钮。“前进”和“后退”按钮可以切换到之前一个或者之后一个选择的材质，“模型中”按钮则可以列出当前模型中所包含的所有材质。材质集下拉框中则可以选择不同的材质集。单击扩展菜单按钮，则会出现一个弹出菜单，可以通过此菜单创建、编辑和保存材质集、或者更改材质列表中的材质的显示方式。

图 18-16

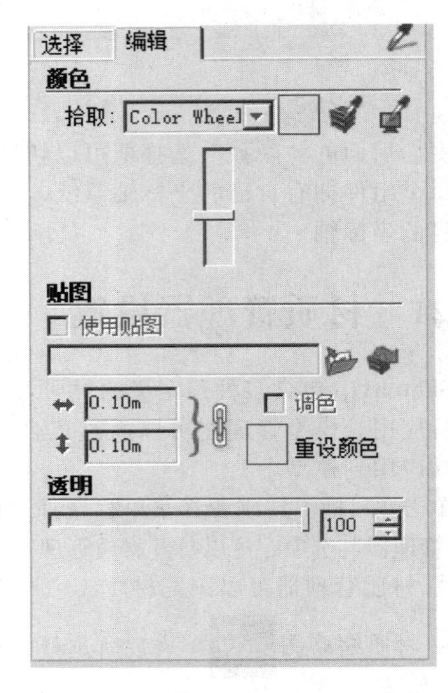

图 18-17

“编辑”选项卡可以对材质进行编辑。

a. 拾色器下拉框 Color Wheel：分别以色相环、HLS、HSB、RGB 4 种不同的模式进行颜色拾取。

b. “还原颜色更改”按钮：单击此按钮会将编辑过程中的对当前材质的改变全部丢弃，恢复成编辑前的样子。

c. 匹配模型中的物体颜色按钮：单击此按钮，然后单击模型中的物体，将会拾取到该物体的颜色应用在当前的选取材质中。

d. 匹配屏幕颜色按钮。单击此按钮，然后单击屏幕上的任意一点，这一像素点的颜色将会应用到当前的选取材质中。

e.“使用贴图”复选框 使用贴图：通过选择此复选框可以将一个图像文件作为一纹理应用于当前的材质之中。下方的文本框列出了贴图文件的名字，之前没有选用材质则显示为空白，文本框右面“浏览”按钮可以通过路径选择具体的贴图文件位置，“使用外部编辑器编辑纹理图像”按钮可以打开程序默认的图像编辑器加载纹理图像进行编辑。

f.“调色”复选框 调色：选择之后将锁定纹理图像的色调，当纹理图像不能显示其正常颜色时可以选择此选项。下方“重设颜色” 重设颜色 按钮可以将纹理图像的色调恢复为原始状态。

比例控制文本框可以改变纹理贴图的大小，纹理文件在模型表面显示时会不断进行重复，单个的纹理图像是其一个单独重复单元，通过输入尺寸可以改变重复单元的大小，这个选择并不会影响原始的图像。单击右面的“锁定比例”按钮，会切换在调整尺寸后的图像的长宽比是否锁定不变；而左面的“恢复尺寸调整”按钮则会恢复这次的改变为初始状态。

g. 透明度滑块：用以改变当前材质的透明度，通过拖动滑块或者在右边文本框输入0～100之间的数字调整材质的透明度；其中“0”代表完全透明，“100”代表完全不透明，数字越高则透明度越低。

18.22 组件管理器

使用组件管理器可以在组件库中对组件进行浏览并往模型中添加组件。

① 组件缩略图。组件缩略图会显示出当前所选择的组件。

② 组件名称文本框 咖啡桌 。显示了当前所选择的组件名称。

③ 组件描述文本框。显示了当前所选择组件的描述详情。

④“选择”选项卡可以将组库、模型以及联机中的3DWarehouse中的组件进行导航。

⑤ 查看方式下拉框。单击此下拉框选择不同的组件显示方式，包括小图标显示、大图标显示、详细信息显示和列表显示4种显示方式以及刷新按钮。

⑥“在模型中”按钮。单击此按钮可以显示出所有当前模型文件建模过程中所使用的组件。模型中未被使用的组件也可能会被显示在窗口中，这通常是由于添加了此组件后又在模型文件中删除了该组件，但是仍然保留在模型组件库中。

⑦ 搜索文本框。通过搜索此文本框可以在3DWarehouse模型库中搜索模型。

⑧ 扩展菜单。单击最右面的扩展菜单可以打开、创建一个模型收藏集，或者将当前的模型收藏集另存为其他的一个文件夹中，同时可以打开3DWarehouse网站查看网络共享的模型。组件列表包含一系列的组件或者组件集的列表。单独的组件缩略图显示为单个的边

框，组件集将会显现为 3 个重叠的方框。

⑨ 翻页按钮◆◆。用这两个按钮可以在 3DWarehouse 中的选择结果中进行搜索。

⑩“编辑”选项卡（图 18-18）中包含了当前选择的组件的部分属性，这些属性只有在选择的是模型中的组件时才可以编辑，这些属性和创建组件时的属性是一样的。

其下面包括“粘合剂”“剖切开口”“总是面向相机”“阴影朝向太阳”4 个属性，以及组件加载的文件位置。其功能选项与“创建组件”选项板中一致，可参考相关内容。

⑪“统计信息”选项卡（图 18-19）显示出了组件中不同元素的数量，例如表面、边线、构造线等，在下拉框中选择“All geometry（所有元素）”则会列出组件或者组的所有元素数据，选择“组件中”则只统计组件当中的元素，单击“扩展”复选框可以显出嵌套在当前选择的组件或者组中的元素数量。

图 18-18

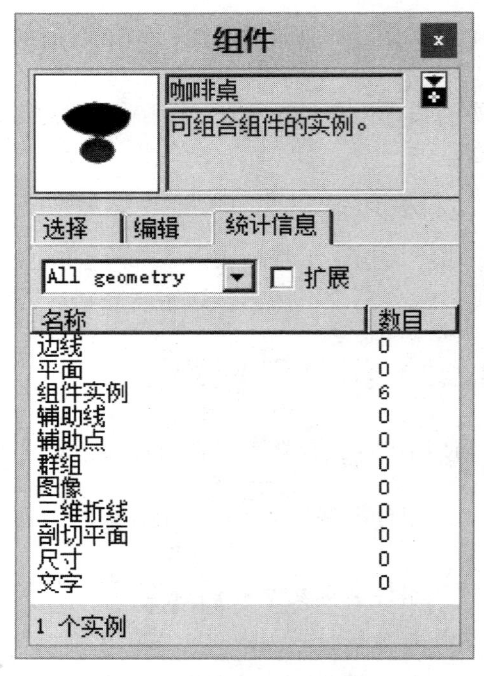

图 18-19

18.23 创建组件

可使用右键菜单中的“创建组件”对当前选择的部分进行组件创建。创建时会弹出“创建组件”对话框（图 18-20）。

（1）名称文本框

名称文本框包括组件的命名，所有的组件必须要有一个名称。

（2）描述文本框

在这里填写对组件的详细描述。

（3）“粘贴到”选项

“粘贴到”下拉框 无 可以定义模型从模型管理器中第一次放置时可以放置的

面。举例来说，一个门只能粘贴在竖向的平面，也就是蓝轴上。一个灰色的粘贴参考面会出现在组件所依附的面上并且切入面中。这个平面代表了组件朝向一个面和切入一个面的具体位置。

(4) 设置组件坐标轴

组件坐标轴定义了组件插入、对齐或者面向镜头的方式。组件坐标轴同时也定义了组件的切割面，就是原始的红、绿坐标轴形成的平面。“设置组件坐标轴”按钮可以为组件定义一个不同的原点并修改组件被放置时的朝向。

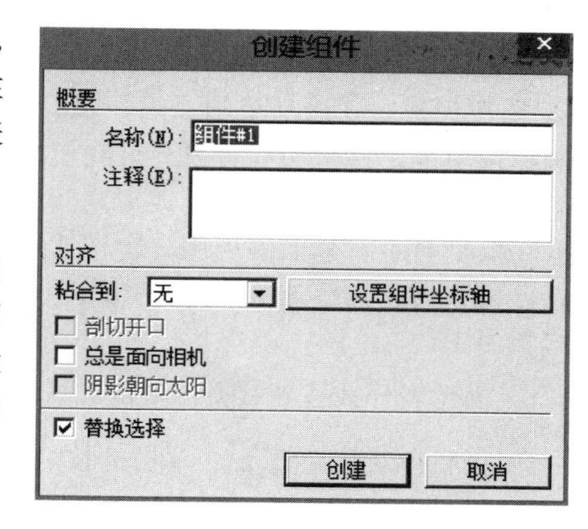

图 18-20

(5)“剖切开口”选项

该功能可以使组件在其被放置的平面上自动进行裁剪开洞，例如，一个门或者窗户的组件可以通过设置这个属性让其被放置的墙上可以自动开洞。放置于平面中的组件必须有完整的边界才能实现此功能。

(6)“总是面向相机”选项

此选项会使二维组件的面在模型旋转中一直面向镜头，这样可以使用二维树木、人物等组件来代替三维模型以降低图形复杂程度。选择此选项后模型将不会有“粘贴到表面”的功能。

(7)“阴影朝向太阳”选项

这个选项只有在“总是面向镜头”的选项被选择时才是有效的，此选项可以使在组件面向镜头时，依然可以投射出组件直接面向太阳时所产生的阴影。当组件朝向镜头旋转时，组件的阴影不会改变。此功能对基点较小的组件显示较为理想，比如一棵树等，但是对基点比较宽的组件显示效果不是太好，比如一个行走中的人。在使用中应保证组件坐标轴放置在了组件的底部。

(8)“替换选择”选项

这个选项会使当前选择的部分变成一个组件的实例，如果不选择此选项则会在组件管理器中创建一个组件的定义，而不会在当前的选择集中创建一个组件。

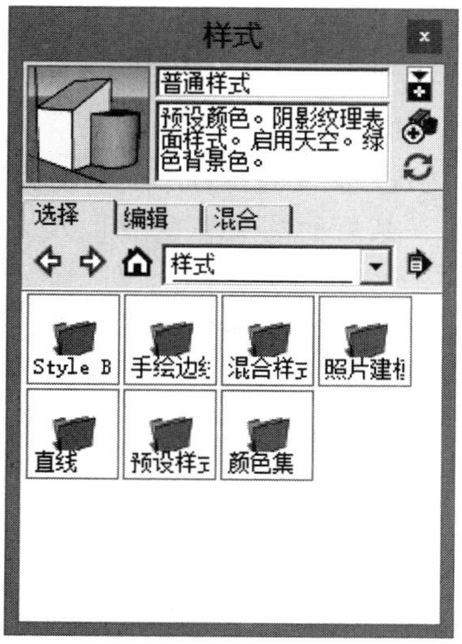

图 18-21

18.24 样式管理器

(1) 样式浏览器

使用样式浏览器（图 18-21）可以查看不同的样式集中的样式，并进行新建、修改样式等操作。操作步骤为在菜单栏“窗口”中选择“样式”打开样式管理器。

① 样式缩略图：显示当前所选择的图形当中的样式。

② 样式名称文本框 普通样式 ：显示当前样式的名称。

③ 样式描述文本框：显示对当前样式的具体说明和描述性的文字。

④ 显示第二个选择选项卡按钮 ：单击此按钮可以在当前选项卡的下部再显示出一个选择选项卡。这个功能可以允许我们同时看到选择集中的样式和模型当中所应用的样式。这个功能当我们需要在两个样式集之间进行拖动时也是非常实用的。

在模型显示时只能够应用一个样式，但是“模型样式”之中可能会存在多种样式，这样可以方便我们在建模过程中更换样式，我们所更换过的样式都会被自动保存在“模型样式”样式集当中。

⑤ 创建新样式按钮 ：单击此按钮创建一个当前模型中样式的副本。

⑥ 更新样式按钮 ：单击此按钮对当前模型中的样式进行更新。

（2）“选择”选项卡

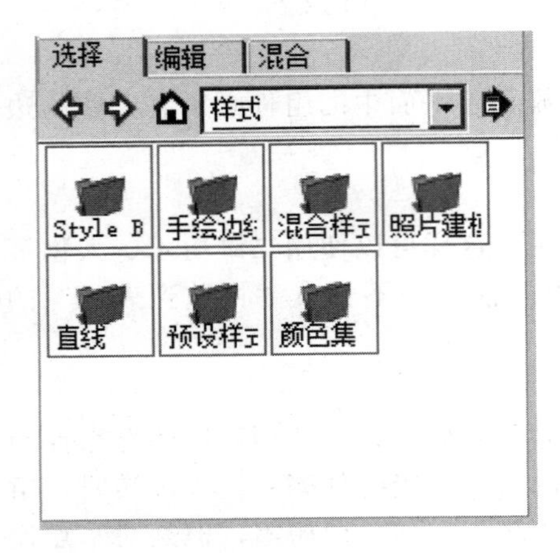

图 18-22

“选择”选项卡（图 18-22）可以在不同的样式中集中浏览并对当前的样式进行应用，选项卡中包含“前进”“后退”“在模型中”3 个导航按钮，选择集下拉列表框，以及一个扩展菜单。

①“后退、前进”按钮 ：可以在查看过程中切换到浏览过的前一个样式集或后一个样式集。“在模型中”按钮会将模型中所应用过的样式全部列出来。

② 选择集下拉列表框 样式 ：可以在其下拉菜单中选择需要列出的样式集。

③ 扩展菜单 ：扩展菜单中可以进行打开或新建样式集，将样式集加入收藏，或者删除样式集等操作，还可以更改样式列表的图例显示。

（3）“编辑”选项卡

“编辑”选项卡（图 18-23）中包含 5 个分开的二级选项卡，分别是“边线”设置选项卡、“面”设置选项卡、“背景”设置选项卡、“水印”设置选项卡和“建模”设置选项卡。

1）“边线”设置选项卡

“边线”设置选项卡（图 18-24）中包含各项对边线样式的设置选项。

①“边线”复选框可以切换模型可见边线的显示与否。

②“背部边线”复选框被选择时，看不到的模型边线会显示为虚线，不选择则不会不显示。

③“轮廓线”复选框可以切换模型外轮廓线的显示与否，在其后面的文本框输入数值可以设定轮廓线的粗细。

④“深度线”复选框被选择时可以将模型三维空间中距离越近的线显示得越粗，越远的线则显示得越细，后面的文本框可以设定距离最近的线的粗细。

⑤“延长线”复选框可以设定边线端点是否向外延长，在其后面文本框内输入数值确定延长的距离。

⑥“端点”复选框可以设定边线端点是否加粗，在其后面文本框内输入数值确定加粗的长度。

⑦“抖动”复选框被选择时可以使边线抖动显示，呈现出类似手绘线条的感觉。

⑧“颜色”下拉框可以设定边线的显示颜色，其下包含“同一颜色”“随材质显示”“随坐标轴显示”3 种类型，可根据需要进行设定。

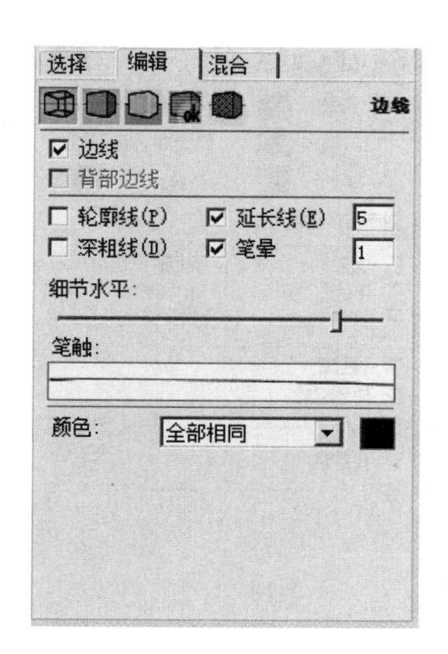

图 18-23

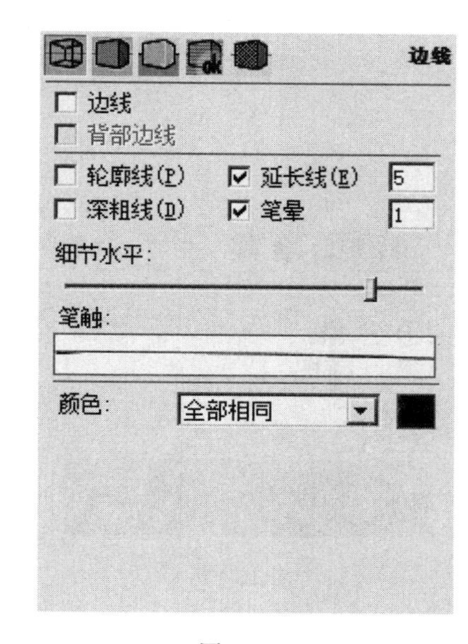

图 18-24

2）“面设置”选项卡

“面设置”选项卡（图 18-25）包含正面和背面颜色、面样式设置以及是否开启透明度显示等选项。

①“背景设置”选项卡（图 18-26）可以设置建模空间统一的背景颜色，或者分别指定天空和地面的颜色，以及设定地面透明度等。

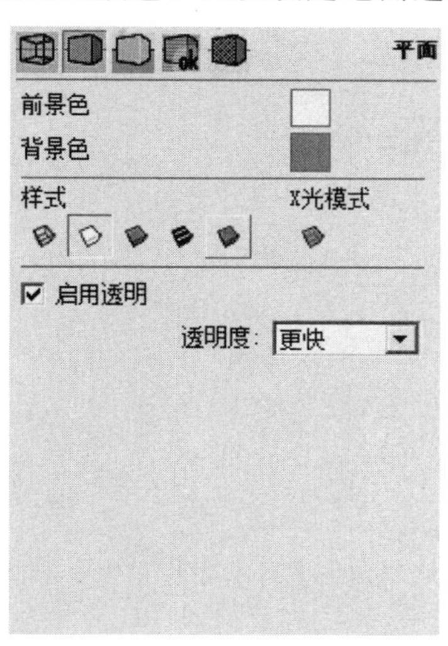

图 18-25

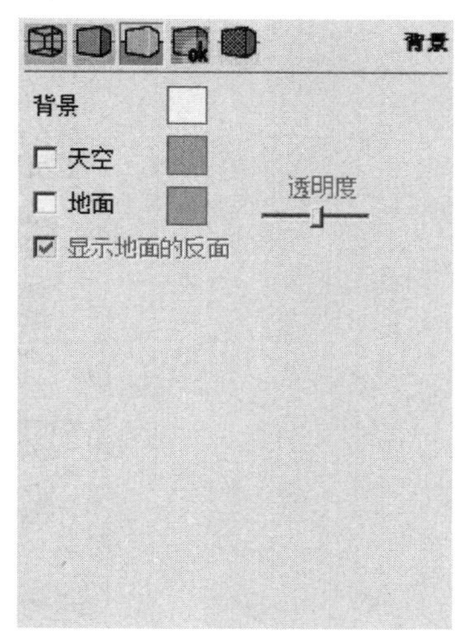

图 18-26

②“水印设置”选项卡。通过“水印设置”选项卡（图 18-27）可以制定一张图片，将其在图形中显示为模型的背景水印。

3）“建模设置”选项卡

通过“建模设置”选项卡（图 18-28）可以对建模过程中处于不同状态下的显示样式进行详细调整。

图 18-27

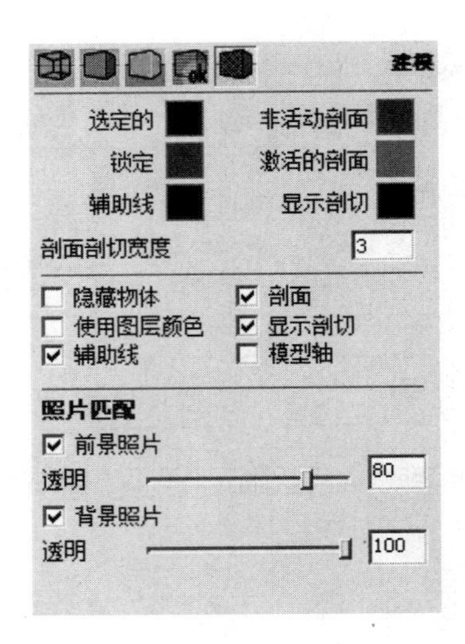

图 18-28

(4)“混合”选项卡

“混合”选项卡（图 18-29）中包含样式管理器中 5 个类型的样式框，类型与编辑选项卡中的二级选项卡类型一一对应。单击这个选项卡标签就会显示出这 5 个样式框，并会在当前的选项卡下面显示出另外一个样式选项卡。从这个样式选项卡中选择出来一个，然后单击一个或者多个的样式框来对相应的样式中的设置进行取样。举例来说，单击下方样式选项卡中的一个样式，然后单击“边线设置”样式框来取样这个样式中的边线设置。选项卡中样式缩略图会随着新取样的样式设置而显示出来。

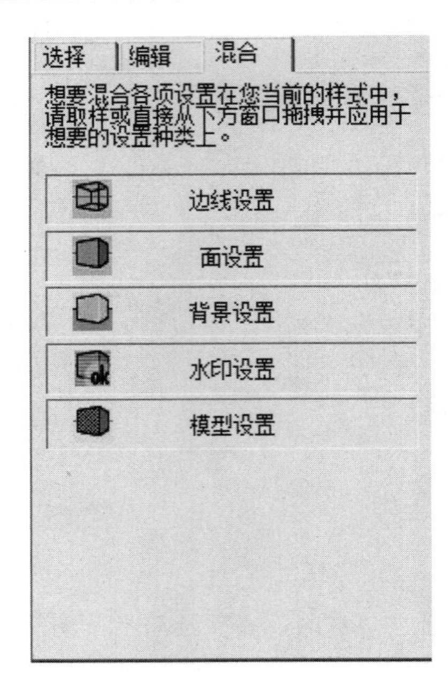

图 18-29

第 19 章　SketchUp 景观设计实例

在进行景观设计过程中，熟练利用 SketchUp 进行建模和创作，可以有效提升设计水平，更深入地推敲空间和设计细节。由于 3D Warehouse 的 SketchUp 模型库中有大量的景观模型素材，可以提高设计的工作效率。本章以景观设计的实例为例，对景观建模的流程进行讲解，结合实例进一步介绍 SketchUp 的常用工具和功能。

19.1　文件导入

本实例为风景区景观设计项目，具体为风景区入口空间景观设计：两侧有山体环绕，地形曲折多变；主入口为景区大门；前广场设计部分植物景观及硬质铺装；后广场设计成具有规则性纹理的空间组合，配以部分景观小品，形成前后两个可观可赏的开阔空间。建模时要充分表现整体空间的开合与比例，使用 SketchUp 制作这类大尺度的景观场景时，可以快速精确得表现出景观的意境和氛围（图 19-1）。

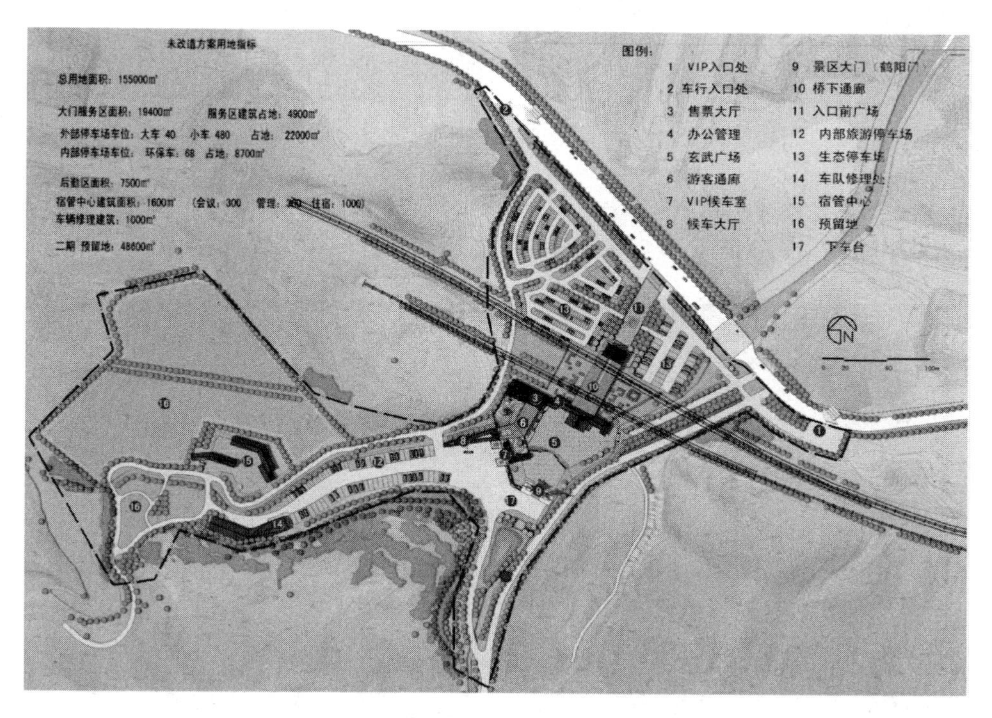

图 19-1

19.1.1　导入前处理

此案例的 CAD 图中包含大量的线条信息，并不是所有的线条和图形都对建模有用，因此首先要按照建模的需要来整理 CAD 平面图。

19.1.1.1 打开案例CAD图

图纸上可以看到有很多杂乱的线条（图19-2）。因此需要精细地对其进行调整和删减，为后期建模提供便利。

图 19-2

19.1.1.2 图纸整理

在CAD中输入“layoff”命令后按回车键，逐个隐藏标注、管线等方面的线条（图19-3）。

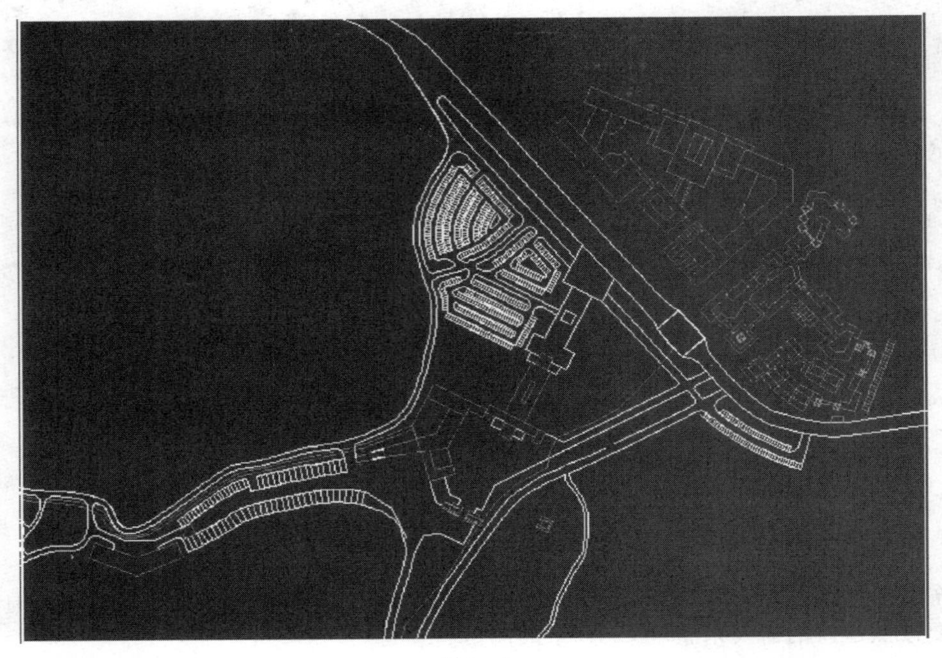

图 19-3

19.1.2 设置绘图环境

打开 SketchUp 程序，单击菜单栏中的“窗口”⟶“模型信息”命令。打开“单位”面板，将“格式”设置为“十进制”⟶“毫米”；“精确度”设置为“0.0”。单击菜单栏中的“窗口”⟶“样式”命令，在下拉列表中选择“预设样式”⟶“普通样式”，天空、地面、边线等样式自动套用“普通样式模板”。

调整完成后，单击菜单栏中的“文件”⟶“导入”命令，打开整理好的CAD文件（图 19-4）。

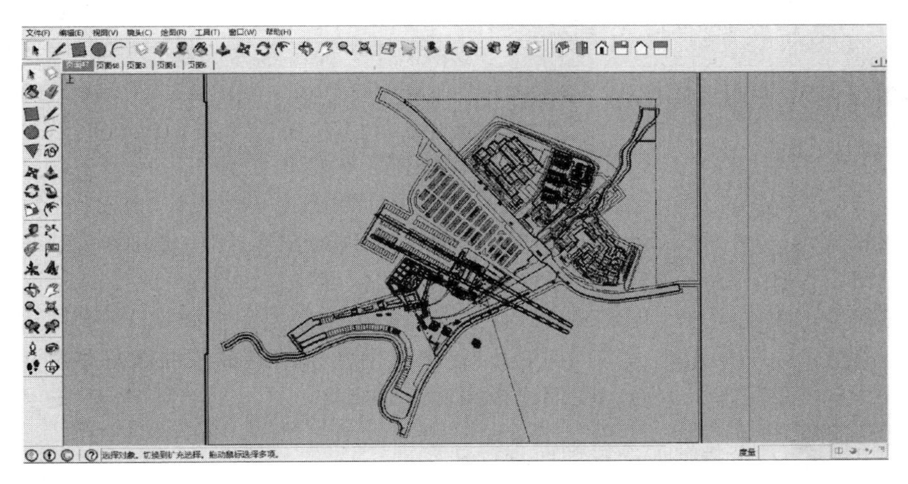

图 19-4

19.1.3 导入后调整

将导入的 CAD 图纸分解，使用“线条”工具，在导入的图纸中进行描绘，将断开的线条、未封闭的边线等进行补齐。

此时显示的线条较粗，不利于建模时进行观察，因此可以单击菜单栏“窗口”⟶“样式”⟶“编辑”命令，弹出“样式”对话框，然后选择“编辑”选项卡，将“轮廓”选项改为“2”（图 19-5）。

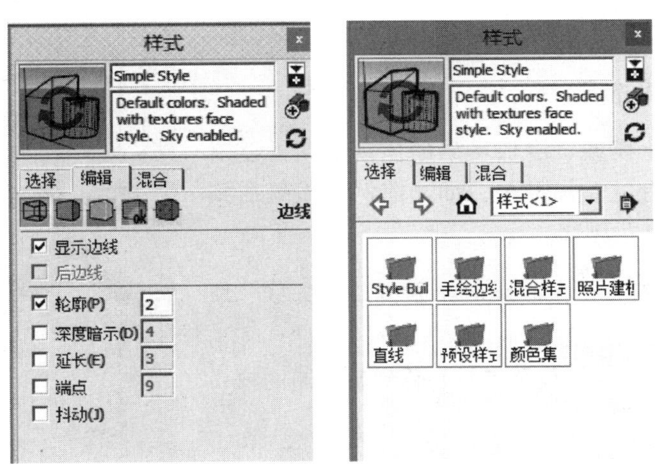

图 19-5

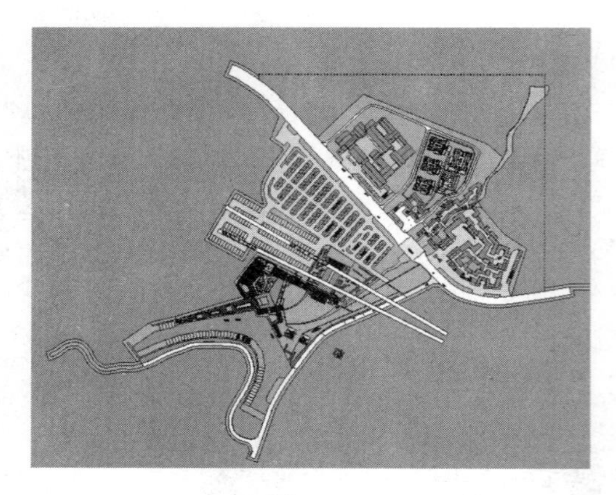

图 19-6

19.2 几何建模

19.2.1 封面操作

此时的模型仅有线条，还需要进一步调整，将需要的建筑及场地的面完善起来。在SketchUp中，面是构成体块的基础，几乎所有的模型体块都需要从“封面”这一步骤开始。

在SketchUp中内置了“创建平面”的快捷插件，可以大幅提高封面操作的效率。操作步骤为在菜单栏“工具”⟶“实用工具”⟶“创建平面”命令。

先将所有的线选中，再单击“创建平面”命令，SketchUp会自动计算完成创建平面的操作，并弹出反馈计算结果的对话框，此时就完成了封面操作（图19-6）。

要注意的是，单纯通过“创建平面”命令来封面很难做到完全准确。平面数越多，图形越复杂，计算所产生的偏差越大。同时，CAD图纸中线条的遗漏及曲线等多种因素，会产生很多无法形成面的情况。因此，在创建平面命令完成后，要根据实际情况，仔细检查，结合画线工具（）来将缺失的线和面进行补充。

19.2.2 体块建模

根据图纸设计内容，将其中的建筑进行单独的体块建模。为了简化流程，可以将CAD中的建筑底图分别复制，单独建模，然后拼在一起。

取其中一栋建筑为例，此为单体一层坡屋顶民居，取常规民居建筑的层高约4m，进行体块建模。单击SketchUp左侧工具栏中的“推拉工具”，将鼠标移到欲推拉的面上，然后单击。在小键盘输入数字“4500”，按“Enter”键确认，就完成了一次面的推拉。重复此步骤，推拉其四周墙壁及屋面（图19-7）。

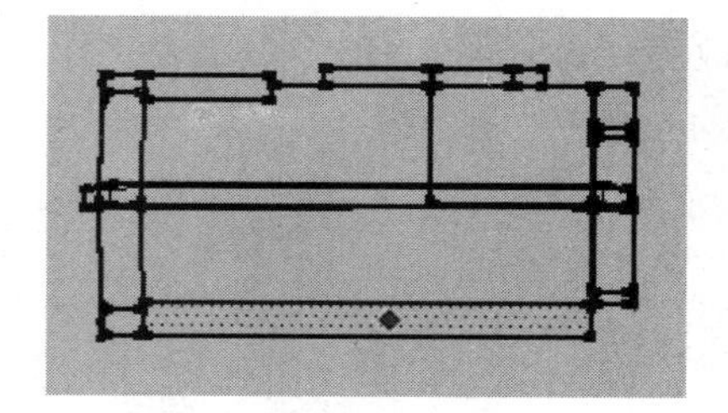

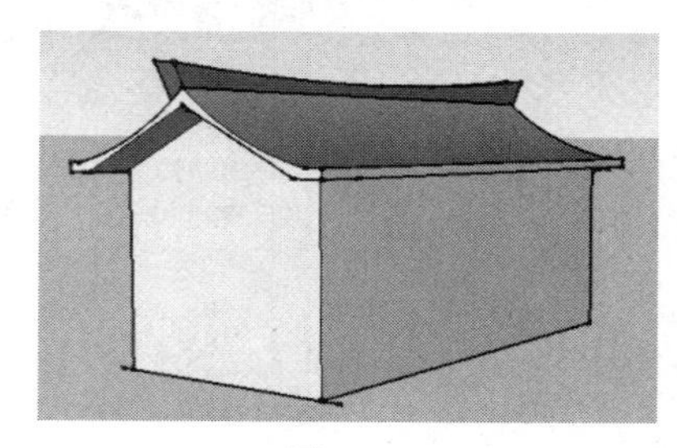

图 19-7

19.2.3 细部推敲

为了进一步细化模型，增加场景的表现力，需要对单体模型的细节进行进一步推敲。如，前例所做民居模型，墙面仍需要进一步细化。

单击画线工具，在侧墙面绘制窗口轮廓线、墙角线（图19-8）。单击偏移工具，移到新绘制的窗口内，单击鼠标，在小键盘中输入数字“200”，单击“Enter”键，完成窗框偏移（图19-9）。

单击推拉工具，移动到窗口内，单击鼠标，在小键盘中输入“250”，完成窗台推拉（图 19-10）。

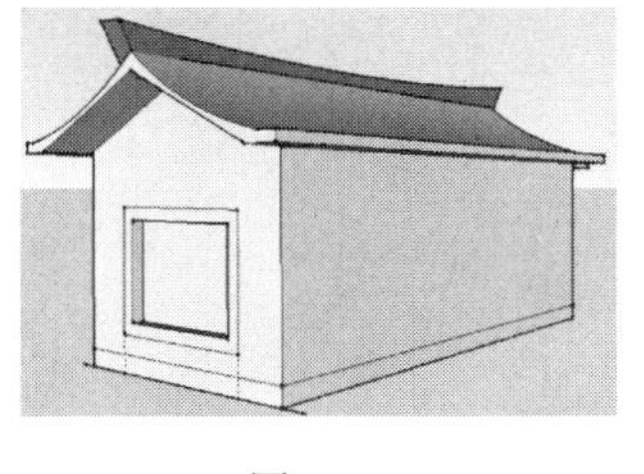

图 19-8

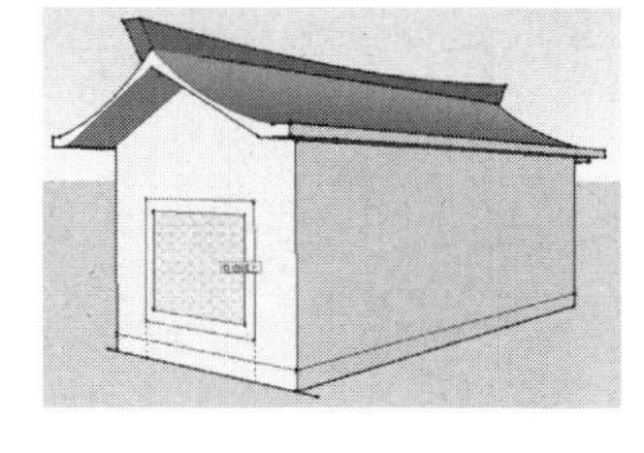

图 19-9

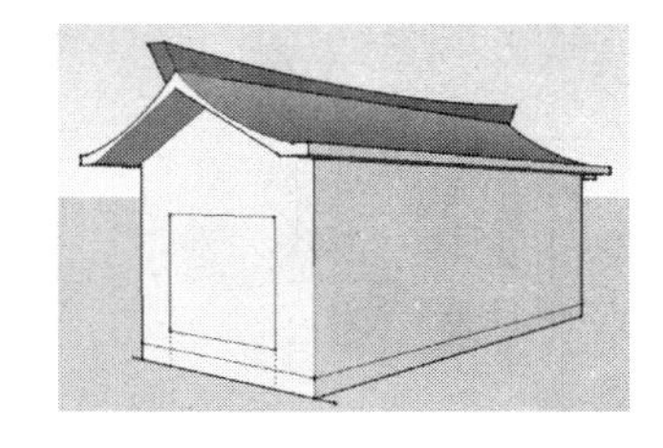

图 19-10

依次将图中所有建筑都建模组合在一起，创建出全面的设计场景（图 19-11）。

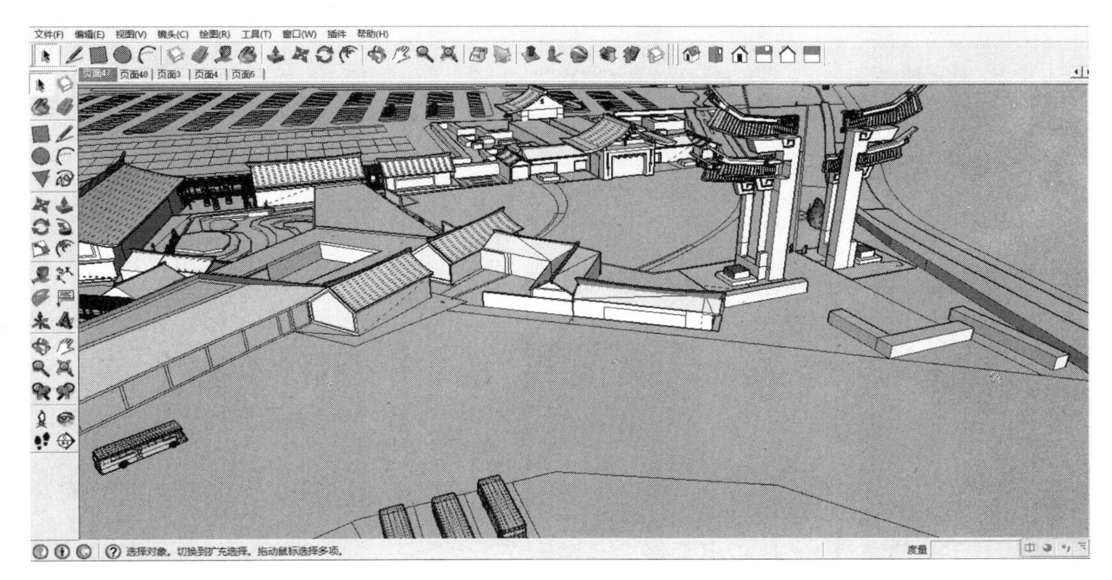

图 19-11

19.3 添加材质与组件

由于案例中的建筑都为传统民居风格，因此在场景完成后统一赋予材质。若场景建筑样式多样，可以模型完成即尝试添加材质，便于把握建筑表现是否准确。

19.3.1 添加现有材质

单击工具栏中的材质工具，弹出“材质”对话框。单击下拉箭头选择材质种类，选择“屋顶”，单击其中“沥青木瓦屋顶”。将鼠标移至需要添加材质的屋顶平面上，单击鼠标，即可完成屋面材质的添加（图 19-12）。重复此过程，即可完成场景所需的材质添加。

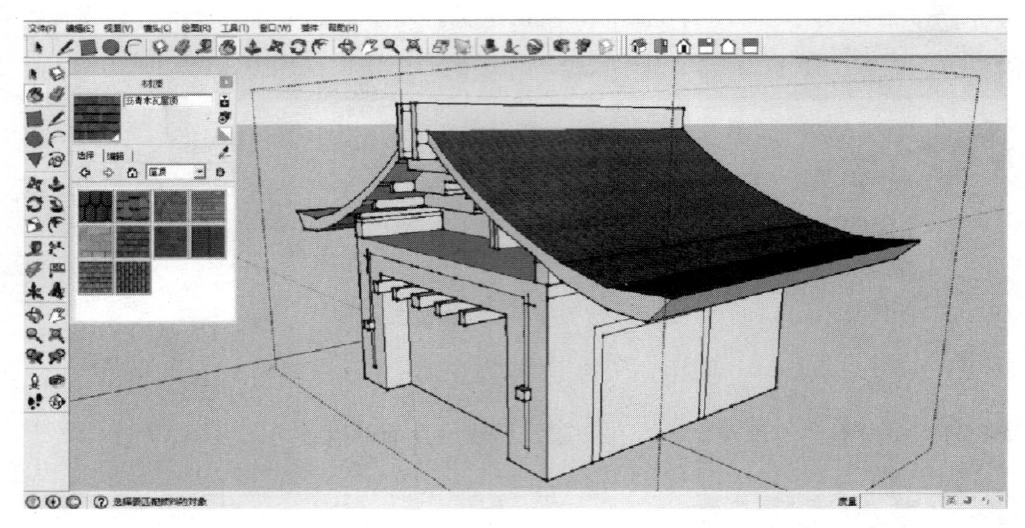

图 19-12

19.3.2 新建材质

SketchUp 中预设了多样化的材质，但是也不能满足所有的使用要求。因此在必要的时候，可以通过 SketchUp 材质编辑器创造新的材质。

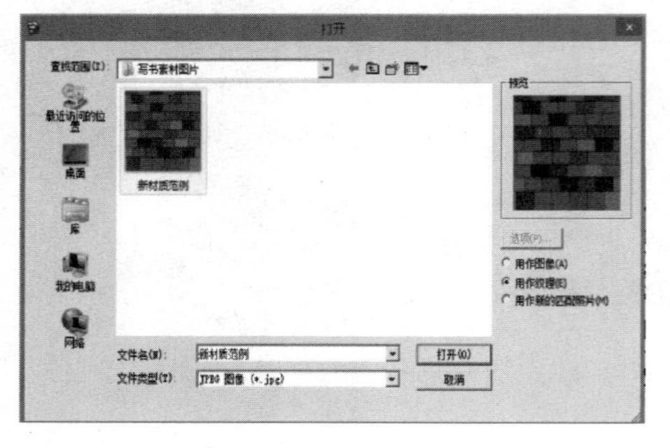

图 19-13

单击菜单栏“文件”⟶“导入”命令，弹出“打开”对话框，选定要新建的素材，右侧选项部分选为“用作纹理”，单击“打开”（图 19-13）。

打开后鼠标变为定位点的样式，同时纹理图片显示在鼠标附近（图 19-14）。

用鼠标选定一个平面的对角角点，新的图片材质就添加上去了，但此时的材质尺寸及比例仍不是最佳（图 19-15）。

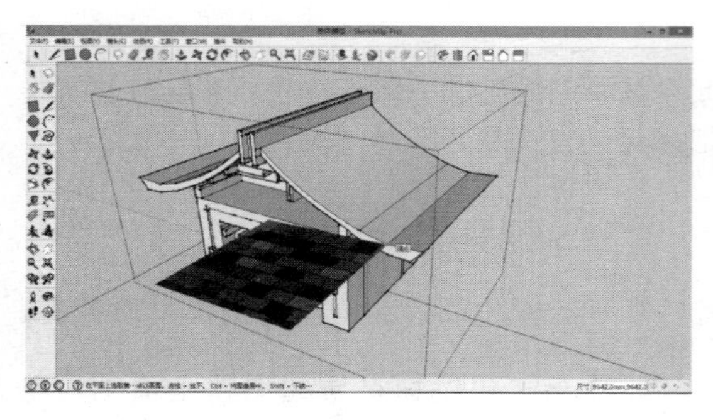

图 19-14

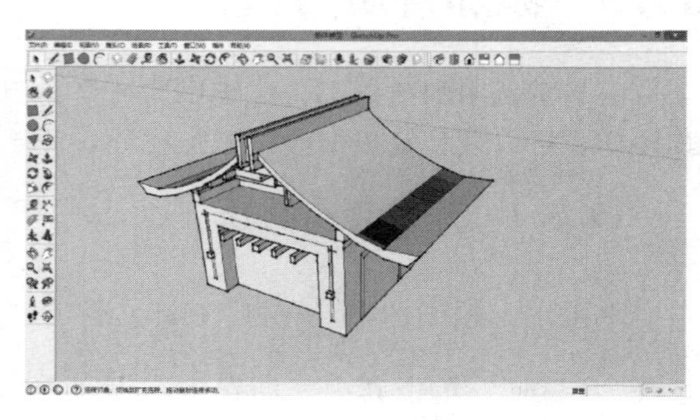

图 19-15

19.3.3 贴图调整

通过上述步骤，新的材质已经生成。可以单击 “材质工具”，在下拉菜单中选择“在模型中”，选定新加的材质，单击“编辑”选项。将材质尺寸进行适当调整，将调整后的材质赋予需要的平面上，则完成新建材质并赋予平面的过程（图 19-16）。

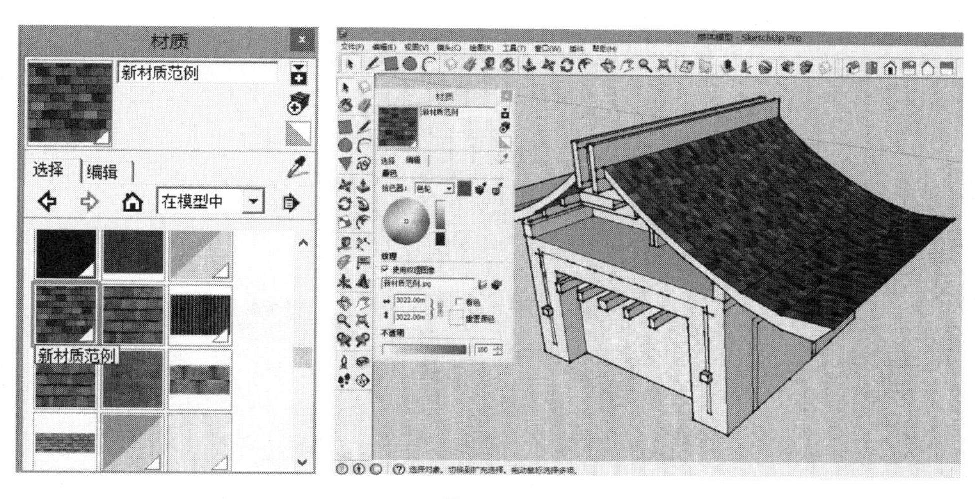

图 19-16

通过重复上述步骤，可以将场景的模型贴图调整完成，此时场景的主要特征已经可以完整展现（图 19-17）。

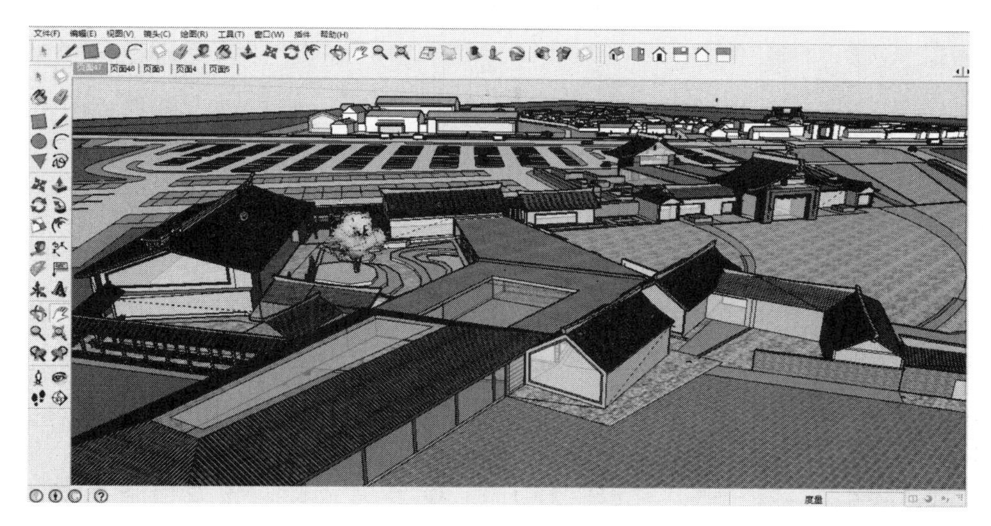

图 19-17

19.3.4 组件添加

对于整体场景而言，材质色彩等已具备基本的特征，但是景观的氛围还需要更多细节进行烘托，可以通过添加部分组件，如人、车、种植、景观小品等进行氛围的营造。

SketchUp 在“组件”工具内部集成了“3D Warehouse”模型库工具，可以随时在线挑选模型组件，提高创建场景的效率。具体操作为：在“组件”对话框中，单击下拉菜单，选择“景观”类别，弹出 3D Warehouse 浏览界面，分类别进行模型选择。

根据场景需求，选择不同类别，可以进行在线下载，将所需模型添加到软件模型库中，丰富场景表现力。

单击菜单栏“窗口”⟶“组件”命令，弹出“组件”对话框。选定所需要的组件，移动鼠标到场景中，根据比例调整好尺寸，即可完成组件的添加。

根据场景需要，增加必要的行人、车辆、树木、景观小品后，场景效果已经略具雏形（图 19-18）。

图 19-18

19.4 光影调整

场景调整完毕后，需要对场景进行细化调整，以求输出更具真实感的图像。最重要的部分就是阴影设置和雾化设置两部分。

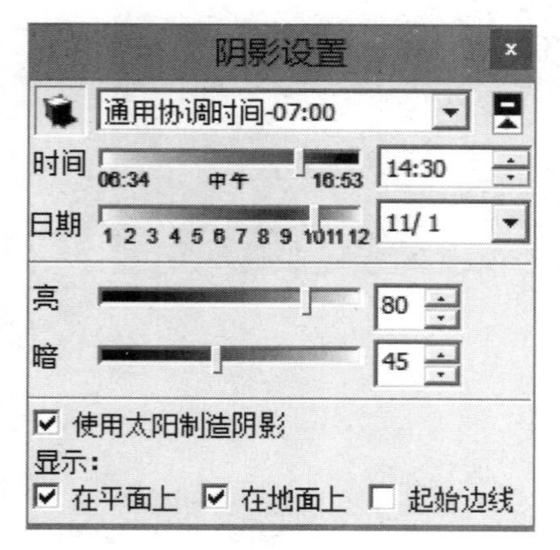

图 19-19

19.4.1 阴影设置

单击菜单栏“窗口”⟶“阴影”命令，弹出“阴影设置”对话框。为了增强阴影的表现力，选择将时间设置为下午 14：30，日期定为冬季的 11 月 1 日（图 19-19）。设置完成后，场景阴影效果即完成（图 19-20）。

19.4.2 雾化设置

雾化是 SketchUp 中来改变场景前后场景远近变化的特效功能，具体操作可以单击菜单栏“窗口”⟶“雾化”命令，弹出“雾化设置”对话框。

图 19-20

在其中可以调节雾化距离的远近，增强场景的景深效果。本场景中将“雾化”设置调整。此时场景中的模型视觉效果会发生变化，远端物体呈现出虚化的效果（图 19-21）。

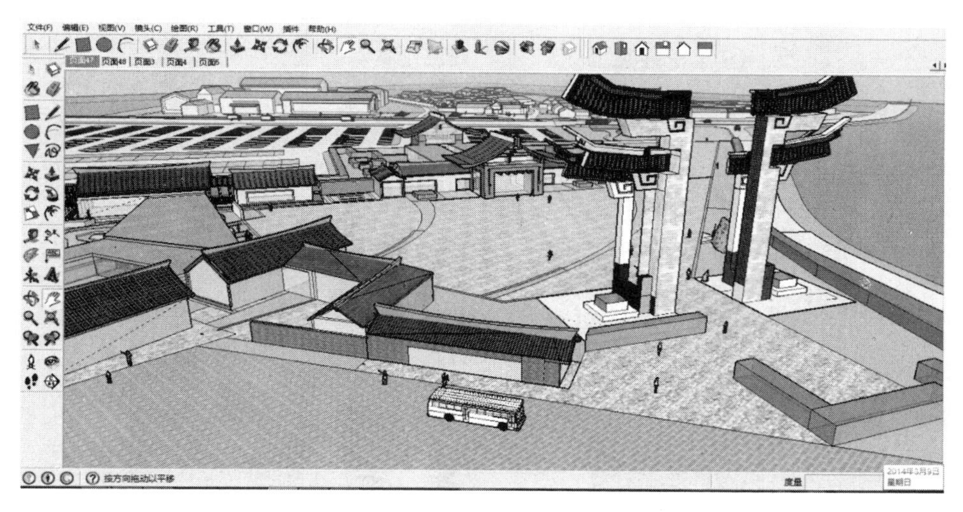

图 19-21

19.5 图片导出

19.5.1 导出图像

将所有场景及阴影设置完毕之后，即可输出完整的场景效果图。选定视角后，单击菜单栏“导出”⟶“二维图形”，弹出“输出二维模型”对话框，调整参数后单击“导出”确定。

19.5.2 后期处理

SketchUp 导出的图像光影和材质只能达到“草图”的效果，因此导出为 JPG 格式的图片后，可以结合 Photoshop 一类图像编辑软件进行进一步的润色、调整，如添加天空、调整色彩等，以求达到最佳的效果。

19.6 动画制作

19.6.1 页面设置

在 SketchUp 中每一个关键帧被称为一个“场景”，通过连续播放场景，可以形成连续的动画。系统默认如果使用一个场景，则形成静态画面；如果存在多个场景，则生成动画。

在创建完成的模型场景中进行视角的选取，选定较好的表现视角后，单击菜单栏中“视图”⟶“动画”⟶“添加场景面”，即可形成新的场景。

继续调整视角，增加新的场景（图 19-22）。

图 19-22

场景设置完成后，即可调整动画播放速度。单击菜单栏中“视图”⟶“动画”⟶“设置”，弹出“模型信息”对话框，单击“动画”标签，在右侧选项中调整场景切换时间，即可完成动画播放速度设置。

19.6.2 导出操作

场景设置完成后，可以单击菜单栏“视图”⟶“动画”⟶“播放”命令进行预览，观察动画播放效果。播放过程中会弹出“动画”控制栏，单击“暂停”可以暂停播放，单击“停止”可停止播放。

场景确认调整无误后，可以开始导出动画。单击菜单栏“文件”⟶“导出”⟶“动画”，弹出“输出动画”对话框。单击右下角“选项”命令，弹出“动画导出选项”对话框（图 19-23）。

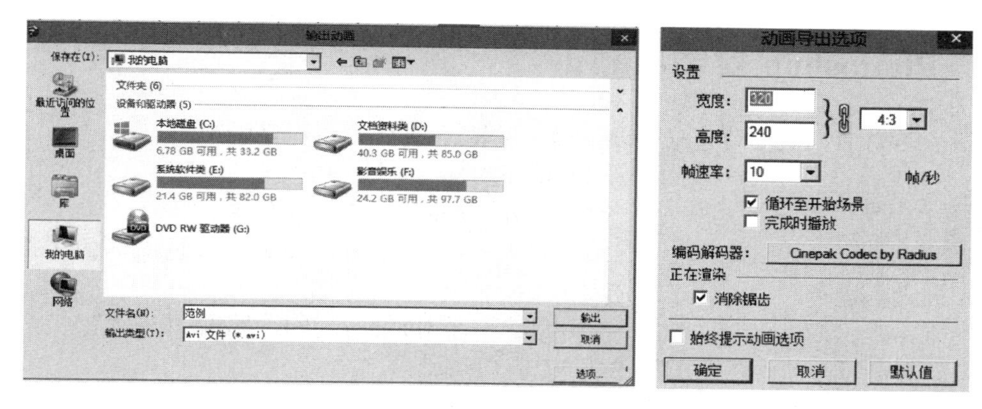

图 19-23

根据动画展示需要，调整动画的分辨率和长宽比例，并设置合理的动画播放帧率。要注意的是，分辨率越高、播放帧率越高，则输出的动画文件越大，需要的导出时间也就越长。

设置完成后单击“确定”，回到“输出动画”对话框，单击“输出”，即可开始导出动画（图 19-24）。

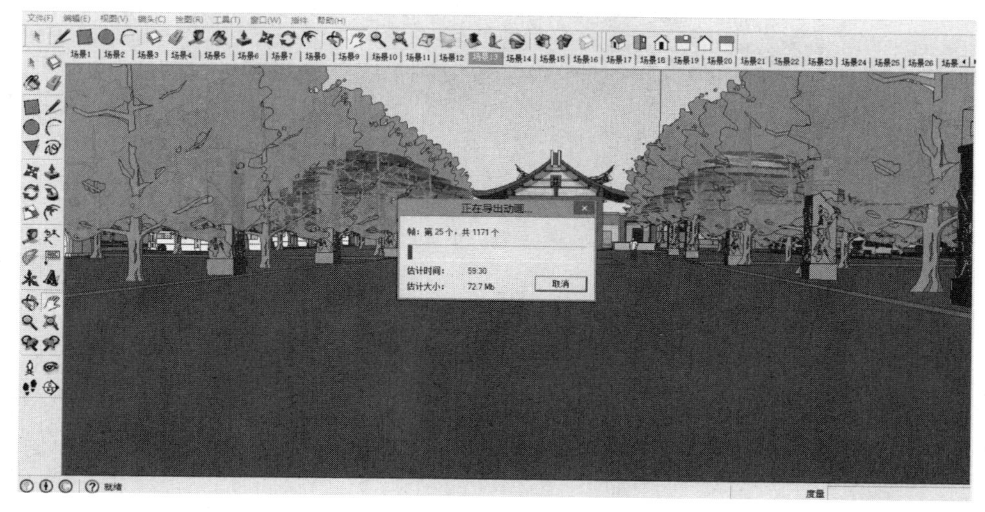

图 19-24

第Ⅳ部分　后期处理篇
（Photoshop CS5）

第20章　PhotoshopCS5基础知识

20.1　Photoshop安装

Photoshop5官网版安装包（可以到官网下载）。具体安装步骤如下。

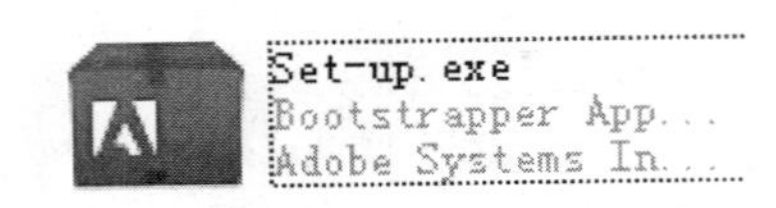

图 20-1

（1）解压文件。

（2）打开“Adobe CS5”文件夹。

（3）双击“set-up.exe”安装（红色图标的文件），如图20-1所示。

（4）弹出一个对话框，单击“忽略并继续”。

（5）选择语言为“简体中文”，然后单击“接受”。

（6）提示要输入序列号，如图20-2所示。

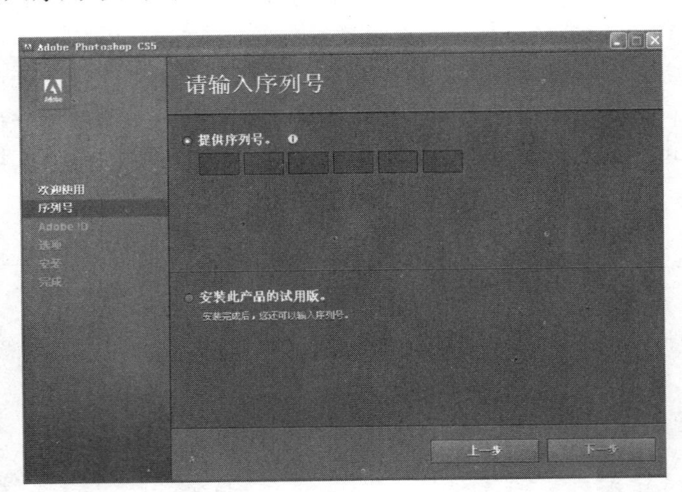

图 20-2

（7）双击如图20-3所示图标，打开了解码器。

（8）复制这个序列号，或者单击“Generate”重新生成个序列号，如图20-4所示。

（9）将序列号复制到这里，然后单击“选择语言”为“简体中文”，单击“下一步”。

（10）选择安装路径。

（11）安装进度完成，如图20-5所示。

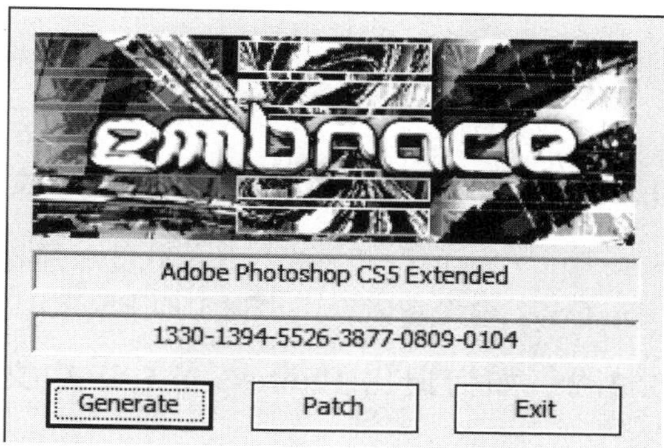

图 20-3

图 20-4

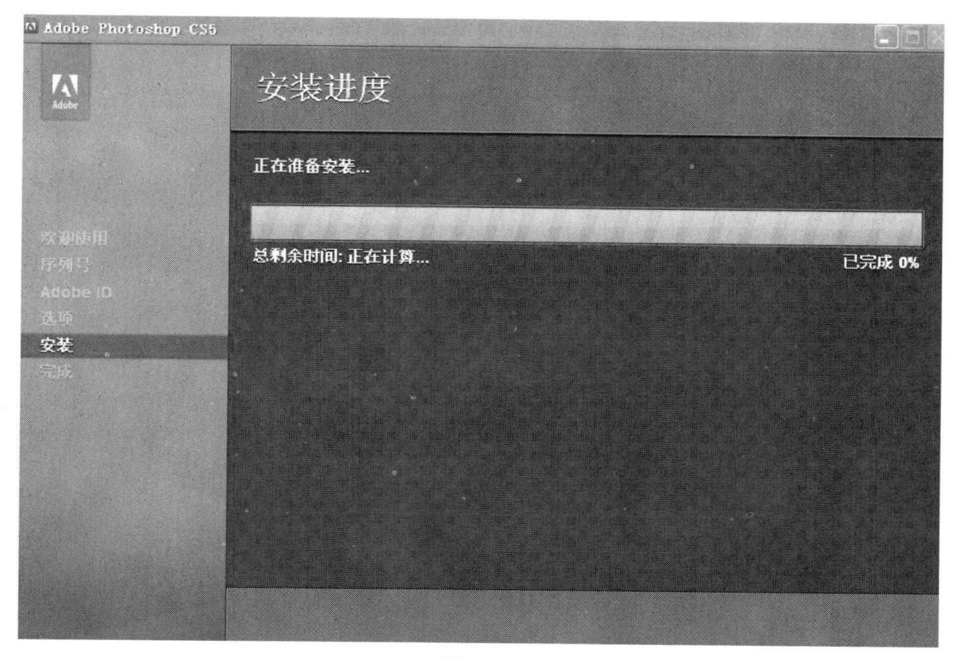

图 20-5

20.2 启动与退出

20.2.1 如何启动 Photoshop CS5 中文版

Photoshop CS5 的打开方式与其他软件相同，单击任务栏中的［开始］/［程序］/［Abode photoshop CS5］命令或者双击桌面中的 Photoshop 快捷方式。

20.2.2 如何退出 Photoshop CS5 中文版

退出 Adobe Photoshop CS5 中文版时，如果当前窗口中有未关闭的文件，要先将其关闭，若该文件被编辑过时需要保存，保存后再退出 Photoshop CS5 中文版。

（1）单击 Photoshop CS5 中文版工作界面标题栏右侧的关闭按钮。

（2）在 Photoshop CS5 中文版界面中选择“文件”⟶“退出”命令；快捷键：“Ctrl”＋“Q”键。如图 20-6 所示。

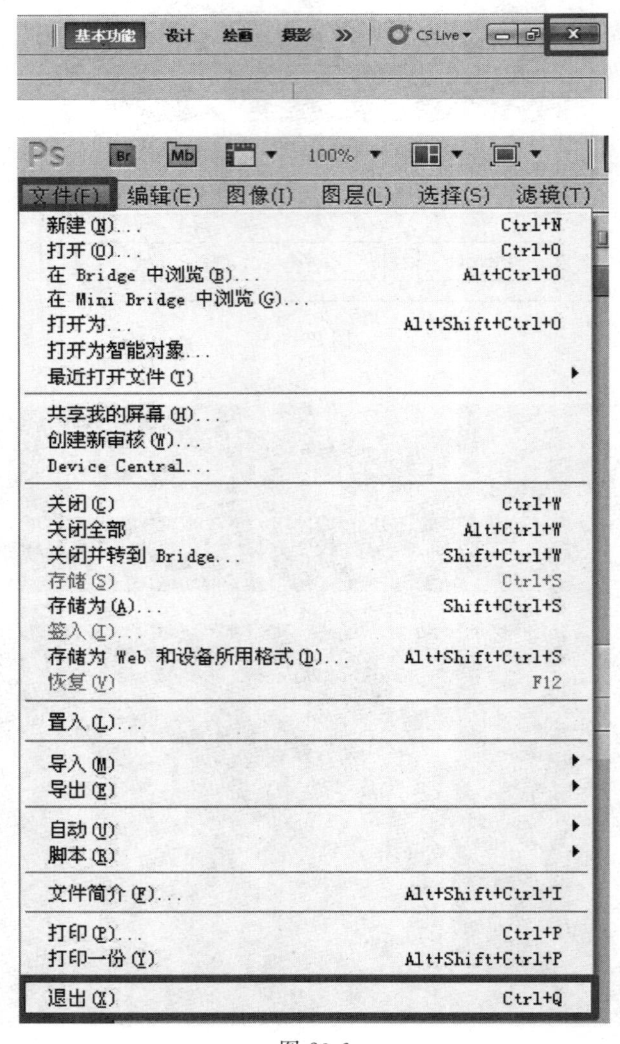

图 20-6

20.3 工作界面

在效果图的后期处理方面，Photoshop 有着其他软件所不能比拟的优势，如图 20-7 所示。

图 20-7

20.3.1 菜单栏

Photoshop CS5 的菜单栏分别为“文件”“编辑”“图像”“图层”“选择”“滤镜”“分析”“3D”“视图”“窗口”和“帮助”11 项菜单栏，如图 20-8 所示。

图 20-8

20.3.2 工具栏

这是 Photoshop CS5 的重要组成部分，在使用之前，都需要在工具选项中对其进行参数设置。图 20-9 为画笔工具选项栏。

图 20-9

20.4 基础操作

20.4.1 打开文件

(1) 左键双击图像显示区域，选中图片，单击打开，出现如图 20-10 所显示的对话框。

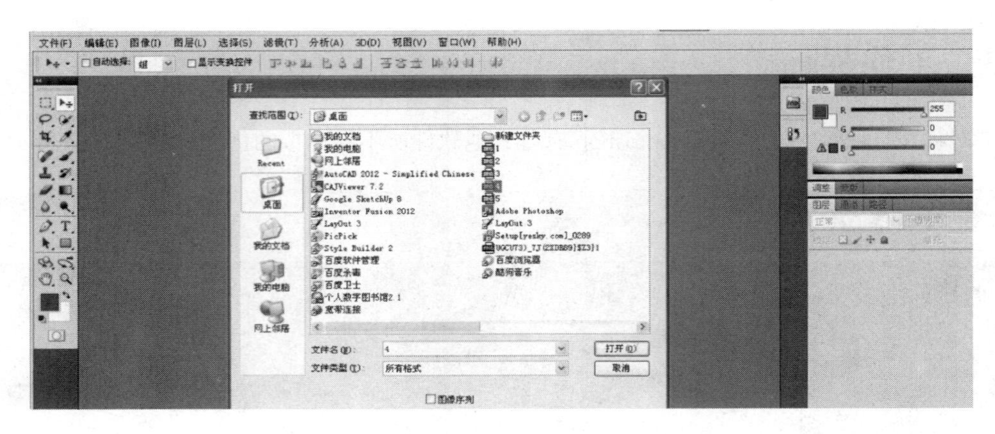

图 20-10

（2）选择“文件”——→“打开为”可以打开图像文件，如图 20-11 所示。

20.4.2 新建文件

想要新建图像文件，可以“文件”/“新建”（快捷键：Ctrl＋N），可以在对话框中对新建的文件的名称、图像大小、分辨率、颜色模式、背景色等重新设置，如图 20-12 所示。

图 20-11

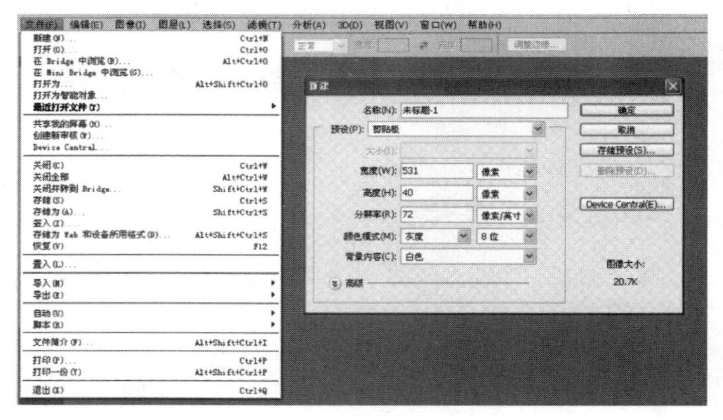

图 20-12

20.4.3 存储文件

（1）对图像处理完成之后需要对其进行保存时，选择“文件”/“保存”即可。

（2）选择“文件”——→“存储为”可以根据自己的需要保存成不同的格式以便后期使用，如图 20-13 所示。

文件(F)
编辑(E)
图像(I)
图层(L)
选择(S)
滤镜(T)
新建(N)... Ctrl+N
打开(O)... Ctrl+O
在 Bridge 中浏览(B)... Alt+Ctrl+O
在 Mini Bridge 中浏览(G)...
打开为... Alt+Shift+Ctrl+O
打开为智能对象...
最近打开文件(T)
共享我的屏幕(H)...
创建新审核(W)...
Device Central...
关闭(C) Ctrl+W
关闭全部 Alt+Ctrl+W
关闭并转到 Bridge... Shift+Ctrl+W
存储(S) Ctrl+S
存储为(A)... Shift+Ctrl+S
签入(I)...
存储为 Web 和设备所用格式(D)... Alt+Shift+Ctrl+S
恢复(V) F12
置入(L)...
导入(M)
导出(E)
自动(U)
脚本(R)
文件简介(F)... Alt+Shift+Ctrl+I
打印(P)... Ctrl+P
打印一份(Y) Alt+Shift+Ctrl+P
退出(X) Ctrl+Q
存储为
保存在(I):
桌面
Recent
我的文档
我的电脑
网上邻居
新建文件夹
Photoshop (*.PSD;*.PDD)
大型文档格式 (*.PSB)
BMP (*.BMP;*.RLE;*.DIB)
CompuServe GIF (*.GIF)
Dicom (*.DCM;*.DC3;*.DIC)
Photoshop EPS (*.EPS)
Photoshop DCS 1.0 (*.EPS)
Photoshop DCS 2.0 (*.EPS)
IFF 格式 (*.IFF;*.TDI)
JPEG (*.JPG;*.JPEG;*.JPE)
PCX (*.PCX)
Photoshop PDF (*.PDF;*.PDP)
Photoshop Raw (*.RAW)
Pixar (*.PXR)
PNG (*.PNG)
Scitex CT (*.SCT)
Targa (*.TGA;*.VDA;*.ICB;*.VST)
TIFF (*.TIF;*.TIFF)
文件名(N):
格式(F):
保存(S)
取消
存储选项
存储:
作为副本(Y)
注释(N)
Alpha 通道(E)
专色(P)
图层(L)
颜色:
使用校样设置(O): 工作中的 CMYK
ICC 配置文件(C): Dot Gain 15%
缩览图(T)
使用小写扩展名(U)

图 20-13

第21章 Photoshop CS5绘图命令

21.1 选择工具

选择图像是进行图像绘制、编辑之前进行的一个非常重要的操作步骤，灵活、方便、精确的图像选择操作是提高图片质量的关键所在。Photoshop CS5 提供了许多选择图片的方法，本文主要介绍工具箱中“选择”工具的使用方法。

工具箱中的“选择”功能工具主要有选框、套索、魔棒。

21.1.1 选框工具

选框工具组中包括矩形选择工具、椭圆选择工具、单行选择工具、单列选择工具。单击“矩形选框工具”时，在图像窗口中所需要选择的区域，画出一矩形选取；当需要椭圆形选取时，单击“椭圆选框工具”，在图像窗口中所需要的选择的区域，画出一椭圆形区域，如图 21-1 所示。

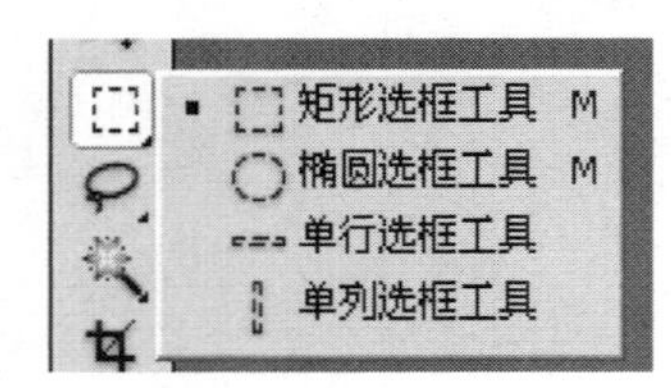

图 21-1

在选择区域时，按下“Shift”键进行操作选择时，则只可以进行正方形框、圆形框的选择。

在选择区域时，按下“Alt”键进行操作选择时，则只可以进行长方形框、椭圆形框的选择。

在选择区域时，同时按下“Shift”“Alt”键进行操作选择时，则可以进行以此点为圆心的方形框、圆形框的选择。

“选框”工具中的单行选择工具、单列选择工具，常常用于修补图像中丢失的像素线。

在图片中已有选取的情况下，按下“Shift”键进行操作选择时，可以进行选框的叠加命令，按下“Alt”键进行操作选择时，可以进行选框相减的命令。

在选框的状态下，也可以通过属性栏进行选区的操作，如加选、减选、羽画、样式等，如图 21-2 所示。

图 21-2

21.1.2 套索工具

图 21-3

“套索工具”主要包括套索工具、多边形套索、磁性套索工具，如图 21-3 所示。

(1) 直接右击“套索工具”按钮选择“套索工具”，在图像中按着鼠标左键不放，拖动鼠标，直到选择完成所有的区域，松开鼠标，操作完成，如图 21-4 所示。

(2) 直接右击“套索工具”按钮选择“多边形套索工具”，在图片中用鼠标单击所选择图片的区域的多边形顶点，按“Enter”键可以完成多边形区域的选择。在多边形选择的过程中，按下“Delete”键或者“Backspace”键，可以删除刚刚单击选择的多边形顶点，如图 21-5 所示。

图 21-4

图 21-5

(3) 直接右击“套索工具”按钮选择“磁性套索工具”，在所需的图像区域中按下鼠标左键，拖动鼠标，选择的轨迹就会自动紧贴图片内容，按“Enter”键可以完成磁性区域的选择。按下“Delete”键或者“Backspace”键，可以删除最近的一个拐点，如图 21-6 所示。

图 21-6

21.1.3 魔棒工具

图 21-7

魔棒工具（图 21-7）可以自动选择颜色相近的相连区域，颜色相近的程度取决于选择区域的大小，如图 21-8 所示。

单击工具箱中的魔棒工具按钮，用鼠标单击图像中所需选择颜色相近的区域即可。在工具箱中单击魔棒工具，窗口上方出现魔棒工具的属性栏，可以通过调整“容差”项中的数据，设置颜色相近的程度。

图 21-8

21.1.4 选择工具的其他操作

（1）移动选择框

将鼠标置于图像窗口中的所选框内，就出现移动选择框的光标，可以通过拖拽鼠标，移动选择框到任意位置。

（2）调整选择框

在选定的一个图像区域后，可以对其进行增加选区、减少选区、得到相交区域等操作，可以通过单击工具属性上相关的选项进行操作。

按住“Ctrl”＋“D”键取消所有的选择；按住“Ctrl”＋“A”键根据文件大小全部选择，“Ctrl”＋“Shift”＋“I”反向选择。另外在菜单“选择”栏，还可以进行选择框的缩放、羽化等修饰。

21.2 绘画工具

21.2.1 画笔工具

画笔工具包括画笔工具、铅笔工具、颜色替换工具、混合器画笔工具，如图 21-9 所示。画笔工具模拟的是实际中的毛笔，该工具可能绘制出比较柔和的线条，如图 21-10 所示。

图 21-9

图 21-10

在画笔选择项栏中可以设置画笔的直径、模式、不透明度、流量等选项，如图 21-11 所示。

图 21-11

模式指绘画时的颜色与当前颜色的混合模式，默认为“正常”。

不透明度指的是在使用画笔绘图时所绘颜色的不透明度，数值越小，所绘出的颜色越浅，反之越深。

流量是指使用画笔绘图时所绘颜色的深浅。

笔刷是指所绘出图形使用的图形，可以在笔刷的下拉列表中选择想要的笔刷形式，如果找不到所需要的，可以选择“载入画笔”，选择需要的笔刷文件，然后单击“载入”按钮载入画笔列表，如图 21-12 所示。

在画笔状态下，可以对画笔进行设置，如形状动态、散步、纹理、双重画笔、颜色动态、传递、杂色、湿边、喷枪、平滑、保护纹理，也可以对其大小、形状、角度、圆度、硬度、间距等进行调整，如图 21-13 所示。

21.2.2 铅笔工具

铅笔工具与实际生活中的铅笔很像，其画出的线条相比较画笔较硬朗、棱角分明，铅笔的使用方法与画笔基本相同，如图 21-14 所示。

如图 21-15 所示，铅笔工具选项栏中的笔刷全部为硬轮廓。

在铅笔工具选项栏中，有自动涂抹功能，自动涂抹选项是指当使用此工具时，如果落笔处不是前景色，则铅笔工具使用前景色绘制；如果是前景色，铅笔工具则使用背景色绘图。其他参数与画笔工具基本相同，具体详细的操作步骤参照画笔工具。如图 21-16 所示。

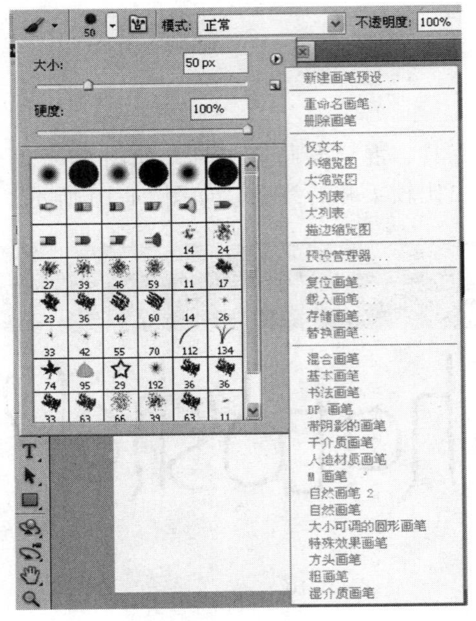

图 21-12

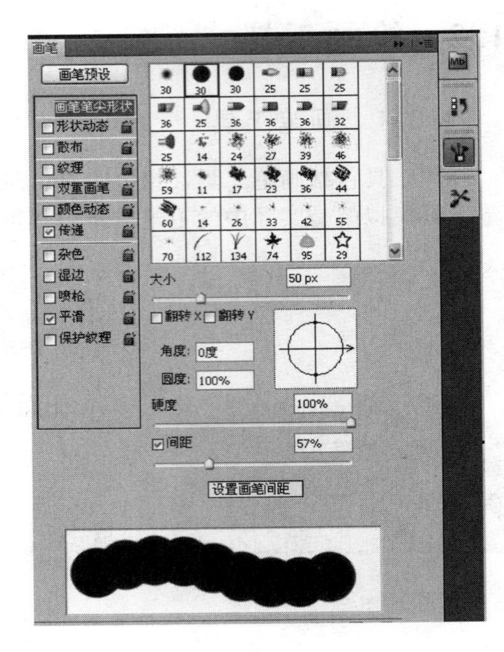

图 21-13

图 21-14

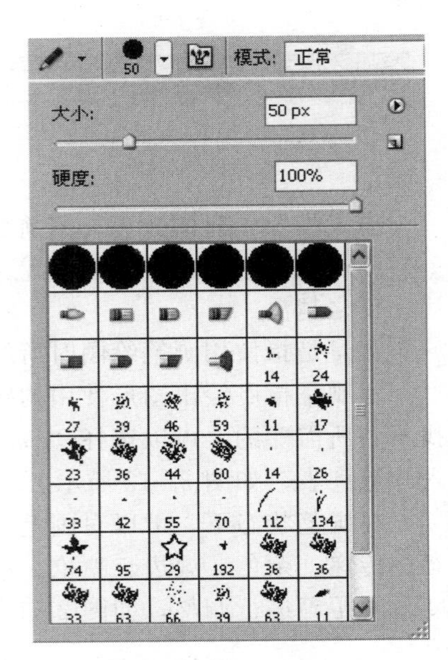

图 21-15

图 21-16

21.3 修复工具

在修复工具中，我们把污点修复画笔工具、仿制图章工具、模糊工具、减淡工具统称为修复工具，如图 21-17 所示。

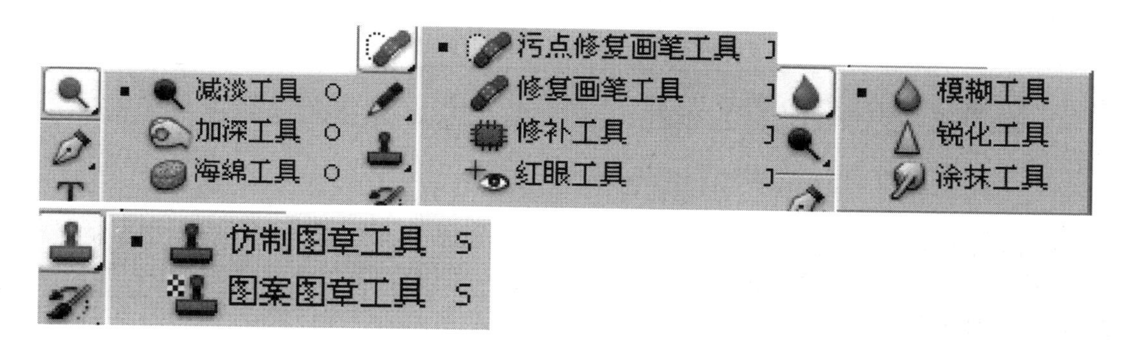

图 21-17

21.3.1 污点修复画笔工具

（1）污点修复画笔工具

污点修复画笔工具可以自动将需要修复区域的纹理、光照、透明度和阴影等元素与图像自身进行匹配，快速修复污点，如图 21-18 所示。

图 21-18

快速移去 Photoshop CS5 图像中的污点，污点修复画笔工具取样图像中某一点的图像，将该点的图像修复到当前要修复的位置，并将取样像素的纹理、光照、透明度和阴影与所修复的像素相匹配，从而达到自然的修复效果。

污点修复画笔工具主要用于人脸的斑点去除等。

（2）修复画笔工具

修复画笔工具：可以去除图像中的杂斑、污迹，修复的部分会自动与背景色相融合，如图 21-19 所示。

图 21-19

源—取样：此选项可以用取样点的像素来覆盖单击点的像素，从而达到修复的效果。选择此选项，必须按下“Alt”键进行取样。

源—图案：指用修复画笔工具移动过的区域以所选图案进行填充，并且图案会和背景色相融合。

对齐：单击对齐，再进行取样，然后修复图像，取样点位置会随着光标的移动而发生相应的变化；若把对齐勾去掉，再进行修复，取样点的位置是保持不变的。

（3）修补工具

修补—源：指选区内的图像为被修改区域。

修补—目标：指选区内的图像为去修改区域。

修补—透明：选择透明，再移动选区，选区中的图像会和下方图像产生透明叠加，如图 21-20 所示。

图 21-20

使用图案：在未建立选区时，使用图案不可用。画好一个选区之后，使用图案被激活，首先选择一种图案，然后再单击“使用图案”按钮，可以把图案填充到选区当中，并且会与背景产生一种融合的效果。

（4）红眼工具

红眼工具可以去除照片中的红眼。切换到红眼工具，然后在眼睛发红的部分单击左键，即可修复红眼，如图 21-21 所示。

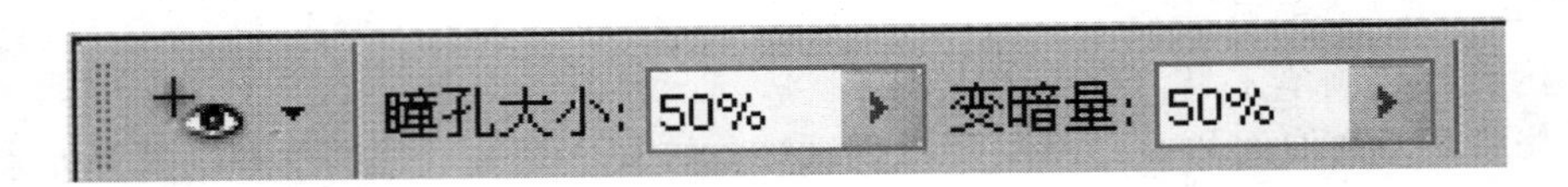

图 21-21

21.3.2 仿制图章工具

仿制图章工具一般是用于除去图像中的缺陷的，单击工具箱中的仿制图章工具按钮，选择仿制图章工具，在图像需要的位置单击取样，按住“Alt”键，放开“Alt”键，在需要修改的位置涂抹，通过取样涂抹的方式覆盖住需要修改的部位，如图 21-22 所示。

图 21-22

21.3.3 模糊工具

（1）模糊工具。模糊工具是利用降低图像之间相邻像素的反差，使得图像边缘变的柔和，产生模糊的效果。如图 21-23 所示。

图 21-23

根据需要在选项栏选择笔刷，通过修改［强度］的数值，可以改变模糊的效果，数值越高，模糊效果越明显。在图片的所需区域拖动鼠标，即可得到模糊效果，在图上停留的时间越长，模糊的效果越明显。

（2）锐化工具。锐化工具与模糊工具的功能相反，它的作用是增大图像间相邻像素的反差，从而使图像更加清晰。锐化工具的选项栏与模糊工具的选项栏完全相同，如图 21-24 所示。

图 21-24

(3) 涂抹工具。涂抹工具可以用于模拟用手指搅拌绘图的效果，该工具可以把最先单击处的颜色提炼出来，可以与鼠标拖动过的区域的颜色相融合，从而产生模糊效果。

在涂抹工具选项栏中，除了多出的“手指绘图”命令，其他选项与模糊工具和锐化工具相同。如果选择“手指绘图”命令，在拖动鼠标时，涂抹工具使用前景色与图像中的颜色融合，如果不选择，该工具使用的颜色是每次单击处，如图 21-25 所示。

图 21-25

21.3.4 加深、减淡、海绵工具

(1) 加深工具

加深工具可以为图片降低曝光度，比如在制作园林中的水体时，可以根据光照的方向适当的增加阴影的效果，可以使用该工具进行处理，如图 21-26 所示。

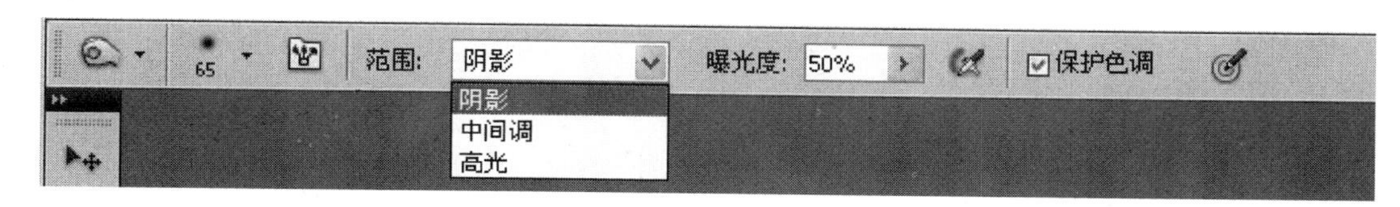

图 21-26

在使用该工具前先要设定该工具的笔刷，设置曝光度大小，曝光度越大，加深的效果越明显，在范围下拉列表中可以选择 3 种不同的工作方式。

加深工具的 3 种工作方式如下。

阴影：选中此项后，加深工具只对图像暗部区域的像素起作用。

中间调：选中此项后，加深工具只对图像中间色调的像素起作用。

高光：选中此项后，加深工具只对图像亮部区域的像素起作用。

(2) 减淡工具

减淡工具可以为图片制作加亮的效果，其使用的方法与加深工具相同，在这里就不重复介绍。

(3) 海绵工具

海绵工具主要是用来调整整个图片颜色的饱和度的，选择该工具后，在其工具选项栏，可以对其模式、流量等根据具体的要求进行调整。海绵的使用方法与锐化工具相同，在此就不重复操作，如图 21-27 所示。

图 21-27

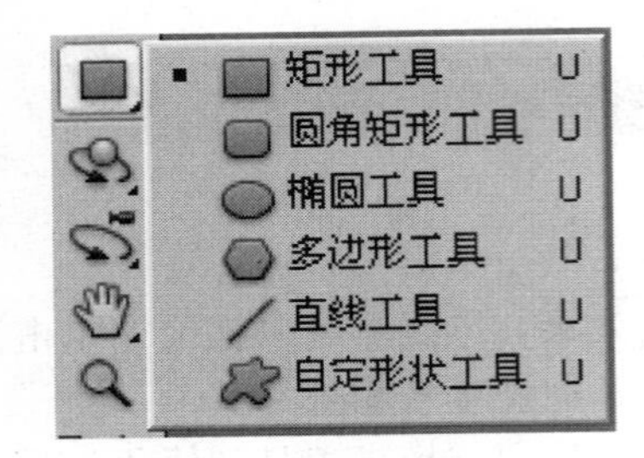

图 21-28

21.4 形状工具组

形状工具包括“矩形工具”“圆角矩形工具”“椭圆工具”“多边形工具”“直线工具”“自定形状工具”。利用形状工具可以比较快速地制作出特定的造型，如图 21-28 所示。

(1) 矩形工具。其可以很方便地绘制出矩形或者正方形。选中矩形工具，在画布上单击鼠标后，拖动鼠标就可以根据需要画出所需的矩形。若在拖动时，按住“shift”键，可绘制出正方形，如图 21-29 所示。

图 21-29

在使用矩形工具之前，需要根据具体的需要选择中的一项，其分别为：创造形状层、工作路径、填充路径。

通过选择多边形工具的种类，改变所需的工具种类，无需调整工具箱，可以直接在任务栏中直接替换。单击右侧的倒三角，可以修改弹出的对话框的参数。

“不受约束”表示绘制的图形是比较随意的，矩形的形状是由鼠标的拖动来决定的。

“方形”表示绘制的矩形是正方形。

“固定大小”是指所输入的长度和宽度值，默认为单位为“厘米”。

“比例”若选中此项，可以通过输入 W 和 H 的数值来控制宽度和高度的整数比。

样式：打开形状工具选择面板上样式的倒三角，可出现如图 21-30 所示的样式面板。在下拉菜单中可以根据具体的需要选择用于矩形的样式，利用该设置可以方便地制作各种按钮。

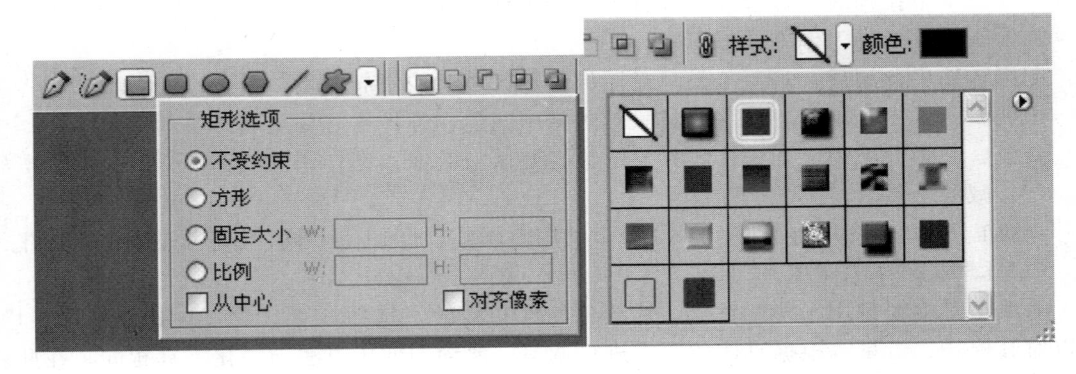

图 21-30

(2) 圆角矩形工具和椭圆工具

圆角矩形工具可以绘制具有平滑边缘的矩形，其使用的方法与矩形工具相同，直接在画布上拖拽即可。圆角矩形工具的任务栏与矩形工具的基本相同，比矩形工具多了半径选项，如图 21-31 所示。

图 21-31

如图 21-32 所示，半径选项分别为 10、40、80 时所绘制出的图像效果。

图 21-32

椭圆工具与圆角矩形工具、矩形工具两个工具类似，差别不大，这里就不再详细介绍。

(3) 多边形工具

多边形工具可以根据具体的需要绘制出正多边形。绘制时鼠标的起点是多边形的中心，终点为多边形的一个顶点。多边形的任务栏如图 21-33 所示，其中［边:］选项是用来控制所需要绘制的多边形的边数，如图 21-34 所示分别为边数为 5 和 8 的正多边形的效果图。

图 21-33

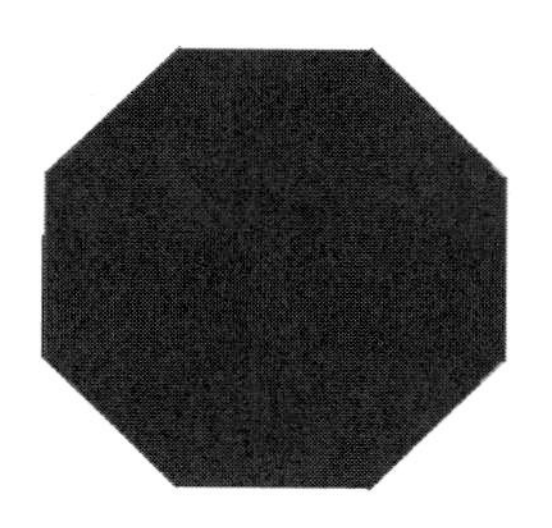

图 21-34

图 21-35

单击多边形任务栏中的倒三角，弹出如图 21-35 所示的对话框。

“半径”是指利用该文本框可设置多边形外接圆的半径。

“平滑拐角”是用来控制多边形夹角的平滑显示。

“星形”使得多边形的边向中心缩进，呈星状。

“平滑缩进”：只有在选中“星形”时，此选框才有效。

(4) 直线工具

直线工具可以绘制直线和有箭头的线段，使用的方法与前面几种工具基本相同，鼠标拖拉的起点为线段的起点，拖拉的终点为线段的终点，在此操作的基础上，按住“Shift”键可以将直线的方向控制在 0°、45°、90°。直线工具的任务栏如图 21-36 所示。

图 21-36

任务栏中的［粗细］命令显示直线的宽度。图 21-37 分别为粗细为 1px、10px、30px 时的效果。

单击直线任务栏中的倒三角，弹出如图 21-38 所示的下拉框。

“起点”“终点”：两者可以选择一项，也可以都选择，其是决定箭头在线段的哪一侧。

“宽度”“长度”：是用来控制箭头宽度、长度和线段宽度的比值。

“凹度”：是用来设置箭头的凹陷程度，可以输入—50％到 50％之间的数值。如图 21-39 所示为箭头效果。

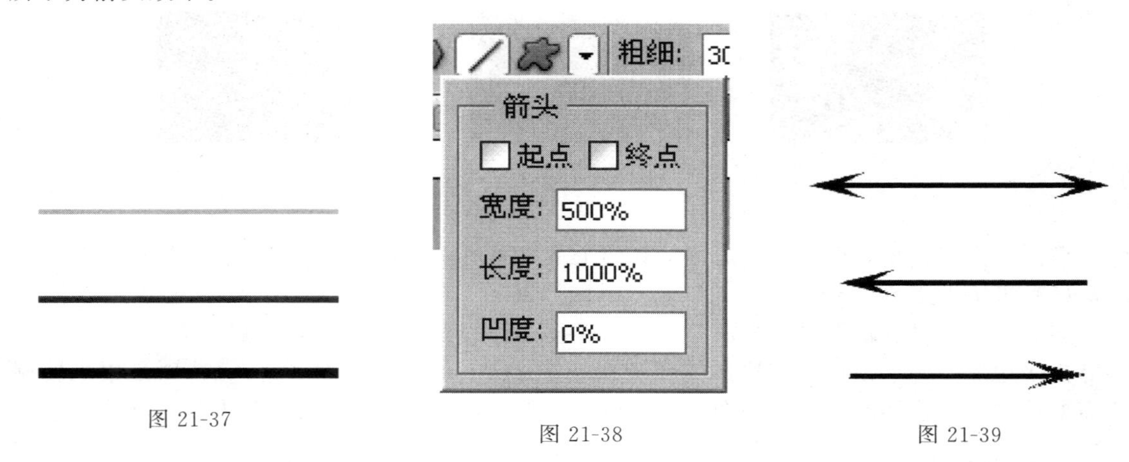

图 21-37　　图 21-38　　图 21-39

（5）自定义工具

使用自定义工具可以根据自己的需要绘制出一些不规则的图形或者根据具体的需要自己定义的图形。它的工具栏如图 21-40 所示。

图 21-40

自定义工具选项栏中的选项与前面几种工具的基本相同，但是多了一个“形状”按钮，单击其右侧的倒三角，在弹出的下拉框中可以根据需要选择多种形状，并且可以对控制面板进行管理。单击该面板右侧的三角可以打开一个下拉菜单列表，如图 21-41 所示。

图 21-41

21.5 钢笔工具组

钢笔工具组中包括“钢笔工具”、“自由钢笔工具”、“添加锚点工具”、“删除锚点工具”、“转换点工具”。如图 21-42 所示。其中工具组中的“钢笔工具”和“自由钢笔工具”可以绘制任何曲线的路径，这些路径主要是由一个或者多个直线或者曲线段构成，节点标记路径上线段的端点。路径可以闭合，也可以是开放的，可以没有起点和终点，也可以带有明显的终点。

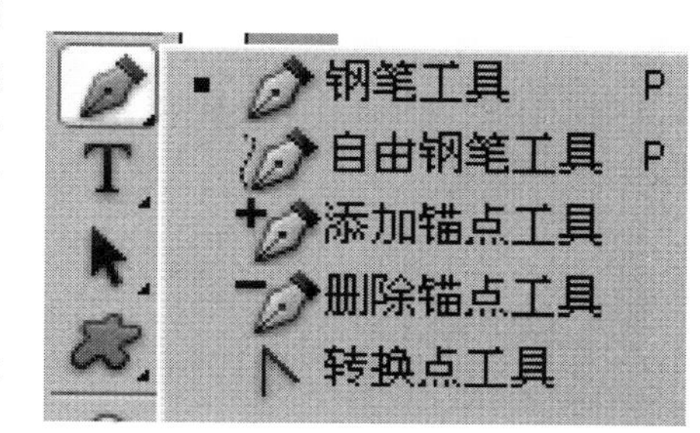

图 21-42

“钢笔工具”可以绘制由多个点连接而成的线段或者曲线。

“自由钢笔工具”与套索工具的使用方法基本相同，但是功能不同，套索工具选择的是一个选区，自由钢笔工具选择的是一个路径。

“添加锚点工具”可以使得现有的路径上增加一个节点。

“删除锚点工具”可以在现有的路径上单击任意一个节点，删除单击的节点。

“转换点工具”可以在平滑点和角点之间进行切换。

钢笔工具选项栏和形状工具栏是在一起的，确定路径和钢笔工具是打开的状态，在图像编辑窗口处单击，即可绘制路径。绘制好一条路径后，该路径是当前层中的有效路径区。若想要再绘制其他的路径，可以单击选项栏右侧的 4 个按钮：“添加到路径选区”、“从路径选区中减去”、“交叉路径选区”、“重叠路径区域除外”。通过此种方式加工当前图层中的有效路径，从而可以进行下一步的填充、描边等等的操作，如图 21-43 所示。

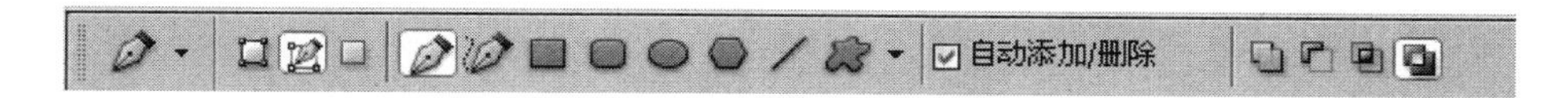

图 21-43

“钢笔工具”是创建路径的基本工具，“钢笔工具”可以创建直线路径和曲线路径。

当使用钢笔时，钢笔符号的右下角出现“×”时，单击确定路径的起点。

当鼠标移至当前所绘制的路径的端点时，钢笔符号的右下角会出现“/”。若当前操作节点为直线节点，此时单击并拖动可将该节点转换成曲线节点；如果当前节点为曲线节点，则此时单击并拖动将同时影响上一路径和后面所绘路径段的形状。

钢笔符号的右下角出现“+”时，单击可以在路径上增加节点。

钢笔符号的右下角出现“－”时，表明已经选中绘制路径的某个节点。

选取某段路径后，如果希望延伸该路径，可以将鼠标移至该路径的起点或者终点的位置，单击即可继续在该路径的基础上绘制后续线段。

21.6 路径选择工具组

Photoshop CS5 中提供了两个路径选择工具，右击工具箱中的路径选择工具，打开路径选择工具列表，如图 21-44 所示。

图 21-44

利用路径选择工具可以选择一个至多个路径，并且可以对多个路径进行联合及对齐分布等等的操作。当选区路径时，用鼠标单击需要选择的路径即可，如图 21-45、图 21-46 所示。若需要同时选择多个路径，可以用鼠标框选所要的路径，也可以按住“Shift”键依次单击路径。

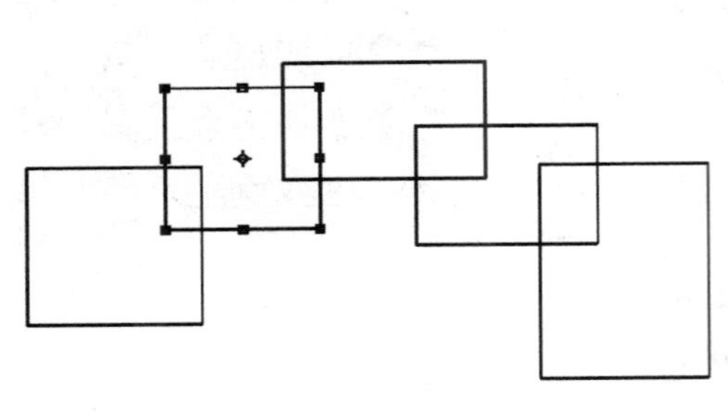

图 21-45

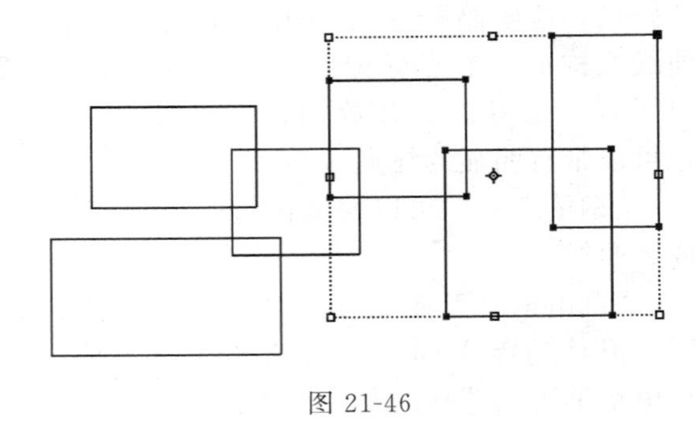

图 21-46

如图 21-47 所示，为选择路径工具后的工具选项栏。

图 21-47

“组合”是表示如果需要合并多个路径时，可以先选中需要合并的路径，单击工具栏中的组合按钮即可。

“直接选择工具”可以对路径上的一个点或者多个点进行修改。

21.7 文字工具

Photoshop CS5 文字工具中包括“横排文字工具”“直排文字工具”“横排文字蒙版工具”“直排文字蒙版工具”4 种，如图 21-48 所示。

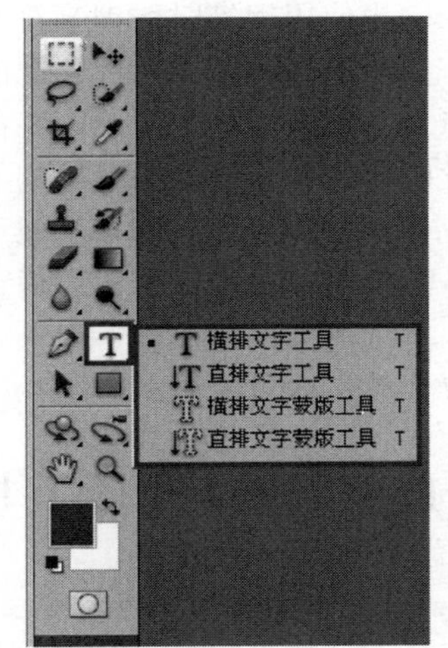

图 21-48

21.7.1 字符面板和段落面板

在文字工具的编辑状态下，可以通过字符面板和段落面板进行对文字的修改，“字符面板”主要是编辑字符，“段落面板”主要是编辑段落。这两个面板的使用与 word 软件的使用方法类似。

(1) 字符面板

如图 21-49 所示，通过字符面板可以修改输入文字的字体，在下拉菜单中，可以选择比较适合作品的字体；字体的大小：通过调整数值的大小改变文字的大小；文字之间的行间距：通过数值的变化；调整文字垂直方向的长度；调整文字横向方向的长度；调整字符缩进的百分比；文字的跟踪；打开颜色选择窗口选择颜色；字体的样式；语言类型的选择，在下拉菜单中可以选择多国语言；设置消除锯齿方式，如设置为浑厚、犀利等方式。

在字符面板的右上角，如图 21-50 所示的这个菜单中可以对输入的文字进行一些编辑。

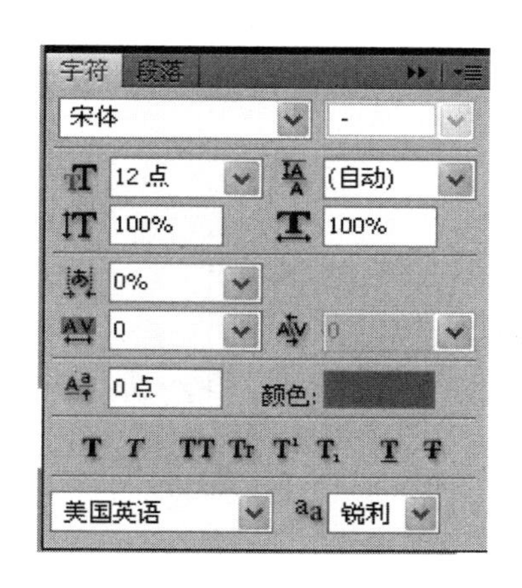

图 21-49

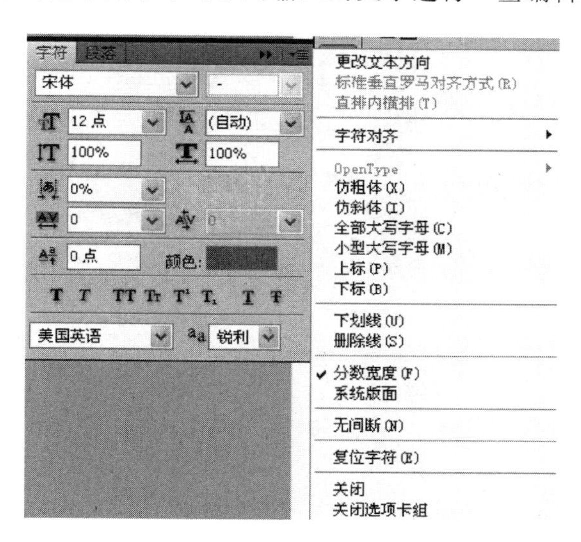

图 21-50

（2）段落面板

段落面板主要是对输入文字的段落进行修改管理，如图 21-51 所示。通过段落面板可以调整段落中各行模式：左对齐、居中、右对齐；调整段落的对齐方式；段落最后一行两端对齐；调整段落左缩进；调整段落右缩进；调整首行的左缩进；段落前附加空间；段落后附加空间。

单击段落面板右上角，弹出如图 21-52 所示的子菜单，此菜单用来控制段落的文字、标点的样式、字的轮廓距离、字母的距离、连字符等，其操作用法和 word 基本相似。

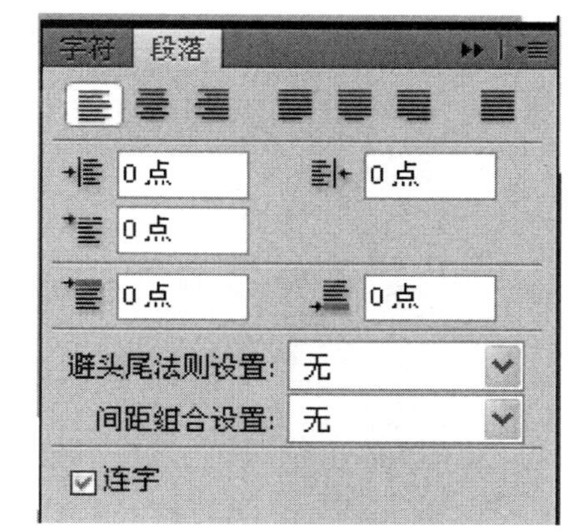

图 21-51

21.7.2 输入文字

（1）直接输入

启动 Photoshop CS5，选择文字工具按钮，在 Photoshop CS5 中，默认的文字为横排文字，用于输入水平文字。在选择文字工具处单击右键会出现显示卡，可以根据具体的需要选择垂直文字。

在字符面板中，可以通过对各参数的设置创建不同的文字效果，如字体、大小、字符间距等。

在图像上要输入文字处单击，出现“I”的图标时，就可以输入文字，这是输入文字的基线。输入的文字生成的为一个新的单独图层。

（2）文本框中输入文字

在图像上输入文字处用鼠标拖拉该文本框，在文本框中出现“I”的图标，这就是输入文本的基线。

通过字符面板，通过对各参数的设置可以创建不同的文字效果，如字体、大小、字符间距等。

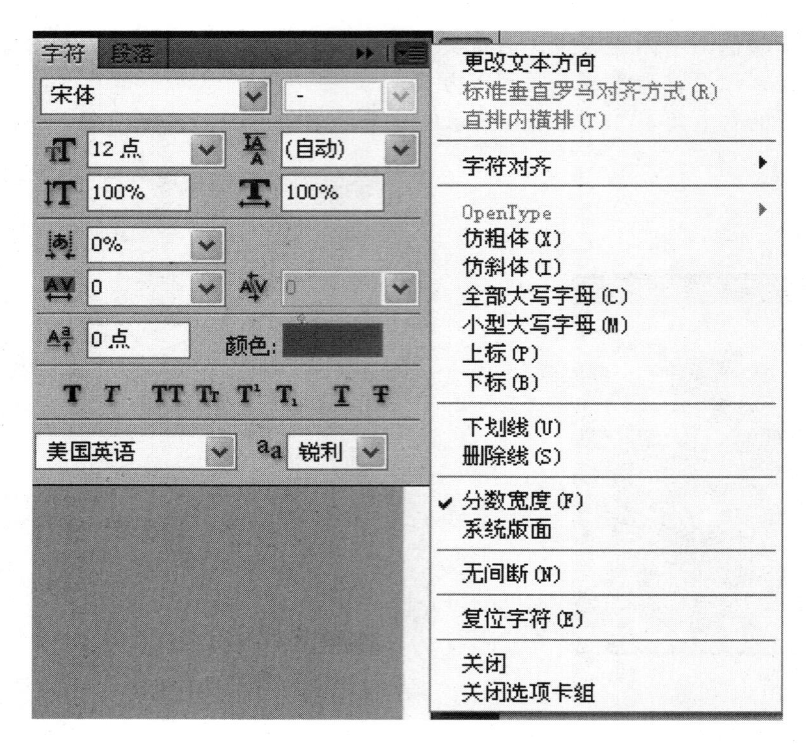

图 21-52

根据具体的需要可以对文本框进行调整大小、旋转、拉伸等操作。

输入的文字生成的为一个新的单独图层，如图 21-53 所示。

图 21-53

21.7.3 文字蒙版工具

文字蒙版工具和文字工具的区别就在于它可以向任何图层中添加文本，并且在添加的文本中不会创建新的图层，文字处于悬浮状态。它的使用方法和文本工具差不多，但是它们最后显示的结果并不是真正的文本，而只是在图层中产生的一个处于悬浮状态的由选择线包围的虚文本。

在工具栏中在选择文字工具处单击右键，可以出现显示卡，在下拉菜单中，可以选择横排文字蒙版工具和竖排文字蒙版工具，进行文字蒙版的建立。在文字蒙版的编辑状态下，整个窗口的颜色显示为红色，输入的文字显示为透明。

21.7.4 编辑文字

我们可以对文字进行各种各样的变形，可以为平面创意设计提供不同的文字处理创意手段。

（1）锯齿现象调整

Photoshop 中的文字为点阵字，其由像素组成，所以不可避免地会出现锯齿的现象，在输入文字前应该选定是否消除锯齿。任务栏中提供了 5 个选项：无、锐利、犀利、浑厚、平滑，如图 21-54 所示。

（2）段落格式

在输入文本之前应该选择所需要的段落格式：左对齐、居中、右对齐。需要修改段落格式时，选中文字，选择所需的段落格式即可。

（3）文字变形

使用变形文字选项可以对文字做出多种样式的变形。单击变形文字面板，其包括“样式”“水平”“垂直”“弯曲”“水平扭曲”“垂直扭曲”等参数。

样式：单击右侧的小三角打开下拉菜单，如图 21-55 所示，样式包括“无”“扇形”“上弧”“下弧”“拱形”“凸起”“贝壳”“花冠”“旗帜”“波浪”“鱼形”“增加”“鱼眼”“膨胀”“挤压”“扭曲”。

水平和垂直控制选择弯曲的方向。

“水平扭曲”“垂直扭曲”：通过参数控制弯曲的程度，如图 21-56 所示。

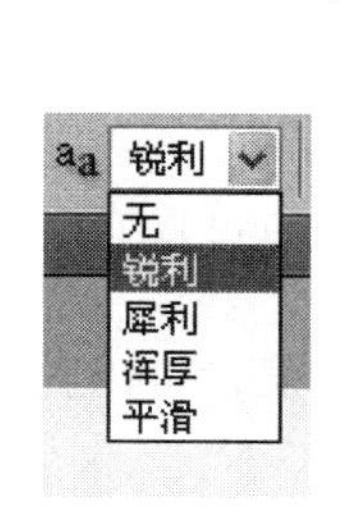

图 21-54

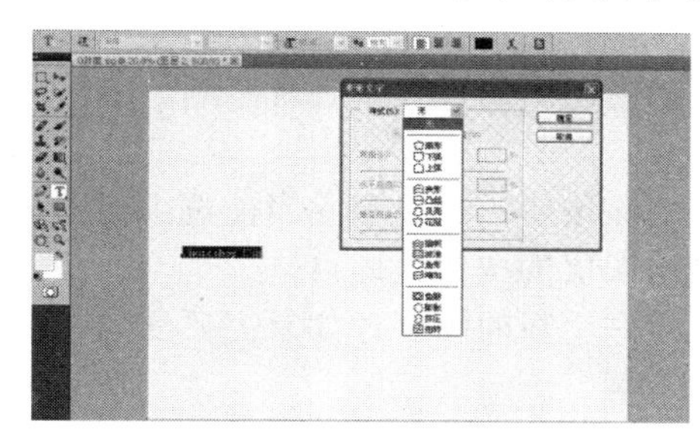

图 21-55

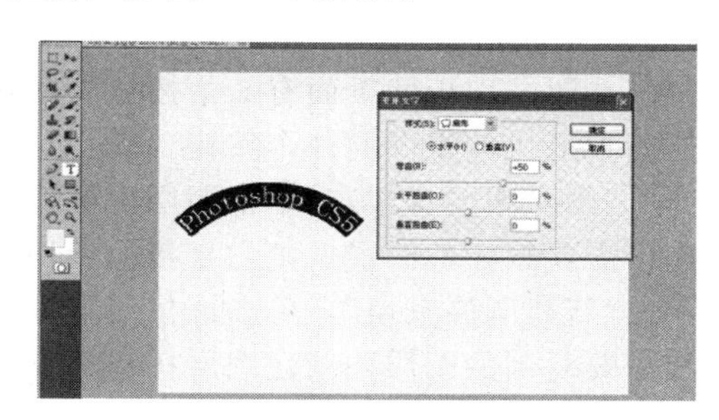

图 21-56

21.8 移动工具

移动工具是 Photoshop 中使用比较频繁的工具，图 21-57 为 Photoshop 中移动工具的选项栏。

图 21-57

在 Photoshop 的操作中，移动工具经常与抓手工具与缩放工具一起操作使用。抓手工具是用来改变图像在屏幕中的显示位置的，缩放工具是用于放大缩小图像，按住“Alt”键，滑动鼠标中间的滑轮即可完成两种状态的互换。

第22章 图层与图像的调整、打印

22.1 图层的基本概念

图层在Photoshop的操作中具有重要的作用，在Photoshop生成新的图像文件时，图像将自动生成背景层。图层是没有厚度的、透明的好比我们绘图时用的画布，它的上下顺序是可以根据我们的需要进行调整的，我们可以根据我们的需要把不同的部分放在不同的图层中，它们叠加在一起构成我们需要的图纸。我们可以单独修改每个图层的属性，而不会对其他图层产生影响。利用图层面板，我们可以增加图层、删除图层、合并图层等。

22.2 显示图层面板

可以有两种打开图层的方式：一是按住键盘快捷键F7按扭，可以打开图层面板；二是在菜单栏中选择“窗口”──→“图层”命令，便可以打开图层面板，如图22-1所示。

如图所示的Photoshop CS5的图层面板，显示了不同图层的图像信息，其主要由以下几个部分组成。

“合成模式”：在此下拉单中可以选择图层的混合模式，如溶解、正片叠底、颜色加深、线性加深、深色、变亮等。

“不透明度”：可以在框中输入数值，确定当前图层的不透明程度。

“锁定”：设置图层的不同锁定状态。

在图层面板的下面有7个按钮组，它们在制图的过程中经常用到，我们先来了解一下图层面板上比较重要的几个按钮。

“删除图层按钮”：单击图层面板上的删除按钮，可以删除当前选中的图层，也可以直接选中需要删除的图层，把它直接拖拽到删除图层的按钮上即可。

“新建图层按钮”：单击该按钮可以新建一个新的图层，如果需要复制一个图层，可以拖拽需要复制的图层到新建图层按钮即可。

“添加蒙版按钮”：可以通过此按钮添加图层面板的效果，如图22-2所示。

（1）合并图层

一个图像文件可以包含无数的图层，但实际上，太多的图层会占用大量的内存，导致图像处理变慢，所以在作图的过程中，对于相似的图层应该及时合并。

当我们制作园林效果图、平面图时，往往会将同一种类型的素材如树种、水体、道路等合并到一个图层中。

（2）图层样式

图层面板中包含多种效果，有[投影]、[内投影]、[外发光]、[内发光]、“斜面与浮雕”、“光泽”、“颜色叠加”、“图案叠加”、“描边”，它们都可以应用到图层中。

当我们发现选择的图层处理效果不佳时，可以在对话框的左边的矩形框中进行更改。

图层样式的效果较多，我们解释一下阴影的制作，其他的设置跟这个大同小异，不再一一介绍。

投影：给图层配加上一个阴影，如图22-3所示。

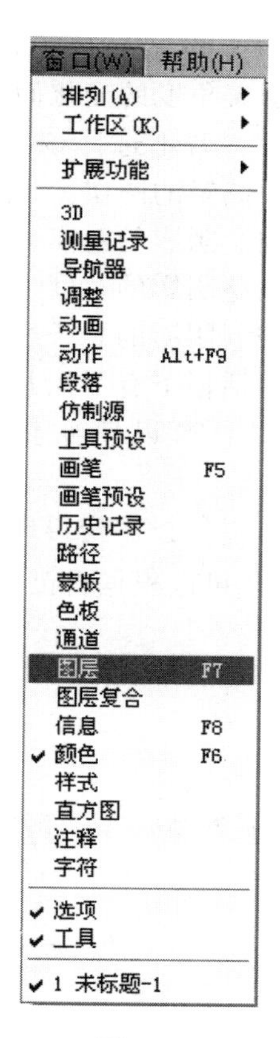

图 22-1

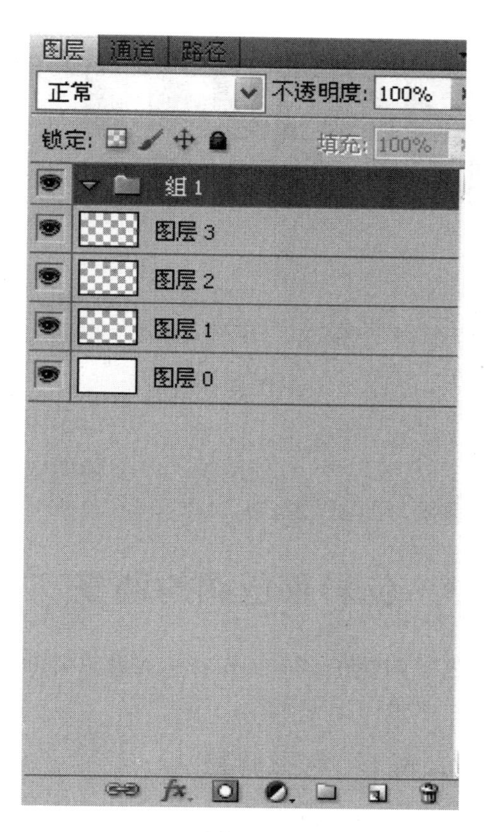

图 22-2

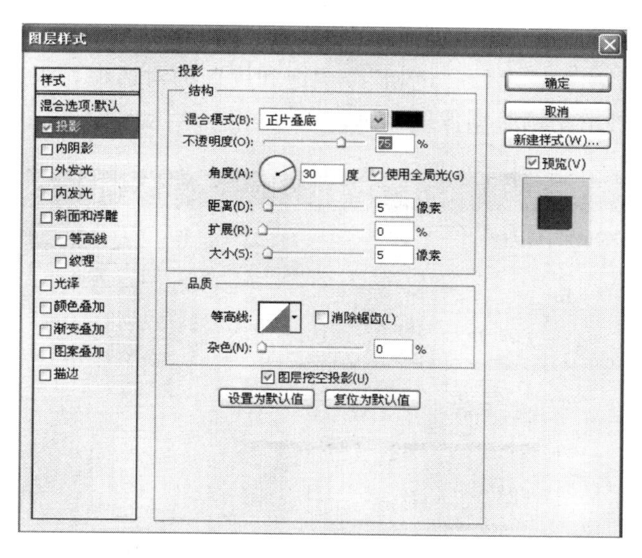

图 22-3

在投影的对话框下有下面几个选项。

“混合模式”：是以模式选框后面的颜色为背景。

“不透明度”：是指图像阴影的显示程度。

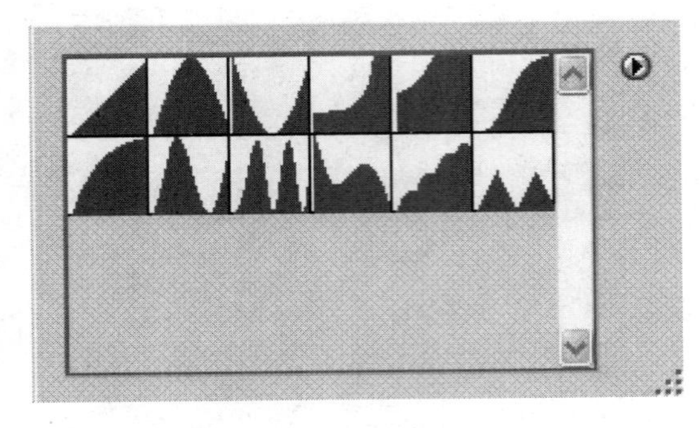

图 22-4

“角度”：用来设定亮部和阴影的方向，阴影的方向会随着角度的变化而变化。

“使用全光”：若不选择该项，产生的光源只使用于当前编辑的图层。

“距离”：控制阴影的距离。

“延伸”：调整阴影的宽度。

“大小”：控制阴影的总长度。

在品质的对话框下有下面几个选项。

“消除锯齿”：可以使变化的效果变得柔和。

“杂色”：可以使投影变得斑点化。

“等高线”：可以使图像产生立体的效果。如果没有合适的，可以根据自己的需要创建新的轮廓线，如图 22-4 所示。

22.3 色彩及色调的调整

色彩调整在 Photoshop 中起着重要的作用，正确地使用色彩调整命令，可以改善图片的效果，改善图像的质量。

22.3.1 色彩调整

(1) 色相/饱和度

使用色相/饱和度，可以调整图像中特定颜色范围的色相、饱和度和亮度，或者同时调整图像中的所有颜色。

选择“图像”⟶“调整”⟶“色相/饱和度”或者采用快捷键的方式，即“Ctrl”+“U”，系统会打开如图 22-5 所示的“色相”/“饱和度”的对话框，根据需要选择“色相”、“饱和度”、“明度”3 种滑竿调整图像的显示。

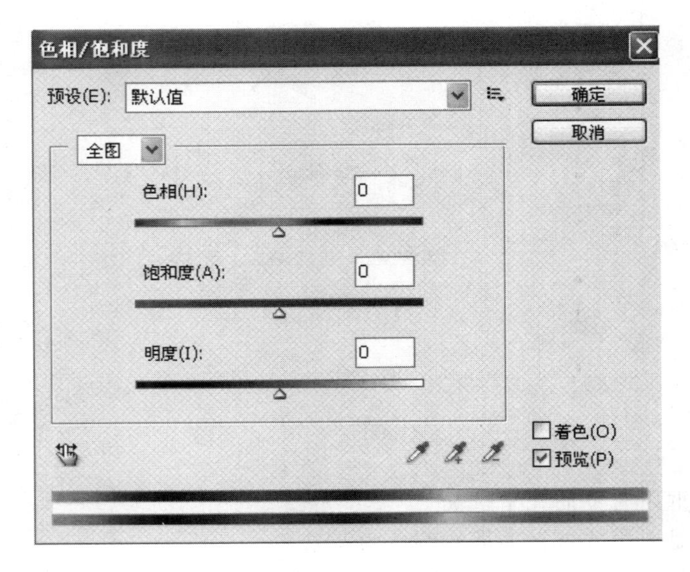

图 22-5

具体的操作步骤如下。

① 打开需要调整的图像。

② 执行“图像”⟶“调整”⟶“色相/饱和度”的命令，打开［色相/饱和度］的对话框。

③ 在对话框中选择“全图”，然后根据需要对“色相”、“饱和度”、“明度”3 种滑竿调整。

（2）替换颜色

选择“图像”⟶“调整”⟶“替换颜色”命令。

替换颜色可以强制的替换颜色，若原图像是一种颜色，可以将其转换为其他的颜色。如图 22-6 所示为替换颜色的对话框。

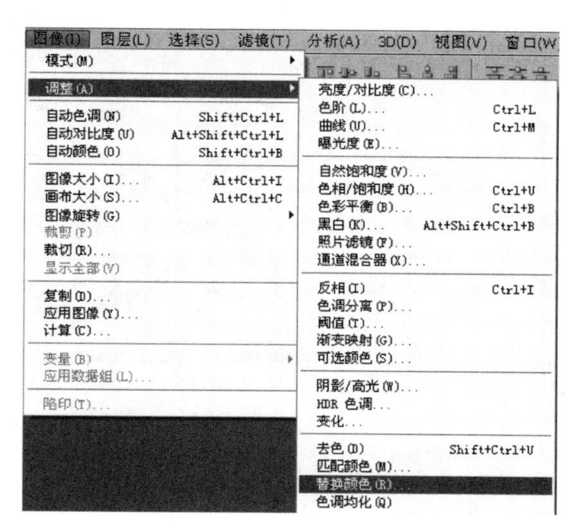

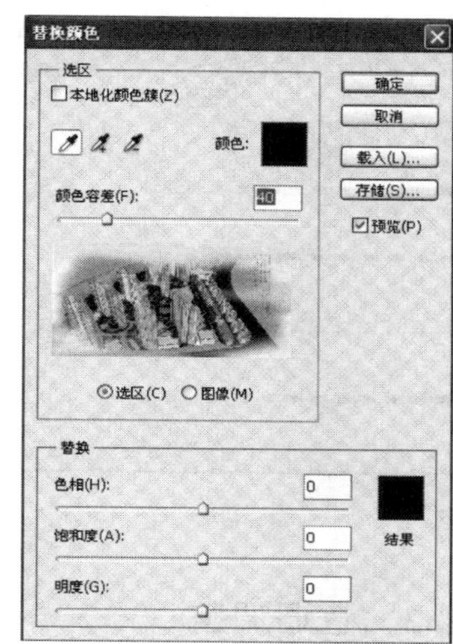

图 22-6

（3）去色

选择“图像”⟶“调整”⟶“去色”命令。图像去色后由彩色变成黑白色，此工具主要是利用改变图像的饱和度，将图像中所有的颜色的饱和度变为 0。图 22-7 即为去色前后两张照片的对比图。

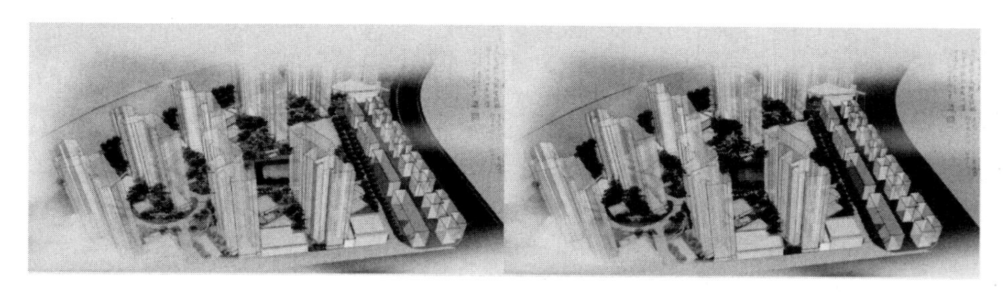

图 22-7

（4）可选颜色

选择“图像”⟶“调整”⟶“可选颜色”命令。利用“可选颜色”进行选择性的颜色调整，可以选择特定的原色，以调整 C、M、Y、K 的比值来控制颜色的。

(5) 通道混和器

选择“图像”⟶“调整”⟶“通道混和器”，打开“通道混和器”对话框。

在“输入的通道”中选择需要改变的通道。

调整源通道的红、绿、蓝滑杆调整颜色，如图 22-8 所示。

(6) 匹配颜色

匹配颜色可以将一个图像的颜色与另一个图像的颜色相匹配。

执行“图像”⟶“调整”⟶“匹配颜色”命令，可以后期再调整“亮度”⟶“颜色强度”⟶“渐隐”，直到调整到满意的效果为止，如图 22-9 所示。

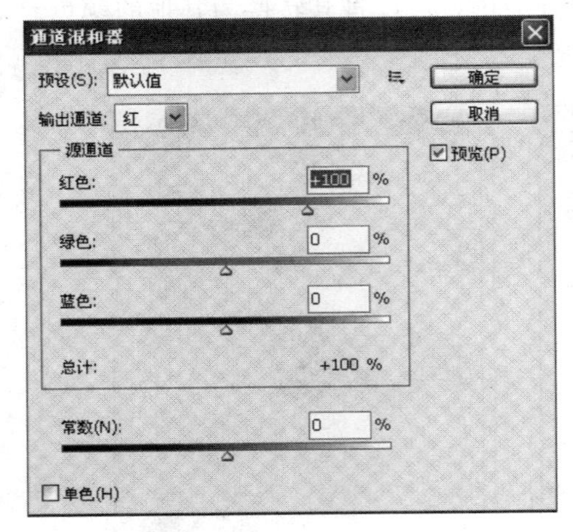

图 22-8

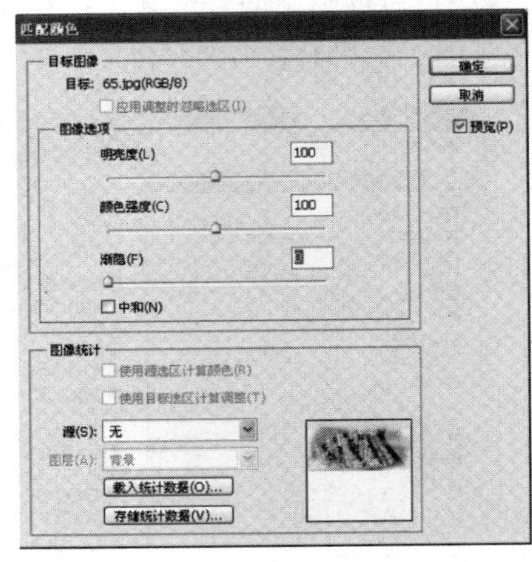

图 22-9

22.3.2 色调调整

(1) 曲线

曲线工具是功能非常强大的图像色彩调整命令，执行“图像”⟶“调整”⟶“曲线”命令或者用快捷键“Ctrl”+“M”打开曲线工具，弹出如图 22-10 所示的对话框。

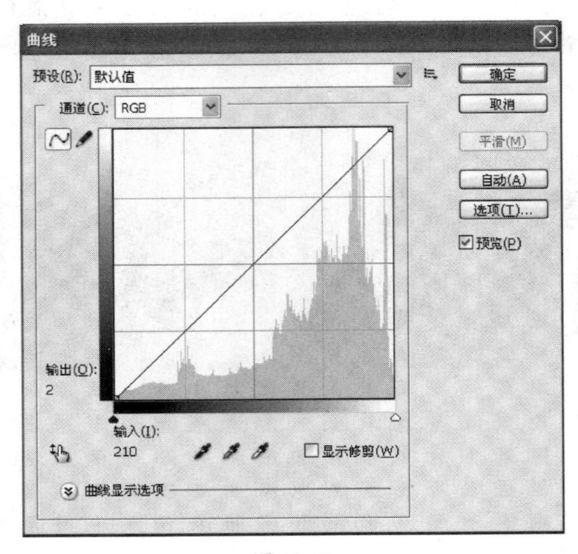

图 22-10

在通道的下拉菜单中可以选择不同的通道进行修改。

在曲线图上，水平方向的轴表示像素原来的亮度值，垂直方向的表示调整后的亮度值。

(2) 色阶

色阶主要是用来调整图像的对比度的。执行“图像”⟶“调整”⟶“色阶”命令或者用快捷键“Ctrl”＋“L”打开色阶工具，如图 22-11 所示。

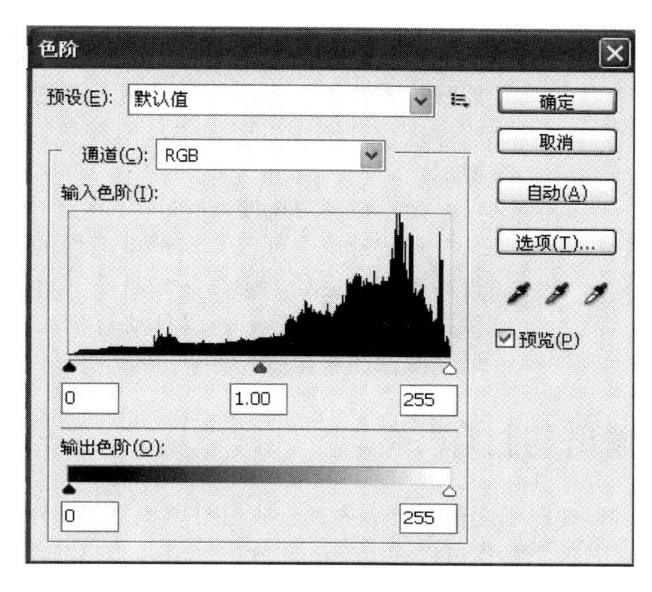

图 22-11

在通道中的下拉菜单中可以选择需要进行色彩校正的通道。

在色阶图上，可以通过调动黑、灰、白的滑块或者是直接输入数值来调节图像的暗调、中间调、亮调。

对于初学者，可以单击色阶对话框中的自动色阶来进行调整，或者采用快捷键“Shift”＋“Ctrl”＋“L”的方式来调整。

(3) 色彩平衡

色彩平衡提供一般的色彩校正，要想精确地控制某种颜色的成分，需要使用专门的颜色校正工具，执行“图像”⟶“调整”⟶“色彩平衡”命令或者快捷键“Ctrl”＋“B”打开色彩平衡工具。

在色彩平衡的对话框中选择“保持明度”，在改变色彩成分的过程中保持图像的亮度不变。显示了需要调节的色彩的区域：阴影、中间调、高光，如图 22-12 所示。

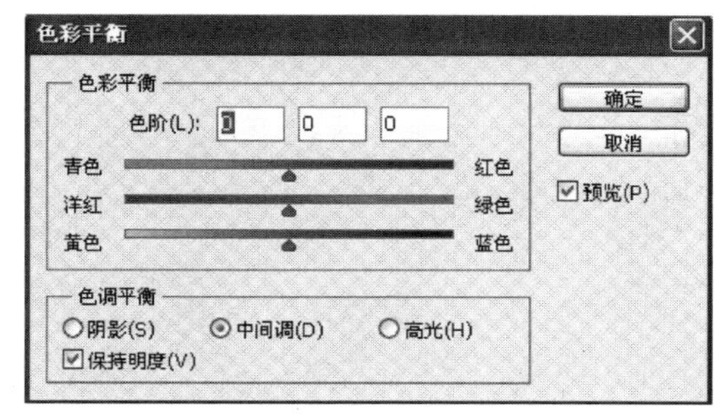

图 22-12

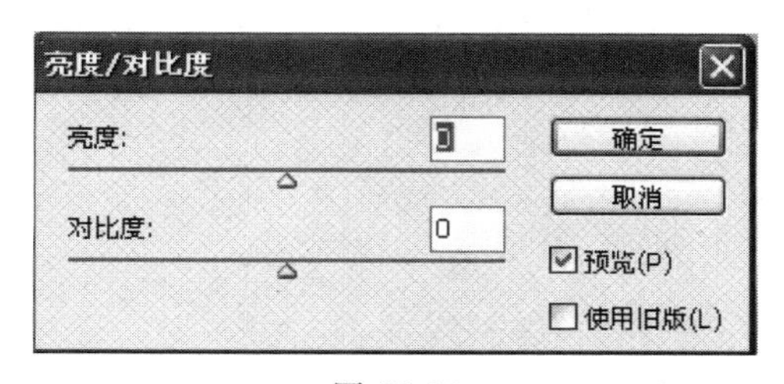

图 22-13

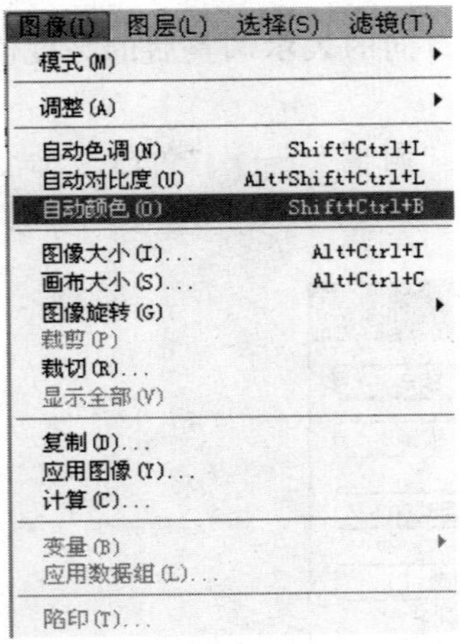

（4）亮度/对比度

“亮度/对比度”命令主要是用于调整图像整体的对比度和亮度。执行“图像”⟶“调整”⟶“亮度/对比度”命令，在弹出的对话框中，拖动滑块可以调整图像的亮度和对比度，如图 22-13 所示。

（5）自动颜色

自动颜色主要是应用于图像的颜色灰暗，用于调整图像的整体颜色，使得色彩平衡，达到完美的效果。操作步骤为执行“图像”⟶“自动颜色”的命令，如图 22-14 所示。

图 22-14

（6）自动对比度

自动对比度可以自动调整图像的高光和阴影区域，使得高光区域更亮，阴影区域更暗，对于对比度不明显的图像，执行“图像”⟶“自动对比度”的命令，可以自动增强图像的对比度。

22.4 图像的输出与打印

作品设计完成之后，在印刷之前需要事先通过彩色打印机打印出作品，查阅最终作品的效果，以及是否有错误。这个操作可以在 Photoshop 中完成，用户需要将打印机与计算机相连，并且需要安装打印机的驱动程序，使得打印机可以正常工作，在这样的前提下可以使用 Photoshop 中的打印功能进行打印了。

（1）打印设置

要想顺利地打印出图像，需要在 Photoshop 中进行页面设置：主要包括纸张大小、打印方向、打印质量等。

执行“文件”⟶“打印”⟶“打印设置”命令，在弹出的对话框中设置纸张的大小、来源、类型和方向。

（2）设置打印选项

选择好纸张的大小、打印方向、打印质量后，需要设置打印的内容，如是否打印出裁切线、图像标题、套准标记、居中裁切标志等。执行“文件”⟶“打印”命令，在弹出的对话框中进行设置。

第 23 章　通道和蒙板

23.1　通道

通道简单地说就是选区，Photoshop 中包含多种通道，在通道中，记录了图像的大部分信息。如图 23-1 所示为通道的控制面板。

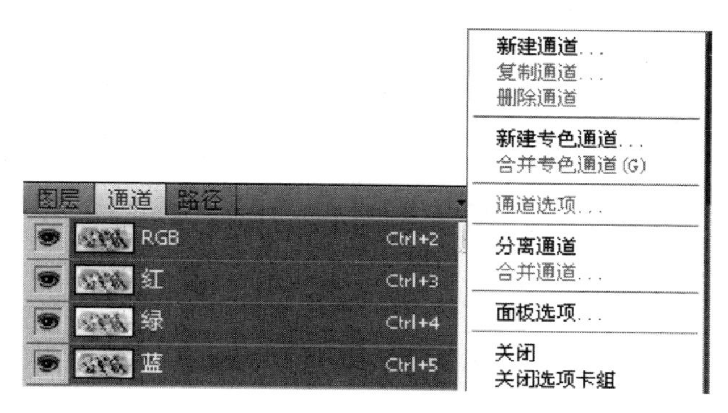

图 23-1

若单击通道中的红色通道，图像窗口中显示红色的通道便会显示相应的效果，其他的通道则处于关闭状态，因此可以对此通道进行单独的编辑。在操作的过程中，如果按住［Shift］键可以同时选择几个通道，从而可以在图像窗口中显示多个通道的叠加效果。

在通道的下方有 4 个小按钮，从左往右依次介绍一下它们的功能。

① 从当前通道中载入选区。

② 在通道面板中建立一个新的 Alpha 通道用于保存当前选区。

③ 创建一个新 Alpha 通道。

④ 删除当前的通道。

23.2　蒙版

所谓蒙版就是指用来保护图像的一层板。在处理图像一些特殊的效果时，蒙版可以隔离保护图像的其他区域。选择了蒙版工具后，当选择了图像的部分区域时，没有被选择的区域即会被蒙版保护着，不会受到影响。

在 Photoshop 中有许多创建蒙版的办法，下面我们简单介绍几种蒙版的创建方法。

① 通过工具箱中的快速蒙版工具，快速地建立一个蒙版。

② 通过图层面板中的创建蒙版命令。

③ 若在图像中已经选择了一个选区，执行“选择”⟶“储存选区”命令将已经选择的范围转换为选区。

第 24 章　滤镜的使用

24.1　滤镜的概念

滤镜主要是用来实现图像的各种特殊效果的，是处理图像中的一种最常用的手段之一，它在 Photoshop 中具有非常神奇的作用。所有的 Photoshop 都按分类放置在菜单中，使用时只需要从该菜单中执行这个命令即可。

滤镜的操作非常简单，但是真正用起来却很难得恰到好处。滤镜通常需要同通道、图层等联合使用，才能取得最佳艺术效果。如果想在最适当的时候应用滤镜到最适当的位置，除了平常的美术功底之外，还需要用户对滤镜熟悉，并且具有操控能力，甚至需要具有很丰富的想象力。这样，才能有的放矢地应用滤镜，发挥出艺术才华。

24.2　滤镜介绍

本节主要介绍一下日常使用滤镜绘制园林要素、编辑和修改图片的有关内容。

(1) 切变滤镜

切变滤镜主要是对当前图层的选区进行图像的水平方向扭曲，在园林中主要是用于修改树干的弯曲度等，操作方式如图 24-1 所示。

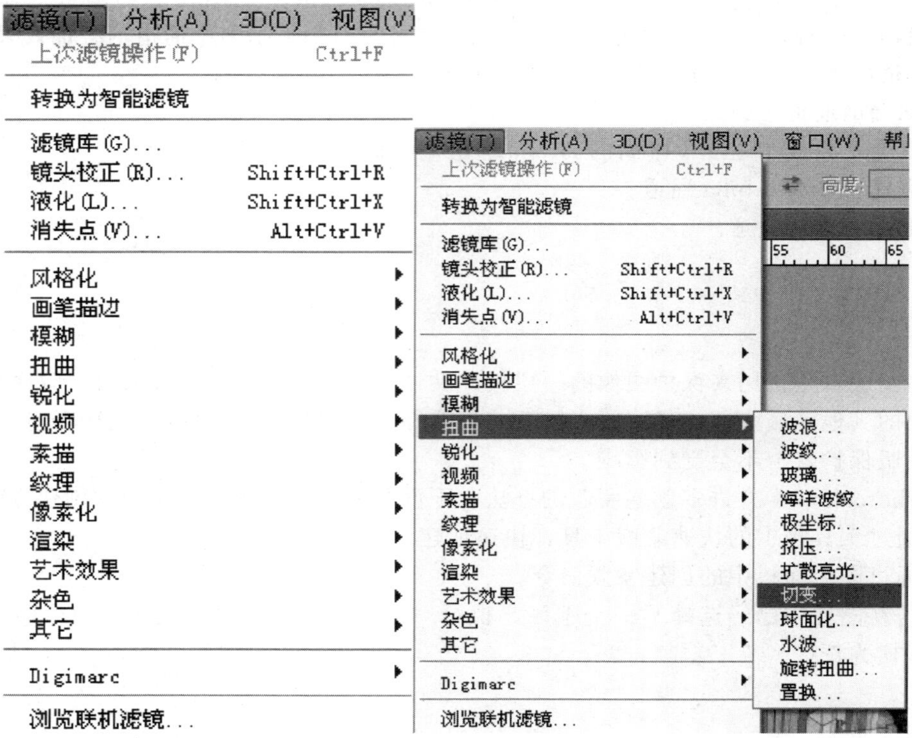

图 24-1

（2）动感模糊

动感模糊主要是用来表现运动的物体或者流动的水体的模糊倒影。

执行“滤镜”⟶“模糊”⟶“动感模糊”命令，在弹出的动感模糊的对话框中，适当地调整角度和距离，然后选择预览，如果表现的效果合适，单击“确定”即可，如图 24-2 所示。

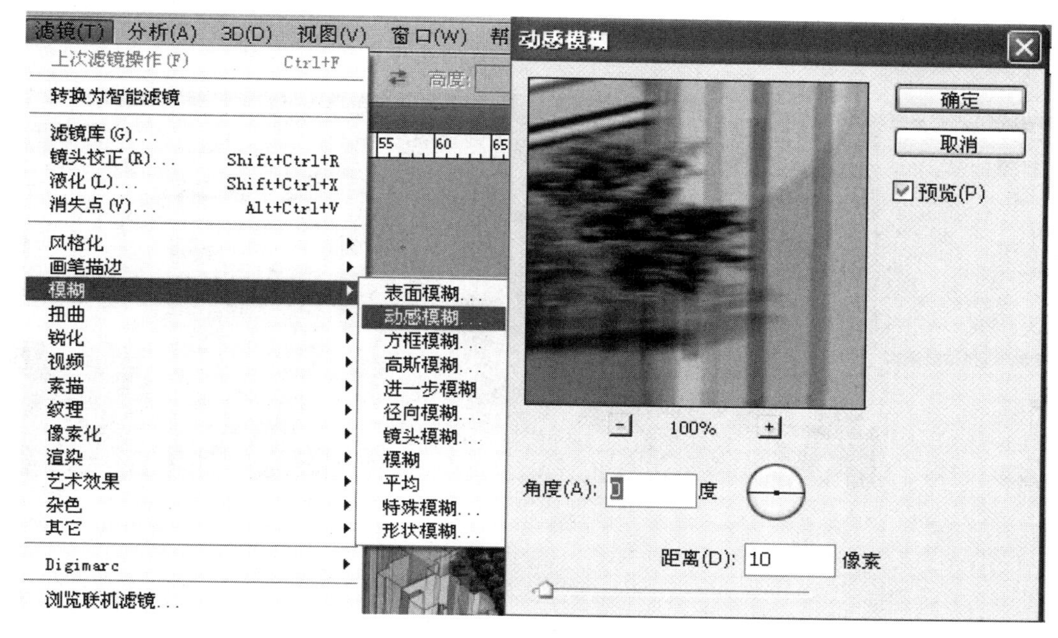

图 24-2

（3）添加杂色

添加杂色主要是用于草地、水、石块等的纹理效果。

执行“滤镜”⟶“杂色”⟶“添加杂色”命令，在弹出的添加杂色的对话框中，适当地调整数量控制效果的强度，然后选择预览，如果表现的效果合适，单击“确定”即可，如图 24-3 所示。

图 24-3

(4) 纹理化

纹理化也是滤镜中经常用到的效果之一，主要是用于表现彩色平面图中绿篱和模纹的效果。

执行“滤镜”⟶“纹理”⟶“纹理化”命令，在弹出的纹理化对话框中，可以选择合适地纹理效果，适当地调整缩放、突现等，如果表现的效果合适，单击“确定”即可，如图 24-4 所示。

图 24-4

第25章 Photoshop效果图制作

25.1 平面效果图制作

园林中彩色平面图是当前园林行业最经常用到的图纸之一，好的平面图可以带给我们直观的视觉效果。通过彩色平面图，我们可以直观地了解到建筑的位置、绿化、道路水体等的布置。在绘制彩色平面图的时候应该注意以下几个问题：一是表现要素要采用合适的比例和平面图例；二是树木、建筑、小品应该具有正确的平面尺寸；三是根据具体的设计内容，采用合适的色彩进行搭配。

在Photoshop中制作的园林平面效果图，场景一般来自Auto CAD绘制的二维线图。

(1) 输出Auto CAD位图

在输出Auto CAD底图前，需要对底图进行一定的调整，确定不同的要素在各自独立的图层中，主要可以分为园路层、铺装层、植被层、建筑层、草坪层、小品层、地形层等。建议输出打印的时候可以分别打印虚拟的无铺装底图和铺装底图，方便在Photoshop中分层选择处理。

调整好图层后，选择虚拟打印模式，设置好纸张的大小，在打印的样式中设置所有的线性打印为黑色，具体步骤不再重复复述。

(2) 在Photoshop中打开底图并且进行调整

运行Photoshop软件，打开Auto CAD打印输出的底图，在打开的栅格化对话框中根据需要设置合适的图像大小和分辨率。设置好参数后，单击“确定”，开始栅格化处理，得到一个透明的线框图像，可以将线框重新命名。单击图层面板的下方新建图层面板，在当前图层的下方新建一个图层，将新建的图层使用快捷键“Ctrl”＋“Delete”设置为白色，从而得到一个白色背景的图层，以便于查看线框，如图25-1所示；使用快捷键“Ctrl”＋“S”保存图像为“psd”格式。

在彩屏的制作过程中，最重要的就是路面、绿化、建筑3部分，需要将这3个层次分清楚，这样在后期的处理过程中就会显得非常有序。

使用魔棒工具逐一单击选中对马路各区域，新建一个图层，重命名为“马路”，单击前景色，打开颜色编辑器，设置前景色为深色，使用快捷键“Ctrl”＋“Delete”快速填充前景色，给马路填充一个基本色，这样马路部分就显示灰色，就与其他的元素有一个简单的区分。使用同样的方法，再划分绿化区域、建筑区域、铺装、水面等，简单地以色块进行划分，如图25-2所示。

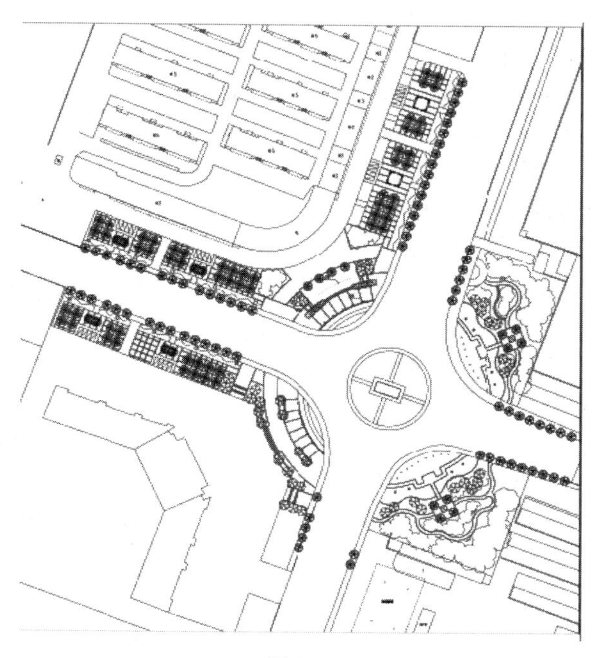

图25-1

(3) 在Photoshop中添加图例

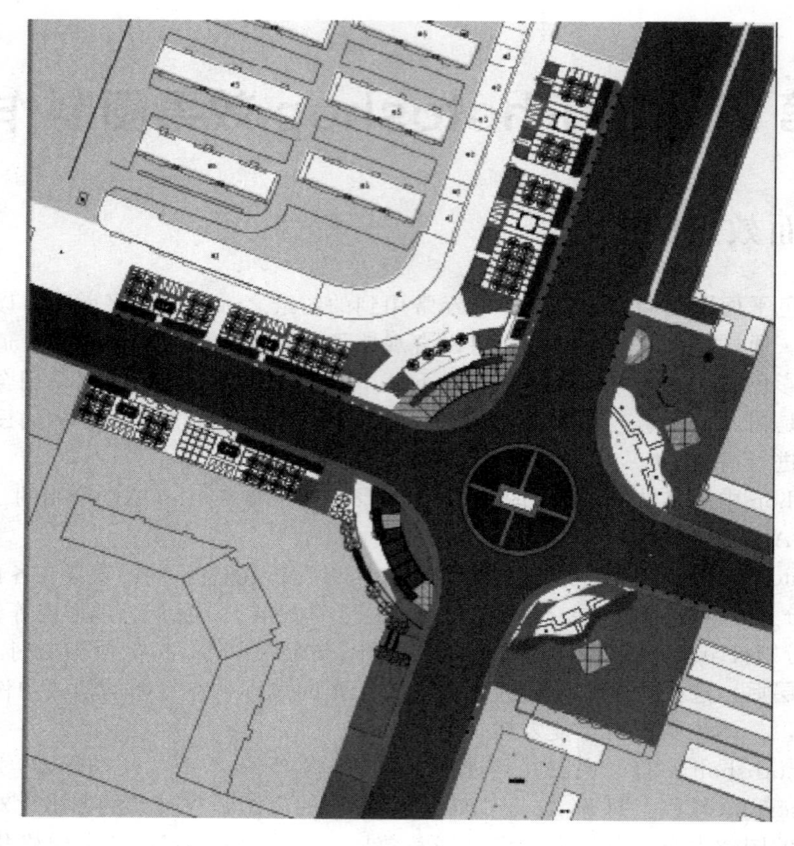

图 25-2

通过前面的步骤，该彩色平面图已经初具雏形，为了表现彩色平面图的植被关系，需要对平面图添加各式的图例，添加的顺序一般为：先主干道，再次干道，再绿化带细分。在添加各式图例的时候应该注意讲究颜色的图次和图例的大小以及比例关系的协调。

选中需要的图例，使用移动工具将其拖动到当前的效果图的操作窗口，使用快捷键“Ctrl”＋“T”，根据整个画面调整图例的大小，放置到合适的位置。彩色平面图是一种空间关系的简单表达，里面的图例存在着投影的效果，所以需要绘制图例的阴影，阴影的绘制可以在图层样式中进行绘制。利用同样的方法可以添加其余的图例，以及图例的影子，如图 25-3 所示。

(4) 在 Photoshop 中制作铺装

在总平面中，马路、草地的周围一般都是地砖铺砌而成的人工铺地，制作时需要选择合适的地砖纹理进行图案的填充。

进行地面图案的填充，一般有两种方式。一种是利用软件自带的图案制作铺装的效果图；另外一种是自定义图案制作铺装。具体的操作步骤如下。

① 选中铺装的色块，按住“Ctrl”键，单击该图层的缩览图，载入选区，双击图层的缩览图，打开图层的样式面板，在样式列表中选择“图案叠加”，在图案的列表中选择软件自带的纹理贴图，设置混合模式为“正片叠底”，根据图纸的需求设置缩放比例，单击确定即可完成操作。

② 另一种是自定义图案的制作。在制作铺装的时候，若系统自带的图案不够时，可以自制图案。选择铺装的色块，单击工具箱中的矩形选框工具，框选该素材的一个重复元素，执行“编辑”⟶“定义图案”的命令，即可将图案定义为新的铺装。单击图层面板，可以

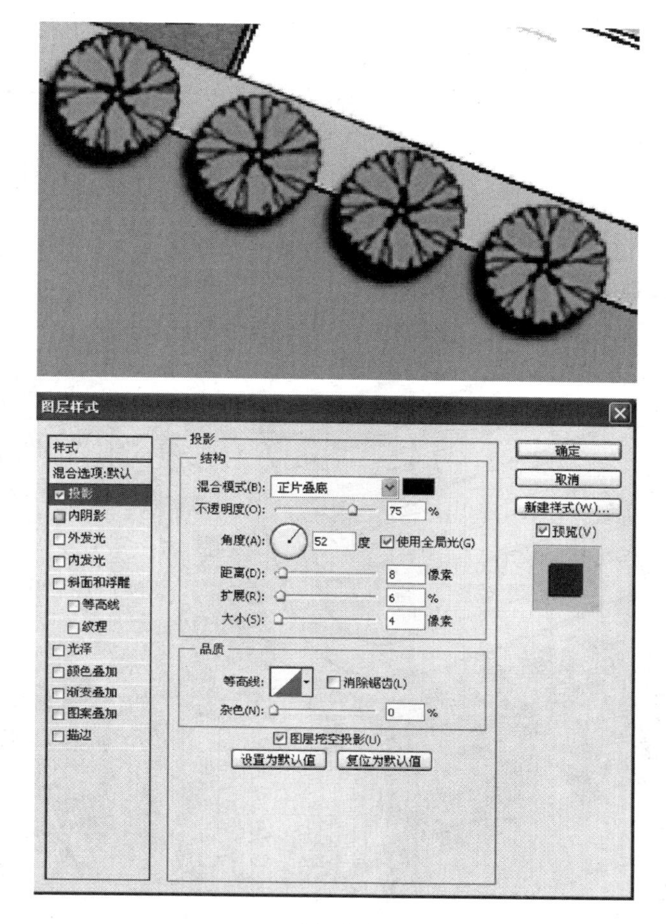

图 25-3

将自定义的图案载入选区。同样的方法，可以根据自己具体的需求制作其余的铺装效果。

(5) 在 Photoshop 中制作水面

水是设计的灵魂，水具有怡心养性的景观功能，人们具有亲水性，因此在许多园林的景观规划设计中引入水景，开凿人工河，挖湖堆山，搭建亭、廊、桥等水边建筑，充分利用水景构建出溪流、瀑布、喷泉等景观水景，构造出一幅景观优美的画卷。

在彩色平面图中，水景的制作方法可以是颜色填充、渐变、水面图像等，无论使用什么样的手法都应该表现出堤岸在水面上的投影，水面的质感变化。下面介绍一种水面的制作过程。

在素材中打开合适的水面材料，使用快捷键“Ctrl”＋“T”，适当地调节图像的大小，将水面载入选区，复制水面大小的水素材，利用快捷键“Ctrl”＋“U”，打开色相与饱和度的对话框，调整参数，使得水面的颜色偏青色，与整个效果图的色调协调。如果水面的明暗关系模糊，我们可以根据光线的方向，利用渐变工具，新建一个图层，填充蓝色，将图层模式中的混合模式改为“叠加”。如此，便完成水面的制作。

(6) 在 Photoshop 中细化草地

草地的制作方法比较多，可以使用草地的纹理图像、填充颜色、渐变填充、滤镜制作处理或者几种方法一起使用。

相对而言，比较大的彩色平面图在制作草坪的时候，不建议使用真实的草坪图片，虽然看起来效果不错，但是容易造成整体效果的不协调，而且内存消耗比较大。

下面简单介绍几种草地的制作效果。

① 选择草地的色块，将其载入选区，执行“滤镜”⟶“杂色”⟶“添加杂色”的命令，设置杂色的参数，添加杂色的草地，体积感增强。

② 执行“滤镜”⟶“模糊”⟶“动感模糊”的命令，设置动感模糊的参数，单击确定，可以制作草地图层的纹理感。

③ 制作完成后，可以利用画笔工具继续提亮某些草地区域，制作草地的层次感。

完善画面，可以补充一些细节的素材，本节就不再详细复述了，可以在图中根据具体的需要添加文字，最后完成平面效果图的制作，如图 25-4 所示。

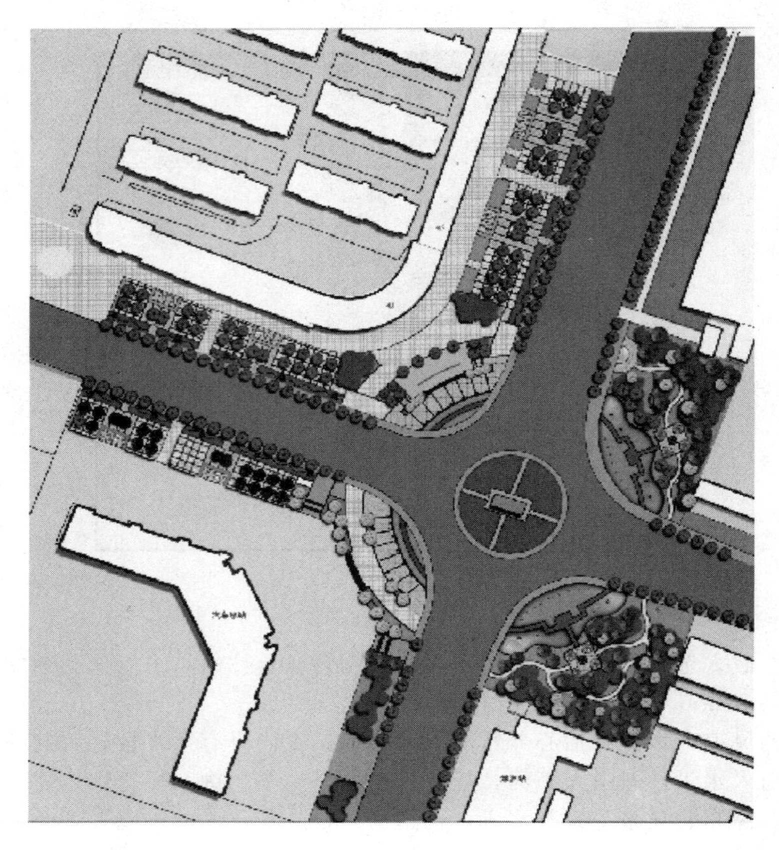

图 25-4

25.2 功能分区图的制作

在园林分析图中具有交通分析图、景观节点分析图、功能分析图、灯光分析图等。在分析图的制作过程中主要用到画笔和钢笔工具。各种分析图的制作一般是在平面图的基础上绘制的，一般是将彩色平面图的色彩和饱和度降低，根据具体的分析图制成泡泡图或者流线图。我们以功能分区图为例介绍一下用 Photoshop 制作功能分区图。

景观功能分析图是方案汇报稿中非常重要的一项环节，合理的功能分区图是方案设计优秀合理的主要依据，清晰明了的功能分区图能让人对整个方案的设计一目了然。功能分区图的制作需要制作者把握好方案设计的特点，搭配合理的、对比适当的色彩。本文以某居住小区的平面图为例制作演示分析图的具体制作方法和过程。

（1）处理彩色底图

运行 Photoshop 软件，打开需要分析的底图，在菜单栏中选择“图像”⟶“调整”⟶“色相/饱和度”或者使用快捷键“Ctrl”＋“U”，在弹出的“色相/饱和度”的对话框中调整参数，降低彩屏的饱和度，增加彩屏的明度。调整后的效果和参数如图 25-5 所示。

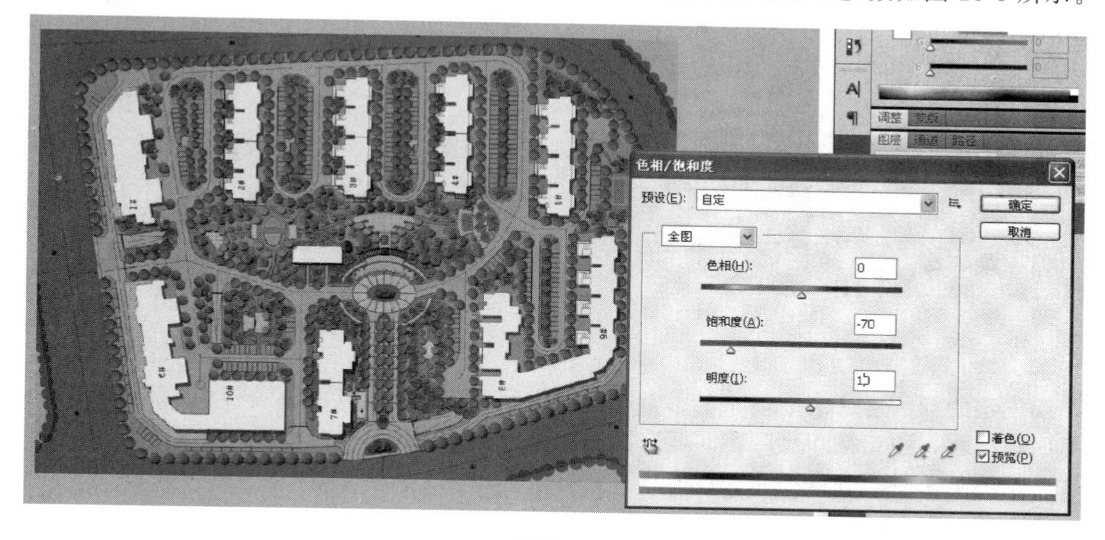

图 25-5

（2）建立泡泡选区

在彩屏的基础上，新建一个图层，选择椭圆工具，在小区的入口处绘制椭圆形选区，并且填充红色，设置图层的透明度为 60%，如图 25-6 所示。

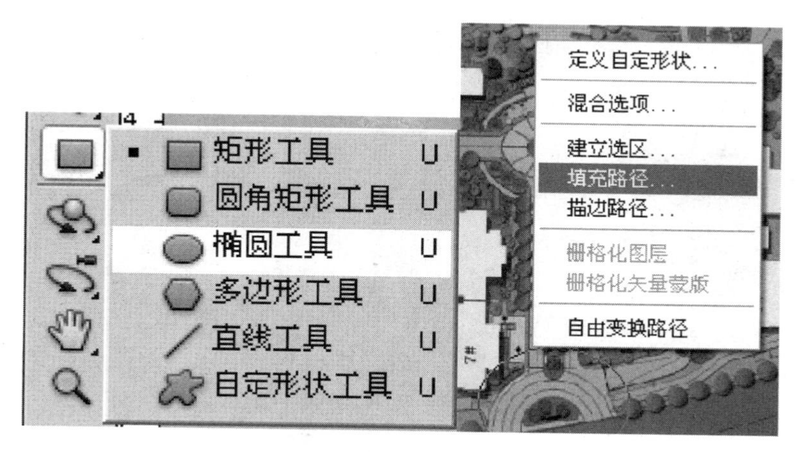

图 25-6

设置色彩和画笔，设置前景色为白色可以采用快捷键“D”将前景色背景色快速地转换为黑白色，再按“X”键将前景色转换为白色。在使用椭圆工具时，可以选择画笔进行描边处理，在进行描边之前，需要对画笔进行调整，单击画笔预设按钮，在画笔预设的对话框中设置画笔的形态、大小、间距，如图 25-7、图 25-8 所示。

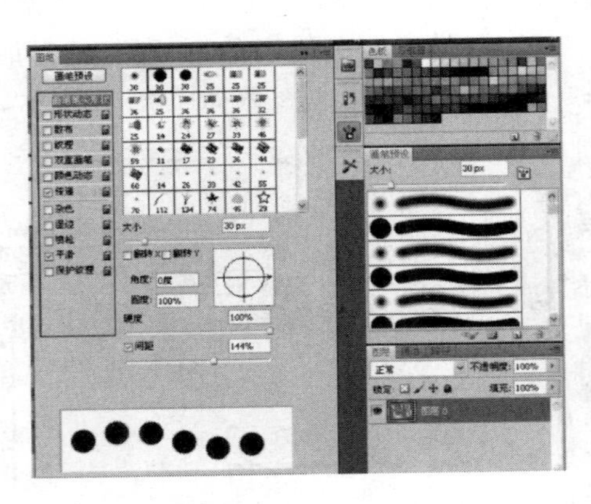

图 25-7

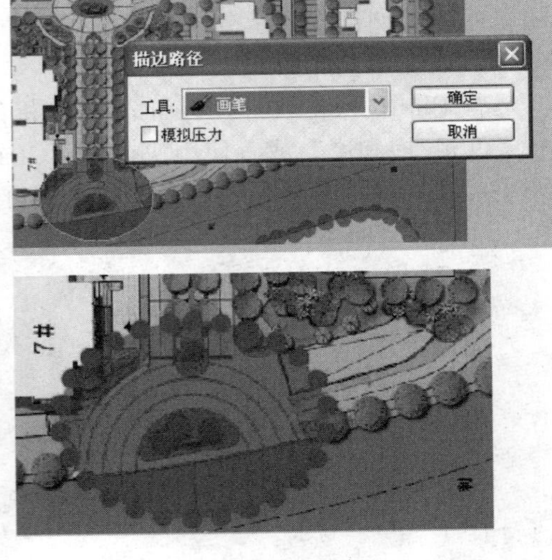

图 25-8

在创建的椭圆形选区上填充色彩，进行描边处理。场地的功能不一样，填充的色彩也应该不同；同时，注意空间尺度不同，选区的大小也应该不同。做完之后进行描边处理（在描边之前，画笔工具的参数不需要每次设置，在绘制好选区之后直接激活画笔工具即可）。完成的效果图如图 25-9 所示。

图 25-9

根据图纸的具体需要，在分析图完成之后，可以根据需要在空间上标记上文字，标注的方式最经常用的有 3 种：一种是可以直接在做好的选区上添加文字；二种是可以利用引线的方式进行标识；三种是利用图例的方式进行标识。

在文字标识完成后，将图片存储为“jpg”的格式即可，如图 25-10 所示。

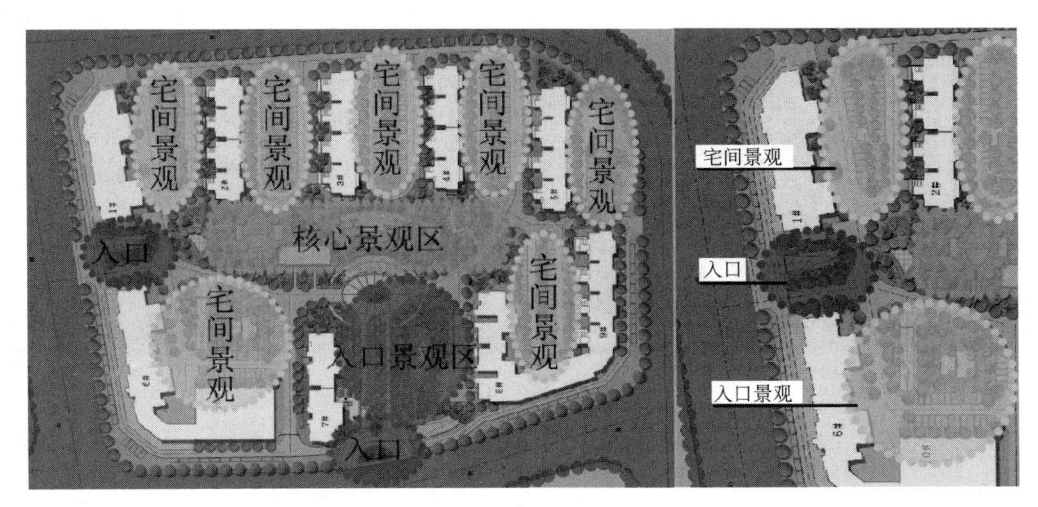

图 25-10

25.3 透视效果图的制作

园林中的局部透视效果图的相机视点与人的视点基本相同，可以直接客观地反映出园林景观设计中比较精彩部分的设计景观效果。利用建模工具渲染之后利用 Photoshop 做后期处理，可以达到比较真实的场景效果。

利用 Photoshop 做后期效果图需要注意以下几个方面的处理：一是对于构图、景深的层次要有一定的把握；二是对整个环境的色彩具有独到的审美，把握整体环境的色调变化，可以利用特色的效果制作出优美的景观效果；三是具有树木、人物、水体、雕塑等丰富的后期处理素材的图库；四是根据具体的方案设计，可以灵活地处理在后期效果图的制作中出现的问题。

公园一角树阵广场的透视效果图制作步骤如下。

（1）输出模型底图

利用 3d Max 或者草图大师建模工具渲染之后利用 Photoshop 做后期处理，启动 Photoshop CS5，执行“文件”⟶“打开”命令或者用快捷键“Ctrl”＋“O”，打开渲染出的底图，如图 25-11 所示。

（2）模型底图的初步处理

本案中的场地是公园一角的树阵广场的透视效果图制作。由上图我们可以看出，场地的构建物比较少，所以在进行后期处理前，一定要对场地的内容和要呈现出的效果做到胸有成竹，对透视效果的把握和色彩的把握要做到心中有数。

1）去除背景色添加天空

利用魔棒工具选中背景色，删除背景色，按“Ctrl”＋“D”取消选区。天空的制作可以利用渐变工具自制天空，也可以直接拖拽一张天空的图片，此案例我们直接拖拽一张合适的天空图片，这需要我们平时应该注意积累适合自己作图风格的图片。如图 25-12 所示。

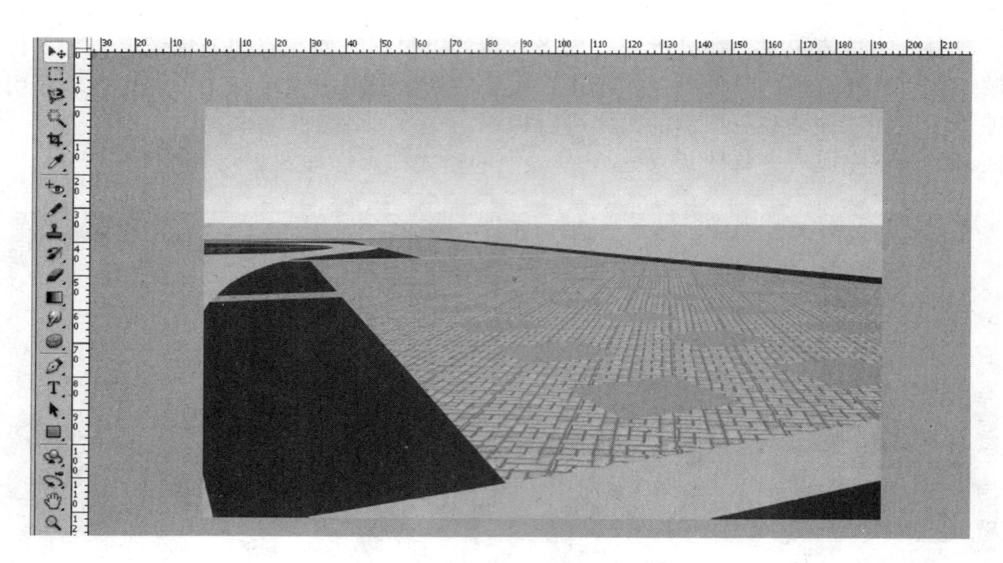

图 25-11

图 25-12

2）置换草地

打开素材库中的草地，将草地拖拽到效果图中，可以建立新的图层修改为“草地”，调整草地的大小，使草坪覆盖整个模型的草坪区域，利用魔棒建立选区，选择需要铺种草地的区域，在草地的图层上，利用快捷键“Ctrl”＋“J”复制选区，利用“Ctrl”＋“D”取消选区，删除草地的图层，最终得到草地的最终效果图，如图 25-13 所示。

3）添加植物

① 添加乔木：打开素材库，选择一个高大的乔木拖拽到透视效果图中作为基调树种，将图层命名为“乔木”，将树木根据整个画面的需要进行色彩的调整后放在合适的位置，按住“Alt”键进行复制，注意按照近大远小的透视规律进行复制，如图 25-14 所示。

图 25-13

图 25-14

可以选择一个常绿树在场地中进行复制，要求高低错落有致，远近尺寸适宜，与落叶树种合理搭配，如图 25-15 所示。

图 25-15

② 添加背景树：打开素材库，将一个配景素材拖拽到透视效果图中，将图层的名称改为“背景树”，可以将背景树的色彩利用色彩平衡进行调整，将背景树的色调调整为偏蓝绿色。将背景树的图层移动到天空图层的前面，可以根据整幅画面的要求，对背景树进行适当的缩放处理，设置背景层图层的透明度为60%，结果如图25-16所示。

图 25-16

③ 添加花灌木、地被植物：在素材库中找到合适的花灌木和地被植物添加到场景中，丰富景观效果，注意色彩的合理搭配，如图25-17所示。在添加花灌木和地被植物的时候，应该注意细节的处理，比如在本图中的树池里需要添加灌木绿篱，选择合适的绿篱拖拽到透视图中，缩放合适的大小后放入树池里，如图25-18所示。

④ 添加树影：在素材库中打开一个树影，将其拖拽到透视效果图中，根据具有的场景中的乔木的位置和阳光的方向处理树影的大小和位置。图25-19为有没有阴影的效果对比图。

图 25-18

图 25-19

图 25-17

⑤ 添加人物：打开素材库，在其中挑选几个适合的人物拖拽到透视效果图中，参考图中小品树木的尺寸调整人的高度，复制人物的图层，将图层副本填充为黑色，按住快捷键“Ctrl”＋“T”进行变换，在缩放框中单击右键可以选择“扭曲”命令对倒影进行变形，拖拽扭曲角点将黑色人物图层进行扭曲变形，得到地面上的人物投影，将透明度降低到60%，结果如图 25-20 所示。

图 25-20

用同样的做法，可以多添置几组人物。

至此，透视效果基本完成，如图 25-21 所示。

图 25-21

25.4 夜景效果图的制作

特效效果图一般有两种，一种是为了表现某种特定场景而制作的效果图，如夜景、雪景、雨景等，另一种是为了展现建筑物特点而制作的效果图。夜景效果图是各种效果图中效果最为绚丽的，也是体现建筑美的一种表现手段，非常规的表达可以给甲方眼前一亮的感觉，从而可以让人们更加深入地了解设计师的设计。

在夜景效果中，其主要的目的不是表现建筑，而是为了展现夜景的照明系统、整体环境在夜景的呈现。夜景效果可以很好地吸引人们关注的目光。

本节以某小区一角的夜景景观设计为例，介绍夜景效果图的处理手法。

（1）导入背景图像

导入渲染输出的居住楼图像，选择居住楼的图层，可以利用色阶的对话框，或者快捷键“Ctrl”＋“L”打开色阶的对话框，调节高光和暗调，增强图片整体的明暗对比度。在素材库中导入天空的图片，将其拖入效果图窗口中，可以利用快捷键“Ctrl”＋“T”的方式对天空进行大小调整。天空的导入为整幅夜景图像确定了一个基本的颜色基调，以便后期对植物建筑的调整。

在添加天空时，可以将几个天空的图片叠加，从而得到颜色和色调更为丰富的夜景效果图，具体的操作步骤：可以将天空 2 的图片放在天空 1 的上方，更改图层中的【混合模式】为“正片叠底”，将天空 2 的图层的不透明度修改为 75%，可以得到效果更佳的天空背景。

（2）图像中建筑的调整

如果图像中建筑的亮面和暗面对比度不够强力，会使整幅效果图缺乏视觉的冲击力，这时可以利用选框工具选择亮面的区域，利用曲线工具进行调整；用同样的方法对建筑的暗面进行调整，使得暗面的建筑与正面的建筑形成强烈的对比。

使用通道图像，可以将玻璃材质从建筑图像中分离，从而创建玻璃的图层，可以选用减淡工具，提高部分窗户的亮度，营造出部分房间被开启、室内被灯光照亮的感觉和效果，从而可以增加夜景的气氛，如图 25-22 所示。

图 25-22

（3）添加配景

在居住楼的后面添加树林，夜景场景中的树林图像应该降低其亮度和对比度，在绿地上添加树木、灌木和路灯配景，路灯的光晕可以利用 Photoshop 中的画笔工具进行绘制，注意选择圆形和十字形笔刷即可，如图 25-23 所示。

人物可以引导视线，添加人物具有画龙点睛的作用。

夜景的效果的制作可以在最终效果图的处理上添加部分阴影，亮部增加灯光的照射，使得亮部更亮，暗部更暗，对比明显。完成的效果图如图 25-24 所示。

图 25-23

图 25-24

附　录

附录1：CAD快捷键

L：直线
PL：多段线
Ctrl＋Z：后退
D：修改，调整
REC：矩形
C：圆
TR：修剪
O：偏移
XL：放射线
X：分解
CO：复制
M：移动
MI：镜像
EL：椭圆
BR：打断
POL：多边形
LEN：拉长
S：拉伸
ME：等分
E：删除
E：回车
ALL：回车全部删除
AR：阵列
RO：旋转
SC：比例缩放
END：端点
MID：中点
PER：垂足
INT：交足
CEN：圆心
QUA：象限点
TAN：切点
SPL：曲线
DIV：块等分
PE：编辑多边线
NOD：节点
F：圆角
CHA：倒角
ST：文字样式

附录2：3DS Max快捷键

A：角度捕捉
B：底视图
C：相机视图
D：手动更新视图
E：选择并旋转
F：前视图
G：视图网格开关
H：按名称选择
I：扩展视图
J：显示选择框
K：手动添加关键帧
L：左视图
M：材质编辑器
N：自动关键帧
O：降低显示级别
P：透视图
Q：选择（改变选择方式）
R：选择并缩放（改变缩放类型）
S：捕捉
T：顶视图

U：用户视图
V：视口菜单
W：选择并移动
X：坐标开关
Z：全部最大显示
6：粒子视图
7：显示面数
8：环境和效果
9：高级照明
0：烘焙物体（渲染到纹理）
-：缩小显示坐标
+：放大显示坐标
F1：帮助
F3：线框和实体的转换
F4：面边缘
F5：锁定 X 轴
F6：锁定 Y 轴
F7：锁定 Z 轴
F8：锁定 XY、YZ、ZX 轴
F9：以上次设置进行渲染
F10：设置渲染场景
F11：脚本编辑器
F12：变换输入
,：上一帧
。：下一帧
/：播放动画
'：手动关键帧
[：视图放大
]：视图缩小
Shift：复制
Ctrl：加选
Alt：减选
空格：锁定选择体
Home：第一帧
End：最后一帧
PageUP：选择父系
PageDown：选择子系
Shift+A：轴心点对齐
Shift+F：显示安全框
Shift+G：几何体开关
Shift+H：辅助体开关
Shift+I：间距工具
Shift+L：灯光开关
Shift+P：粒子系统开关
Shift+Q：以当前视图渲染
Shift+S：二维图形开关
Shift+W：空间扭曲物体开关
Shift+Y：重做视图
Shift+Z：撤销视图
Ctrl+A：全选
Ctrl+D：取消选择
Ctrl+F：改变选择方式
Ctrl+E：改变缩放类型
Ctrl+H：高光对齐
Ctrl+I：反选
Ctrl+L：默认灯光
Ctrl+N：新建
Ctrl+O：打开
Ctrl+P：视图平移
Ctrl+R：弧形旋转
Ctrl+S：保存
Ctrl+V：克隆
Ctrl+W：视野视图（区域缩放）
Ctrl+X：专家模式
Ctrl+Y：重做操作
Ctrl+Z：撤销操作
Alt+A：对齐
Alt+B：视图背景
Alt+N：法线对齐
Alt+Q：隔离物体
Alt+W：视图最大开关
Alt+X：透明选择体
Alt+Z：单个视图放缩
Alt+6：显示隐藏主工具栏
Alt+0：锁定界面布局
Shift+Ctrl+P：百分比捕捉开关
Ctrl+Alt+H：暂存场景
Ctrl+Alt+F：取回场景
Shift+Ctrl+Z：全部视图显示所有物体
Ctrl+Alt+鼠标中键：缩放视图
Shift+Ctrl+Alt+B：更新背景图像

附录3：SU的快捷键编辑

显示/平移：Shift＋中键
编辑/辅助线/显示：Shift＋Q
编辑/辅助线/隐藏：Q
编辑/撤销：Ctrl＋Z
编辑/放弃选择：Ctrl＋T；Ctrl＋D
文件/导出/DWG/DXF：Ctrl＋Shift＋D
编辑/群组：G
编辑/炸开/解除群组：Shift＋G
编辑/删除：Delete
编辑/隐藏：H
编辑/显示/选择物体：Shift＋H
编辑/显示/全部：Shift＋A
编辑/制作组建：Alt＋G
编辑/重复：Ctrl＋Y
查看/虚显隐藏物体：Alt＋H
查看/坐标轴：Alt＋Q
查看/阴影：Alt＋S
窗口/系统属性：Shift＋P
窗口/显示设置：Shift＋V
工具/材质：X
工具/测量/辅助线：Alt＋M
工具/尺寸标注：D
工具/量角器/辅助线：Alt＋P
工具/偏移：O
工具/剖面：Alt＋/
工具/删除：E
工具/设置坐标轴：Y
工具/缩放：S
工具/推拉：U
工具/文字标注：Alt＋T
工具/旋转：Alt＋R
工具/选择：Space
工具/移动：M
绘制/多边形：P
绘制/矩形：R
绘制/徒手画：F
绘制/圆弧：A
绘制/圆形：C
绘制/直线：L
文件/保存：Ctrl＋S
文件/新建：Ctrl＋N
物体内编辑/隐藏剩余模型：I
物体内编辑/隐藏相似组建：J
相机/标准视图/等角透视：F8
相机/标准视图/顶视图：F2
相机/标准视图/前视图：F4
相机/标准视图/左视图：F6
相机/充满视图：Shift＋Z
相机/窗口：Z
相机/上一次：TAB
相机/透视显示：V
渲染/线框：Alt＋1
渲染/消影：Alt＋2

附录4：CS5的快捷键编辑

还原/重做前一步操作：Ctrl＋Z
自由变换：Ctrl＋T
用前景色填充所选区域：Alt＋Del
用背景色填充所选区域：Ctrl＋Del
调整色阶：Ctrl＋L
自动调整色阶：Ctrl＋Shift＋L
打开曲线调整对话框：Ctrl＋M
打开“色彩平衡”对话框：Ctrl＋B
打开“色相/饱和度”对话框：Ctrl＋U
去色：Ctrl＋Shift＋U
反相：Ctrl＋I
新建一个图层：Ctrl＋Shift＋N
合并可见图层：Ctrl＋Shift＋E
全部选取：Ctrl＋A

取消选择：Ctrl+D
矩形、椭圆选框工具：M
移动工具：V
套索、多边形套索、磁性套索：L
魔棒工具：W
画笔工具：B
历史记录画笔工具：Y
橡皮擦工具：E
铅笔、直线工具：N
模糊、锐化、涂抹工具：R
减淡、加深、海绵工具：O
钢笔、自由钢笔、磁性钢笔：P
文字、文字蒙板、直排文字、直排文字蒙板：T
度量工具：U
油漆桶工具：K
吸管、颜色取样器：I
抓手工具：H
缩放工具：Z
默认前景色和背景色：D
切换前景色和背景色：X
临时使用抓手工具：空格键
新建图形文件：Ctrl+N

参 考 文 献

[1] 张效伟，邵景玲．Auto CAD2012 绘制园林图［M］．北京：中国建筑工业出版社，2012.
[2] 云海科技．Auto CAD 园林设计新手快速入门［M］．北京：化学工业出版社，2014.
[3] 黄仕伟，雷隽卿．园林专业 CAD 绘图［M］．北京：化学工业出版社，2010.
[4] 高广成．风景园林计算机辅助设计［M］．北京：化学工业出版社，2010.
[5] 徐峰．SketchUp 辅助园林制图［M］．北京，化学工业出版社，2013.
[6] 麓山文化．园林景观设计 SketchUp 8 从入门到精通［M］．北京：机械工业出版社，2012.
[7] 刘嘉，叶楠，史晓松．Sketchup 草图大师：园林景观设计［M］．北京，中国电力出版社，2007.
[8] 李彦雪，熊瑞萍．园林设计 CAD＋SketchUp 教程［M］．北京：中国水利水电出版社，2013.
[9] 陈志民．中文版 Photoshop CS5 建筑表现技法［M］．北京：机械工业出版社，2011.
[10] 徐峰．Photoshop 辅助园林制图（第二版）［M］．北京：化学工业出版社，2015.
[11] 武新，于桂芳．园林计算机辅助设计之 Photoshop CS5［M］．北京：中国农业大学出版社，2013.
[12] 陈柄汉．中文 Photoshop 室内外效果图制作应用与技巧（第二版）［M］．北京：机械工业出版社，2010.